COURS COMPLET

D'INSTRUCTION ÉLÉMENTAIRE

A L'USAGE DE LA JEUNESSE

CHIMIE ÉLÉMENTAIRE

COURS COMPLET
D'INSTRUCTION ÉLÉMENTAIRE

PUBLIÉ SOUS LA DIRECTION DE MM.

A. RIQUIER	l'abbé COMBES
Ancien proviseur,	Vicaire général
Ancien professeur agrégé d'histoire	de Mgr l'évêque de Poitiers

COURONNÉ PAR L'ACADÉMIE FRANÇAISE (PRIX MONTYON)

Approuvé et recommandé par plusieurs cardinaux, archevêques et évêques

JOLIS VOLUMES IN-18, CARTONNÉS
ENRICHIS DE NOMBREUSES ILLUSTRATIONS
ET DE CARTES GÉOGRAPHIQUES GRAVÉES SUR ACIER ET COLORIÉES

PETIT COURS
A L'USAGE DE L'ENFANCE DANS LES ÉCOLES ET DANS LES PENSIONNATS

HISTOIRE

Histoire sainte (RIQUIER et COMBES). Nouv. édit. .... " 80
Histoire de l'Église (RIQUIER et COMBES) .... 1 "
Histoire ancienne (RIQUIER). " 80
Histoire grecque (RIQUIER).. " 80
Histoire romaine (RIQUIER). 1 25
Mythologie (TIVIER, doyen de la Faculté des lettres de Besançon, et RIQUIER). .... " 80

Histoire de France (RIQUIER). 1 25
Histoire du moyen âge (RIQUIER). 1 25
Histoire des temps modernes (RIQUIER et LAUNAY). 1 25

GRAMMAIRE

Grammaire, théorie et exercices (BERGER, inspecteur généra. de l'enseignement primaire). In-12, cart. .... " 0
Livre du maître. In-12, cart.. 2 "

COURS ÉLÉMENTAIRE
A L'USAGE DE LA JEUNESSE DANS LES COLLÈGES ET DANS LES INSTITUTIONS DE JEUNES PERSONNES

HISTOIRE et GÉOGRAPHIE

Histoire sainte (RIQUIER et COMBES). Nouv. édit. 1 25
Histoire de l'Église (RIQUIER et COMBES). Nouv. édit. 2 50
Histoire ancienne (RIQUIER). 1 "
Histoire grecque (RIQUIER). 1 25
Histoire romaine (RIQUIER). 1 50
Mythologie (TIVIER, doyen de la Faculté de Besançon, et RIQUIER). 1 25
Histoire de France (RIQUIER). 1 50
Histoire du moyen âge (RIQUIER). Prix 1 50
Histoire moderne et contemporaine (RIQUIER et LAUNAY, professeur agrégé d'histoire) .... 2 "
Géographie (J.-H. FABRE).... 1 50

GRAMMAIRE

Grammaire, Théorie et exercices (BERGER), in-12 .... 1 25

LITTÉRATURE

Principes de composition et de style (DELTOUR, inspecteur général des lettres) 1 50
Histoire de la littérature française (TIVIER) 1 50
Recueil de morceaux choisis (RABSAT) :
Prosateurs 1 50
Poètes 1 50

SCIENCES

Arithmétique (J.-H. FABRE, docteur ès-sciences) 1 50
Physique (J.-H. FABRE) 1 50
Chimie (J.-H. FABRE) 1 50
Astronomie (J.-H. FABRE).... 1 50
Histoire naturelle, Physiologie, Zoologie, Botanique, Géologie. (J.-H. FABRE) 1 50
Zoologie (J.-H. FABRE) 1 50
Botanique (J.-H. FABRE) 1 50
Géologie (J.-H. FABRE) 1 50

COURS COMPLET
D'INSTRUCTION ÉLÉMENTAIRE

A L'USAGE DE LA JEUNESSE
DANS LES COLLÉGES ET DANS LÉS INSTITUTIONS
DE JEUNES PERSONNES

PAR MM.

A. RIQUIER
Ancien proviseur,
Ancien professeur agrégé d'histoire.

L'ABBÉ COMBES
Vicaire général
de Mgr l'évêque de Poitiers.

Couronné par l'Académie française

CHIMIE ÉLÉMENTAIRE
Par J.-H. FABRE
DOCTEUR ÈS SCIENCES
MEMBRE CORRESPONDANT DE L'INSTITUT

TREIZIÈME ÉDITION

PARIS
LIBRAIRIE CH. DELAGRAVE
15, RUE SOUFFLOT, 15

1893

COURS COMPLET D'ENSEIGNEMENT LITTÉRAIRE ET SCIENTIFIQUE

Publié sous la direction de MM. Deltour, docteur ès lettres, inspecteur général de l'instruction publique, et H. Fabre, docteur ès sciences, professeur de sciences au lycée et aux écoles municipales d'Avignon.

10 volumes (format in-12, cartes et vignettes).

LITTÉRATURE

Principes de composition et de style (M. Deltour)....... 2 75

Histoire de la littérature française (M. Tivier)............. 3 75

Histoire de la littérature grecque (Deltour), br............. 4 "

Histoire de la littérature latine (Deltour), br................. 4 "

Choix de morceaux traduits des auteurs grecs (Deltour et Rinn)...................... 3 75

Choix de morceaux traduits des auteurs latins (Deltour et Rinn...................... 4 "

GÉOGRAPHIE

Géographie générale (M. H. Fabre.......................... 3 50

SCIENCES

Arithmétique théorique et pratique (J.-H. Fabre).......... 1 50

Solutions de ladite............... 1 75

Algèbre et trigonométrie (J.-H. Fabre)...................... 2 50

Géométrie (J.-H. Fabre), avec figures...................... 2 50

Éléments de physique (J.-H. Fabre), avec figures.......... 3 50

Éléments de chimie (J.-H. Fabre), avec figures................ 3 50

Cours de cosmographie (J.-H. Fabre), avec figures et un planisphère céleste................ 3 50

Cours de mécanique (H. Fabre), avec figures dans le texte..... 2 "

Histoire naturelle (J.-H. Fabre), avec figures.................. 4 "

5575 93. — Corbeil. Imprimerie Crété.

AVERTISSEMENT.

Nos arrière-grands-pères seraient certes bien étonnés, s'ils voyaient toutes les transformations que notre terre a subies, depuis qu'ils l'ont quittée pour un autre monde : les voyages accomplis sans chevaux sur les routes, sans voiles sur les mers, avec la rapidité du vent ; nos messages franchissant comme l'éclair les pays, les continents, l'Océan lui-même ; la main de l'homme partout remplacée, dans l'industrie, par ces puissantes machines que la vapeur met en mouvement nuit et jour ; nos villes et nos demeures splendidement illuminées, sans que l'œil aperçoive rien de ce qui produit et entretient la lumière ; des portraits d'une ressemblance frappante tracés à peu de frais en quelques secondes ; les montagnes percées, les isthmes creusés, et les relations des hommes et des peuples affranchies de tout obstacle et de toute barrière. L'homme se sent aujourd'hui plus que jamais le roi et le maître de la nature, et c'est à ces conquêtes sur la nature que notre époque doit un de ses caractères les plus originaux, une de ses gloires les plus incontestées Descartes, Pascal, Leibnitz, Képler, Newton, Galilée, Harvey au xviie siècle, Euler, Linné, Lavoisier, Haüy, au xviiie, avaient eu l'incomparable grandeur de poser tous les principes de la science. Le nôtre, non content de fonder avec Cuvier une science nouvelle, la géologie, et de reconstituer avec lui le monde primitif et les races perdues, a fait sortir de ces principes des applications sans nombre ; il a montré, par d'éclatants exemples, tout ce que peuvent renfermer d'utile à la vie pratique les spéculations abstraites et les recherches, en apparence oiseuses, des savants. Nous avons cru qu'à une pareille époque, il était nécessaire à tout esprit cultivé de connaître, d'une manière nette et précise, les éléments de ces sciences dont il est question partout et sans cesse, et nous y avons consacré cinq volumes de notre cours (arithmétique, physique, chimie, astronomie, histoire naturelle).

Dans cette force unique qui devient tour à tour mouvement, chaleur, électricité, lumière ; dans ces lois, si grandes et si simples, qui régissent l'univers entier, depuis les astres des cieux jusqu'aux plus infimes atômes de la matière ; dans ces incessantes combinaisons et transformations des corps ; dans cette organisation des êtres vivants, animaux ou plantes, non moins admirable par l'unité du plan que par l'infinie variété des espèces ; dans ces instincts si étonnants qu'il est difficile parfois de les distinguer de l'intelligence ; partout enfin dans la création, nos enfants reconnaîtront à chaque pas la main de Dieu et sa Providence. L'histoire leur montre son action souveraine sur la vie des peuples : « L'homme s'agite, mais Dieu le mène, » a dit Fénelon. La science à son tour, et mieux encore, leur montrera la sagesse et la puissance divines dans l'harmonie et l'immensité de l'univers. Que les savants pénètrent par leurs calculs dans les

profondeurs de cet espace peuplé de soleils et de
mondes, ou qu'armés de la loupe ils étudient les organes de ces êtres infiniment petits qui échappent à
nos regards, toujours leur pensée reste confondue, et
la création leur paraît plus merveilleuse encore
dans l'infini de la petitesse que dans l'infini de
la grandeur : *Magnus in magnis*, a-t-on dit de
Dieu, *Maximus in minimis*. Képler, après de longs
travaux, trouve enfin le secret de l'équilibre et de la
marche des corps célestes, et c'est par une sorte
d'hymne qu'il nous apprend comment .a vérité s'est
révélée par degrés à son génie : « Il y a huit mois,
« dit-il, j'entrevoyais un rayon de la lumière ; il y a
« trois mois, le jour s'est fait ; aujourd'hui, c'est comme
« un soleil resplendissant que je vois cette loi divine.
« Grand est le Seigneur ! grande est sa puissance !
« Cieux, chantez ses louanges ! Astres et soleil, glo-
« rifiez-le dans votre langue ineffable ! » Le plus grand
des naturalistes, Linné, pousse le même cri d'a-
doration en exposant le système du monde :
« J'ai vu Dieu, j'ai vu son passage et ses traces, et je
« suis demeuré saisi et muet d'admiration. Gloire,
« honneur, louange infinie à Celui dont l'invisible bras
« balance l'univers et en perpétue tous les êtres ! à
« ce Dieu éternel, immense, infini, sachant tout, pou-
« vant tout, gouvernant tout, que tu ne peux ni définir
« ni comprendre, mais que le sens intime te révèle et
« que l'univers et ses lois te prouvent ! Que tu l'ap-
« pelles Destin, tu n'erres point : il est Celui de qui
« tout dépend. Que tu l'appelles Nature, tu ne te
« trompes point : il est Celui de qui tout est né. Que

« tu l'appelles Providence, tu dis vrai : c'est la sagesse
« de ce Dieu qui régit le monde. » Les hommes dont
le cœur s'élançait ainsi vers le Ciel en transports de
reconnaissance, ne pouvaient que se sentir bien
pauvres et bien petits, tout grands qu'ils étaient, en
présence de Dieu et de ses œuvres. Ils ne préten-
daient point, comme d'autres ont fait parfois, tout pénétrer et comprendre tout, et c'est avec une touchante
humilité que ces illustres génies parlent de leurs glo-
rieuses découvertes : « Je suis, disait Newton, comme
« un enfant qui s'amuse sur le rivage, et qui se réjouit
« de trouver de temps en temps un caillou plus uni ou
« une coquille plus jolie que d'ordinaire, tandis que le
« grand océan de la vérité reste voilé devant mes yeux. »

C'est dans cet esprit, avec le sentiment de la su-
prême perfection de l'œuvre de Dieu, et celui des
bornes étroites de l'intelligence humaine, reine du
monde et faible roseau tout ensemble, que seront
rédigés nos petits livres de science. M. Fabre, qui a
bien voulu se charger de ce modeste travail, a largement et depuis longtemps fait ses preuves de savant
du premier ordre et d'incomparable vulgarisateur.
Nous sommes heureux que, pour mettre avec nous
son vaste savoir à la portée des plus humbles, il ait
consenti à se détourner quelque peu d'une œuvre de
plus haute portée, où quinze années de patientes
recherches sur l'instinct des animaux lui fourniront
une nouvelle démonstration de la Providence divine.

A. Riquier.

COURS ÉLÉMENTAIRE
DE CHIMIE

INTRODUCTION

1. Objet de la chimie. — La *chimie* a pour objet les propriétés des diverses substances et les transformations que ces substances éprouvent en s'associant entre elles ou bien se séparant. Ses nombreuses applications à l'industrie, à l'agriculture, à la médecine, la mettent au premier rang des connaissances humaines.

2. **Corps simples et corps composés.** — Dans l'immense majorité des cas, on peut, d'un même corps, retirer plusieurs substances de nature diverse. C'est ce qui a lieu avec l'air, l'eau, le bois, la pierre. Dans d'autres cas, bien moins nombreux, tous nos moyens échouent pour retirer d'un corps autre chose que ce qu'il est lui-même. C'est ce qui a lieu avec le charbon, le soufre, le cuivre, le fer. Du bois on retire du charbon, qui n'est pas du bois lui-même, mais entrait avec d'autres substances dans sa composition; de l'ocre, espèce d'argile rouge, on retire du fer, dont les propriétés ne rappellent en rien celles de l'argile rouge, et qui cependant faisait partie de l'ocre. Du charbon au contraire, on ne retire que du charbon; du fer, on

ne retire que du fer; du cuivre, du soufre on eu retire que du cuivre, que du soufre. Les premiers corps sont dits *corps composés*, les seconds sont dits *corps simples* ou *éléments*.

Les corps simples sont donc ceux dont on ne peut retirer qu'une seule substance; et les corps composés, ceux dont on peut retirer plusieurs substances différentes. Les corps composés résultent de l'association des corps simples.

Or, la chimie ramène toute matière terrestre, d'origine animale, végétale ou minérale, à une soixantaine de ces substances primordiales qu'elle qualifie de corps simples, indiquant par là, non que ces substances sont irréductibles d'une manière absolue, mais simplement que les moyens de décomposition dont elle dispose aujourd'hui n'ont sur elles aucun effet. Si par une série d'opérations descendant du complexe au simple, elle retire du fer, ou du soufre, ou du charbon, ou du phosphore, du suc d'une plante, de la chair d'un animal, d'un minerai extrait du sein de la terre, la chimie s'arrête à cet échelon de l'analyse, convaincue par une longue expérience que l'énergie de ses agents, la violence de ses fourneaux et toutes les forces lentes ou soudaines, calmes ou brutales, qu'elle sait appeler à son aide, n'ont plus désormais de prise sur la subatance qu'elle vient d'obtenir; et, sans rien préjuger sur un dédoublement ultérieur obtenu peut-être avec les procédés que l'avenir lui réserve, elle reconnaît son impuissance à poursuivre la décomposition plus loin en appelant corps simples le fer, le phosphore, le soufre, le charbon et les autres.

Les corps simples aujourd'hui connus sont au nombre de soixante-cinq. Pour dresser ce relevé des trésors de la matière, la chimie a tout exploré : l'atmosphère et ses gaz et ses vapeurs ; les océans et les composés salins qu'ils tiennent en dissolution ; le sol et ses richesses minérales ; les profondeurs inaccessibles des entrailles de la terre, déversant au-dehors leur contenu par bouches volcaniques ; la plante et l'animal, merveilleux laboratoires où la vie groupe les éléments sous les formes les plus savantes. Aussi, dans le domaine de la Terre, la matière n'a presque plus de secrets pour la chimie. Tout corps terrestre, n'importe son origine, sa fonction, ses apparences, se résout toujours en quelques-uns des soixante-cinq éléments connus. Minéral, plante, animal, tout, absolument tout se ramène là.

3. **Métalloïdes.** — Les soixante-cinq corps simples connus se divisent en deux séries. Les uns possèdent un éclat particulier appelé éclat métallique, ils conduisent bien la chaleur et l'électricité. Ce sont les *métaux*, au nombre de cinquante. Les quinze autres sont dépourvus de cet éclat et conduisent mal la chaleur et l'électricité. Ce sont les *métalloïdes*. Mais c'est principalement dans leurs fonctions chimiques que les deux séries de corps simples diffèrent. Les métaux, en se combinant avec l'oxygène, engendrent principalement des *bases* ; tandis que les métalloïdes engendrent des *acides*. Ces deux expressions seront expliquées plus loin. Voici la série des métalloïdes, divisés par groupes dont les divers membres ont entre eux une certaine analogie dans leurs fonctions chimiques.

Métalloïdes.

Oxygène (gazeux)	Azote (gazeux)
Soufre (solide)	Phosphore (solide)
Sélénium (solide)	Arsenic (solide)
Tellure (solide)	———
———	Carbone (solide)
Fluor (gazeux)	Silicium (solide)
Chlore (gazeux)	Bore (solide)
Brome (liquide)	———
Iode (solide)	Hydrogène (gazeux)

Si l'on se borne aux métalloïdes les plus importants et qu'on les classe d'après leur état physique sans tenir compte de leurs analogies chimiques, on obtient le tableau suivant :

Métalloïdes gazeux	*Métalloïdes solides*
Oxygène	Carbone
Hydrogène	Soufre
Azote	Phosphore
Chlore	

4. Métaux. — Ci-après la liste des métaux groupés d'après leur analogie dans les fonctions chimiques. A part le mercure qui est liquide, tous les autres sont solides à la température ordinaire. L'or est jaune, le cuivre et le titane sont rouges, les autres sont d'un blanc plus ou moins pur. Les métaux les plus importants et dont il convient de retenir les noms sont précédés d'un astérisque.

* Potassium.	Rubidium.
* Sodium.	* Calcium.
Lithium.	Strontium.
Thallium.	Baryum.
Cæsium.	

Magnésium.
* Manganèse.

______

* Aluminium.
Glucinium.
Zirconium.
Yttrium:
Thorium.
Cérium.

______

Lanthane.
Didyme.
Erbium.
Terbium.

______

* Fer.
* Nickel.
Cobalt.
Chrome.
* Zinc.
Vanadium.
Cadmium.
Uranium.

______

Tungstène.
Molybdène.
Osmium.
Tantale.
Titane.

______

* Étain.
* Antimoine.
Niobium.
Pélopium.
Indium.

______

* Cuivre.
* Plomb.
Bismuth.

______

* Mercure.
Palladium.
Rhodium.
Ruthénium.
* Argent.
* Platine.
Iridum.
* Or.

5. Combinaison. — Les corps composés résultent
de l'association des corps simples, deux à deux, trois
à trois, quatre à quatre, rarement au delà. Cette
association prend le nom de *combinaison*.

Il importe de ne pas confondre combinaison et mélange. Un exemple établira la différence profonde
qu'il y a entre les deux. On met ensemble de la fleur
de soufre et de la limaille ou tournure de cuivre. Si
intime que soit la répartition des deux corps simples,
ce n'est encore qu'un mélange. Il est possible, avec
une loupe au besoin, de reconnaître ce qui est soufre

et ce qui est cuivre et d'en faire le triage parcelle à parcelle. Ce triage peut du reste être fait plus rapidement. On jette le tout dans de l'eau; le cuivre, plus lourd, va au fond; la fleur de soufre, plus légère, reste en suspension. Si l'on met à part le liquide, le soufre se déposera. Après quelques lavages de ce genre, la séparation sera complète : d'un côté on aura le cuivre seul, de l'autre le soufre seul.

Mais reprenons le mélange et chauffons-le. Une brusque incandescence se déclare, la combinaison s'effectue. On a alors pour résultat une matière noire, friable, qui n'est ni du soufre ni du cuivre, mais une substance nouvelle résultant de l'association des deux. Maintenant aucun triage n'est possible ; le microscope ne peut plus reconnaître ce qui est métalloïde et ce qui est métal, le lavage et tout autre procédé analogue sont radicalement inefficaces pour séparer les deux corps simples unis. Voilà la combinaison. On dit donc que deux corps sont combinés lorsqu'il y a entre eux union intime. Alors disparaissent les propriétés des corps composants et font place, dans le composé, à des propriétés très-fréquemment sans rapport aucun avec les premières. Le soufre est jaune, inflammable : le produit obtenu dans l'expérience qui précède est noir, non inflammable; le cuivre est rouge, ductile, d'un éclat métallique : le produit obtenu est très-friable, d'un noir intense, sans éclat. La transformation des deux corps associés est telle, qu'à moins d'études spéciales, il est impossible de soupçonner du cuivre et du soufre dans le résultat de l'association. Ordinairement, la combinaison est un acte énergique, accompagné de lumière, de chaleur, d'électricité. La soudaine incandescence du cuivre et du soufre chauffés en est un exemple.

6. Affinité. — On nomme *affinité* la force qui produit l'intime union des substances combinées. Il y a affinité entre substances d ssemblables, et cette affinité est d'autant plus énergique que les substances associées se ressemblent moins. L'expression affinité telle que l'entend la chimie n'a donc rien de sa signification vulgaire, qui veut dire conformité, ressemblance. La puissance qu'on désigne par ce mot ne s'exerce jamais entre des substances de même nature, mais toujours entre des substances différentes. Le cuivre n'a pas d'affinité pour le cuivre, ni le soufre pour le soufre; mais le soufre et le cuivre ont de l'affinité entre eux, c'est-à-dire tendance à se combiner.

7. Les combinaisons s'effectuent en proportions pondérales définies. — Deux corps étant mis en présence, ayant de l'affinité l'un pour l'autre, on pourrait croire que la combinaison va s'effectuer quelle que soit la proportion en poids de chacun d'eux, de même qu'un mélange se fait avec tel poids que l'on veut de chacun des divers corps mélangés. Rien de pareil n'a lieu. La combinaison est soumise à une loi d'une remarquable simplicité : un corps s'associe à un autre suivant des proportions en poids qu'il nous est impossible de modifier. Soit une substance A qu'il s'agit de combiner avec une substance B. On prend de A une quantité arbitraire, 4 parties en poids par exemple. L'expérience de chaque jour apprend que, pour satisfaire l'affinité réciproque des deux corps, il faut prendre de B une quantité désormais déterminée, 5 parties par exemple. Alors la combinaison s'effectue intégralement entre les quantités 4 et 5, et dans le produit final, on ne retrouve rien du corps A, rien du corps B; le tout est devenu une substance nouvelle où les propriétés de A et celles de B ont fait place à des propriétés différentes. Il n'en serait plus de même si, au lieu de la proportion 5 enseignée par l'expérience, on prenait du second corps un poids plus faible ou plus fort, 3 ou 7 supposons. La combinaison s'effectuerait encore, il est vrai; mais elle ne serait pas intégrale, il y aurait un résidu sans emploi de l'un ou l'autre corps. Avec 7, plus grand que le poids normal 5, le corps B surabonderait; et dans le résultat final, se trouverait, avec ses caractères propres, mélangée mais non combinée, une certaine quantité du corps B. Avec 3, plus faible que le poids normal, l'inverse aurait lieu : le corps A surabonderait et l'excès de sa proportion se retrouverait, non employée, dans le produit final. Donc, *les corps s'associent toujours dans les mêmes proportions pondérales, variables d'un corps à l'autre, mais fixes pour chacun d'eux.*

8. Loi des proportions multiples. — L'expérience apprend encore qu'un même poids d'un certain corps peut s'associer chimiquement avec différents poids d'un second corps, ces poids variant suivant des rapports très-simples. Deux exemples suffiront pour le démontrer.

L'azote se combine avec l'oxygène en cinq proportions différentes. Pour un même poids 14 d'azote l'oxygène intervient pour les poids 8, 16, 24, 32, 40, qui sont respectivement des multiples de 8 par les nombres 1, 2, 3, 4, 5. On a ainsi les cinq composés suivants :

Le 1er contient azote 14... oxygène $8 = 1 \times 8$
Le 2me   —   azote 14... oxygène $16 = 2 \times 8$
Le 3me   —   azote 14... oxygène $24 = 3 \times 8$
Le 4me   —   azote 14... oxygène $32 = 4 \times 8$
Le 5me   —   azote 14... oxygène $40 = 5 \times 8$

D'autres fois les rapports en poids, tout en restant d'une frappante simplicité, sont un peu plus compliqués que les précédents. Ainsi le métal manganèse se combine avec l'oxygène en cinq proportions différentes, ce qui fournit les cinq composés suivants :

Le 1er contient manganèse 28... oxygène $8 = 1 \times 8$
Le 2me — manganèse 28... oxygène $12 = 1\frac{1}{2} \times 8$
Le 3me — manganèse 28... oxygène $16 = 2 \times 8$
Le 4me — manganèse 28... oxygène $24 = 3 \times 8$
Le 5me — manganèse 28... oxygène $28 = 3\frac{1}{2} \times 8$

En généralisant ce qu'il y a d'essentiel dans ces deux exemples, on voit que dans une combinaison, l'un des corps conservant un même poids, le poids de l'autre peut varier suivant les nombres 1, 1 1/2, 2, 2 1/2, 3, 3 1/2, etc., c'est-à-dire suivant des proportions très-simples.

On serait dans l'erreur en se figurant que toute la série des combinaisons correspondant aux proportions ci-dessus se réalise entre les deux premiers corps simples venus. Les deux séries prises pour exemples sont des plus complètes ; bien rarement il y a autant de termes. La combinaison peut se borner à trois termes, à deux, à un seul. Mais on retrouve toujours, n'y aurait-il que deux termes, la simplicité de rapports que nous venons d'exposer. C'est en cette simplicité de rapports que consiste la loi des proportions multiples.

9. **Permanence du poids.** — Le poids du corps composé est exactement la somme des poids des corps qui le composent. Autant pesaient ensemble les éléments entrés dans une combinaison, autant pèse le résultat de cette combinaison. Pareillement encore,

lorsqu'une association est détruite, l'ensemble des substances provenant de cette décomposition reproduit le poids primitif. La matière, suivant ses associations ou ses dissociations, revêt tels ou tels aspects; mais un caractère persiste invariable, indestructible : la quantité de matière, le poids. Dans aucune opération chimique, rien ne se crée, rien ne s'anéantit.

10. Nomenclature chimique. — Pour se reconnaître au milieu des innombrables corps composés et les désigner d'une manière précise, peu fatigante pour la mémoire, les chimistes font usage d'une langue spéciale qu'on appelle *nomenclature* chimique. Nous allons en exposer les lois fondamentales.

Dans un corps composé, il n'entre très-fréquemment que deux corps simples, quelquefois trois, rarement quatre, plus rarement cinq et au delà. On nomme composés *binaires* ceux qui renferment deux corps simples; composés *ternaires* ceux qui en renferment trois; composés *quaternaires* ceux qui en renferment quatre. Les composés binaires étant les plus nombreux et les plus importants, c'est par eux qu'il convient de commencer.

11. Acides. — En tête des composés binaires se placent, à cause du rôle immense de l'oxygène, les composés dans lesquels entre ce gaz, c'est-à-dire les composés oxygénés. La formation de l'un d'eux va nous mettre sur la voie d'une importante partie de la nomenclature.

Mettons un morceau de phosphore dans une petite capsule disposée au milieu d'une assiette; enflammons le phosphore et couvrons-le d'une cloche (fig. 1). La combustion a lieu avec formation de fumées blanches très-épaisses. En même temps l'assiette et les parois

de la cloche, qu'on a eu soin de bien dessécher, se couvrent d'une matière blan-
che qui ressemble à de la
neige. Cette substance est
du phosphore brûlé, c'est-
à-dire combiné avec l'oxygène de l'air de la cloche.
Elle est d'une saveur aigre
intolérable, elle rougit la
teinture bleue de tourne-
sol [1]. Dissoute dans l'eau,
elle communique à celle-ci

Fig. 1.

les mêmes propriétés, plus ou moins affaiblies. On
lui donne le nom d'*acide*.

Cette expression est généralisée, et toute substance
qui possède une saveur aigre et rougit le tournesol
prend également le nom d'*acide*. Il y a donc une foule
d'acides, par exemple, ceux que forment le charbon,
le phosphore, le soufre en brûlant, ceux que forment
le chlore, l'azote, l'arsenic. Pour les distinguer l'un
de l'autre, on pourrait faire suivre l'expression commune *acide* du nom du corps simple qui, associé à
l'oxygène, produit chacun d'eux en particulier; mais
ce ne serait pas assez.

L'oxygène, en effet, peut se combiner avec le même
corps en différentes proportions et donner naissance
à plusieurs acides. Le phosphore qui brûle vivement
quand on l'enflamme, se combine avec une forte proportion d'oxygène et produit l'acide que nous venons
d'obtenir; le phosphore qui reluit dans l'obscurité

1. Le tournesol est une matière colorante bleue d'origine végétale.
On le trouve dans le commerce sous forme de petits pains cubiques.
Sa dissolution dans l'eau porte le nom de *teinture de tournesol*.

éprouve encore une combustion, mais une combustion lente, sans chaleur sensible ; il se combine peu à peu avec l'oxygène de l'air, mais en moindre proportion que précédemment ; il produit alors une autre espèce d'acide. Celui qui renferme le plus d'oxygène est désigné par la terminaison *ique* ajoutée au mot phosphore ; celui qui en renferme moins, par la terminaison *eux*. On dit de la sorte : *acide phosphorique* pour la substance acide qu'engendre le phosphore en brûlant vivement, et *acide phosphoreux* pour la substance acide engendrée par la combustior. lente qui le fait reluire dans l'obscurité.

Ces deux expressions sont encore insuffisantes, car on connait deux autres combinaisons acides du phosphore. Pour les désigner, on fait précéder l'adjectif en *ique* de la préposition *hypo*, qui veut dire *en dessous* ; on en fait de même pour l'adjectif en *eux*. On dit ainsi :

Acide phosphorique, pour l'acide de phosphore qui renferme le plus d'oxygène ;

Acide hypophosphorique, pour celui qui en renferme immédiatement moins, le poids du phosphore restant le même ;

Acide phosphoreux, pour celui qui en renferme moins encore ;

Acide hypophosphoreux, pour celui qui en renferme le moins de tous.

Il peut se faire que le même corps n'engendre que deux acides avec l'oxygène. Le plus oxygéné prend la terminaison en *ique*, l'autre la terminaison en *eux*.

Enfin lorsqu'il n'y a qu'un acide, on lui donne la terminaison en *ique*.

12. **Oxydes.** — Chauffons dans une capsule un globule de potassium. Le métal prend feu et se trouve

rapidement converti en une matière blanche, qui n'est
autre que le métal brûlé, c'est-à-dire combiné avec
l'oxygène de l'air. Cette substance possède une saveur
brûlante, intolérable ; elle ramène au bleu le tournesol
préalablement rougi par un acide. Elle appartient
donc à une catégorie de composés bien différente de
celle des acides, si différente qu'il y a antagonisme
entre leurs propriétés respectives. Si l'on associe, en
effet, le phosphore brûlé, acide phosphorique, avec le
potassium brûlé, le premier perd sa saveur aigre et
sa propriété de rougir le tournesol bleu ; le second
perd sa saveur brûlante et sa propriété de ramener au
bleu le tournesol rougi. Le produit de cette association n'a presque pas de saveur ; il est sans action sur le
tournesol bleu ou rouge. C'est ce qu'on nomme un *sel*.

Le fer, le zinc, le cuivre, le plomb, tous les métaux
enfin, en se combinant avec l'oxygène, fournissent
des composés analogues au potassium brûlé. Ces
composés n'ont pas de saveur caustique, il est vrai,
ils ne bleuissent pas le tournesol rougi, parce qu'ils
sont insolubles dans l'eau ; mais ils possèdent du
moins la propriété fondamentale du potassium brûlé,
savoir la propriété de s'associer aux acides pour former des sels. On nomme oxydes ces composés oxygénés. Le produit de la combustion du potassium est
de l'*oxyde de potassium* ; celui de la combustion du fer
est de l'*oxyde de fer*.

Un même corps peut engendrer plusieurs oxydes
différant l'un de l'autre pour la proportion d'oxygène,
qui varie suivant les nombres 1, 1 1/2, 2, 3. On désigne ces divers oxydes au moyen des termes *proto*,
signifiant premier, pour le moins oxygéné ; *sesqui*, signifiant un et demi, pour l'oxyde dont la proportion
d'oxygène est une fois et demi celle du moins oxygé

né; *bi* ou *deuto*, signifiant deux, pour l'oxyde dont la proportion est double ; *tri*, pour celui dont la proportion d'oxygène est triple. On dit ainsi *protoxyde de fer, sesquioxyde de fer, protoxyde de manganèse; bioxyde de manganèse.*

Oxydes et acides sont les uns et les autres des composés brûlés, c'est-à-dire oxygénés. Un même corps peut donner naissance à la fois à des oxydes et à des acides. On remarque alors que les oxydes occupent les degrés inférieurs de l'oxygénation, et les acides les degrés supérieurs. Avec les moindres proportions possibles d'oxygène on obtient des oxydes susceptibles de s'associer aux acides pour former des sels. C'est ce qu'on nomme les *oxydes salifiables* ou *bases*. La plu. part des protoxydes métalliques sont dans ce cas. Avec des quantités plus fortes d'oxygène, les oxydes cessent de pouvoir être convertis en sels; avec des quantités plus fortes encore, ils deviennent acides. Les oxydes qui ne peuvent faire fonctions ni de base ni d'acide se nomment *oxydes neutres*. Parmi les oxydes salifiables ou bases, les uns sont solubles dans l'eau, ils possèdent une saveur brûlante et ramènent au bleu le tournesol rougi. On les nomme *alcalis*. Les principaux sont la potasse ou protoxyde de potassium, la soude ou protoxyde de sodium, la chaux ou protoxyde de calcium. Les autres sont insolubles dans l'eau, et par suite n'ont pas de saveur ni d'action sur le tournesol. Tels sont les protoxydes de fer, de zinc, d'argent, de plomb.

Tout métal engendre au moins un oxyde salifiable. Il peut donner aussi des oxydes supérieurs non salifiables et même des acides. Aucun métalloïde n'engendre d'oxyde salifiable. Ils forment des oxydes neutres ou des acides.

13. Sels. — Un sel résulte de l'association d'un oxyde et d'un acide. C'est un corps *ternaire*. Il renferme trois corps simples : 1° l'oxygène, tant de la base que de l'acide; 2° le corps simple, toujours un métal, qui, associé à l'oxygène, constitue la base, 3° le corps simple, le plus fréquemment un métalloïde qui, associé à l'oxygène, constitue l'acide.

Pour désigner un sel, on change la terminaison *ique* de *l'*acide en *ate*, la terminaison *eux* en *ite*, et l'on fait suivre l'expresion ainsi modifiée du nom de la base. Ainsi l'acide carbonique et la chaux forment un sel dont le nom est *carbonate de chaux*; l'acide phosphorique et la potasse en forment un autre appelé *phosphate de potasse*; l'acide sulfurique et le protoxyde de fer constituent le *sulfate de protoxyde de fer*. Sans plus de développements, on comprend que *sulfite de soude* désigne un sel dont l'acide est l'acide sulfureux et la base la soude; que *hypochlorite de chaux* signifie un composé salin d'acide hypochloreux et de chaux.

14. Composés non oxygénés. — Lorsqu'on chauffe un mélange de soufre et de cuivre, nous avons vu qu'il se forme une matière noire, résultat de l'association du métalloïde et du métal. Pour désigner ce composé, on dit *sulfure de cuivre*, du mot latin *sulfur* signifiant soufre. On dirait de même pour une combinaison de phosphore et de calcium, *phosphure de calcium*; pour une combinaison d'iode et de plomb *iodure de plomb*, pour une combinaison de chlore et d'argent *chlorure d'argent*. La règle est donc de donner la terminaison *ure* au métalloïde, et de faire suivre le mot ainsi formé du nom de métal.

Si la combinaison a lieu entre deux métalloïdes, on met en tête avec la terminaison *ure* celui des deux qui vient avant l'autre dans le rang des métalloïdes tels qu'ils, sont classés à la page 4 . Si l'on consulte cette classification, on verra que le chlore est avant l'arsenic, le soufre avant le carbone, le chlore avant l'iode. Pour les composés qui résultent de ces métalloïdes deux à deux, on dit donc : *chlorure d'arsenio, sulfure de carbone, chlorure d'iode.*

De même qu'il y a des protoxydes, des sesquioxydes, des bioxydes, etc., résultant des proportions diverses d'oxygène, il y a aussi des *protochlorures,* des *sesquichlorures,* des *bichlorures,* des *protosulfures, bisulfures, biiodures,* etc., résultant des proportions différentes de chlore, de soufre, d'iode, etc. pour un poids constant de l'autre corps simple, métalloïde ou métal.

15. **Hydracides.** — En se combinant avec l'hydrogène, le soufre, le chlore, le fluor, le brôme, l'iode, produisent des composés qui possèdent la saveur aigre et rougissent le tournesol. Ces composés prennent le nom d'*hydracides,* c'est-à-dire acides hydrogénés. Le soufre et l'hydrogène donnent l'acide *sulfhydrique;* le chlore et l'hydrogène, l'acide *chlorhydrique;* le fluor et l'hydrogène, l'acide *fluorhydrique.*

16. **Alliages.** — Les associations de métaux entre eux prennent le nom d'*alliages.* On désigne un alliage en dénommant, n'importe dans quel ordre, les métaux qui entrent dans sa composition. Ainsi la monnaie d'argent est un alliage d'argent et de cuivre; la monnaie de bronze est un alliage de cuivre, d'étain et de zinc. Un alliage dans lequel entre le mercure prend le nom d'*amalgame.*

QUESTIONNAIRE.

1. Quel est l'objet de la chimie? — 2. Qu'appelle-t-on corps simples? — Combien en connaît-on? — Qu'appelle-t-on corps composés? — 3. Comment divise-t-on les corps simples? — Quels sont les caractères des métalloïdes et des métaux? — Quels sont les métalloïdes gazeux? — Quels sont les principaux métalloïdes solides? — 4. Quels sont les principaux métaux? — 5. En quoi une combinaison diffère-t-elle d'un mélange? — Que se passe-t-il en général au moment d'une combinaison? — 6. Qu'est-ce que l'affinité? — 7. Les combinaisons ont-elles lieu en toute espèce de proportion? — 8. En quoi consiste la loi des proportions multiples? — 9. Le poids change-t-il quand des corps s'associent ou se séparent? — Pouvons-nous créer ou détruire la matière? — 10. Qu'est-ce que la nomenclature chimique? — Qu'appelle-t-on composés binaires, ternaires, quaternaires? — 11. Quels sont les composés binaires les plus importants? — Qu'est-ce qu'un acide? — Quelle substance engendre le phosphore en brûlant? — Comment dénomme-t-on les acides, quand il y en a un seul, deux, quatre? — 12. Qu'est-ce qu'un oxyde? — Qu'appelle-t-on oxydes salifiables, oxydes neutres? — Quelle est la règle pour dénommer les oxydes? — Quels sont les oxydes nommés alcalis? — Quelle différence y a-t-il entre les composés oxygénés des métalloïdes et des métaux? — 13. Qu'est-ce qu'un sel? — Comment dénomme-t-on les sels? Combien y a-t-il de corps simples dans un sel? — 14. Comment dénomme-t-on la combinaison d'un métal et d'un métalloïde autre que l'oxygène? — Comment dénomme-t-on la combinaison de deux métalloïdes? — 15. Qu'appelle-t-on hydracides? — Quels sont les principaux? — 16 Qu'est-ce qu'un alliage, un amalgame?

PREMIÈRE PARTIE

CHAPITRE PREMIER

OXYGÈNE.

1. Propriétés de l'oxygène. — L'oxygène est un gaz dépourvu de couleur, d'odeur et de saveur. Il est un peu plus lourd que l'air. Soumis à une pression et un refroidissement énergiques, il se liquéfie et se transforme en un liquide incolore. Un litre d'eau peut en dissoudre, à la température ordinaire, 45 centimètres cubes. Son caractère distinctif est de rallumer une bougie récemment éteinte et conservant encore un point en ignition.

Dans une éprouvette pleine d'oxygène (fig. 2), on

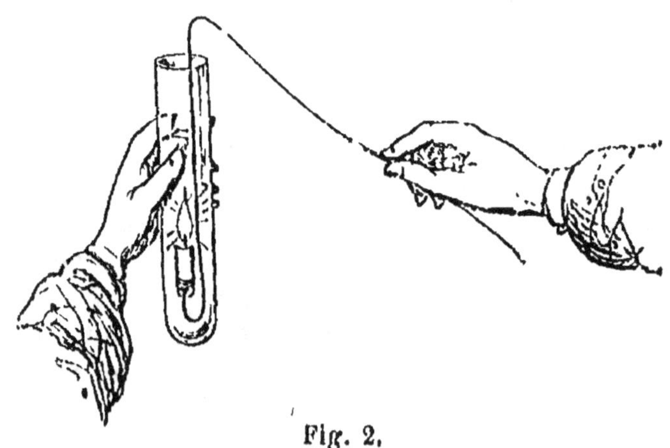

Fig. 2.

plonge, au moyen d'un fil de fer, une bougie que l'on vient d'éteindre à l'instant et dont la mèche conserve encore un point incandescent. La bougie se rallume soudain avec une légère explosion. Elle brûle avec un éclat incomparablement plus vif que dans l'air. On la retire, on l'éteint en conservant toujours un point incandescent, on l'introduit de nouveau dans l'éprouvette ; elle se rallume encore. Cette propriété, l'air ne la possède pas. Dans l'air ordinaire, la bougie brûle, mais elle ne se rallume pas d'elle-même une fois éteinte. Dans l'oxygène, elle se rallume, et de plus la combustion est si vive, que la bougie laissée un peu de temps dans l'éprouvette s'use avec une dévorante activité.

2. **Combustion du soufre dans l'oxygène.** — On sait avec quelle lenteur, quelle flamme pâle, le soufre brûle dans l'air. Au sein de l'oxygène la combustion est toute différente. Dans un petit godet de terre, attaché à un fil de fer, mettons un peu de soufre, allumons-le et plongeons le godet dans un ballon plein d'oxygène (fig. 3). Aussitôt la flamme s'avive, répandant une belle lumière violacée. Un gaz à odeur suffocante se forme : puis la flamme s'éteint, la provision d'oxygène étant épuisée. Pour constater la nature du gaz ainsi engendré, on verse un peu de teinture bleue de tournesol dans le ballon et l'on agite ; la teinture rougit. La com-

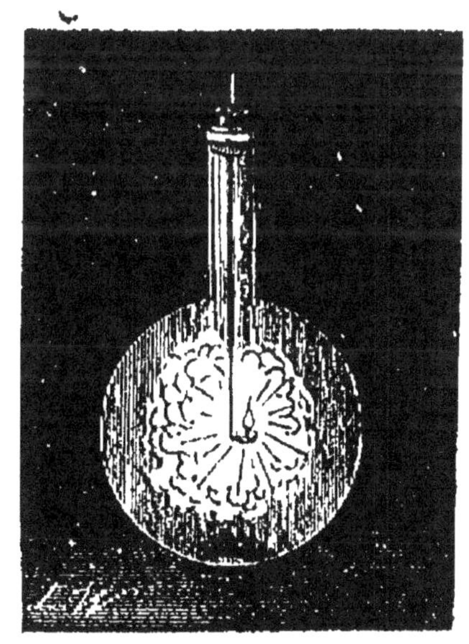

Fig. 3.

bustion du soufre dans l'oxygène, c'est-à-dire la combinaison de ces deux corps, produit donc un acide le gaz formé s'appelle, en effet, *acide sulfureux.*

3. Combustion du phosphore dans l'oxygène. — Avec le phosphore, l'expérience est des plus frappantes. Le phosphore contenu dans un petit godet en terre est plongé une fois allumé dans un grand flacon à large goulot plein d'oxygène. L'éclat est si vif, que le regard ne peut le supporter. D'épaisses fumées blanches sont le résultat de cette splendide combustion. On les nomme *acide phosphorique.* Elles méritent, en effet, le nom d'acide, car la teinture de tournesol, versée dans le flacon où le phosphore a brûlé, rougit à l'instant.

4. Combustion du charbon dans l'oxygène. — Dans un flacon plein d'oxygène, on introduit un charbon dont un point est allumé. Aussitôt la combustion gagne de proche en proche avec un éclat, une rapidité d'embrasement qu'on ne voit jamais dans les combustions à l'air libre. Bientôt le gaz s'épuise, l'éclat baisse, le charbon brûle languissamment et finirait par s'éteindre. Le tournesol agité alors dans le flacon, rougit, mais faiblement. Il s'est donc encore formé un acide, l'*acide carbonique.* De l'eau de chaux bien limpide, versée dans le flacon, se trouble et blanchit ; c'est le caractère distinctif de l'acide carbonique [1].

5. Combustion du fer dans l'oxygène. — Prenons un vieux ressort de montre, et chauffons-le au rouge pour le faire revenir, c'est-à-dire pour lui enlever son élasticité qui empêcherait de le façonner d'une manière convenable. On l'enroule alors sur une

---

1. On obtient l'*eau de chaux* en délayant dans de l'eau de la chaux éteinte et filtrant. Le liquide qui passe est d'une parfaite limpidité ; il contient en dissolution une faible quantité de chaux.

baguette de verre. Il prend la forme d'une longue spirale. Cette spirale est munie à son extrémité inférieure d'un morceau d'amadou ; et par son extrémité supérieure, elle est implantée dans un bouchon. D'autre part, un large flacon est rempli d'oxygène, mais on a soin de laisser au fond quelques travers de doigt d'eau. Le morceau d'amadou est allumé, et la spirale de fer est plongée dans l'oxygène (fig. 4). L'amadou met feu au métal; le fer brûle, lançant de vives étincelles à la manière d'un feu d'artifice ; des gouttes fondues se détachent toutes rouges, traversent la couche d'eau avec des frémissements qui annoncent leur haute température, et arrivent au fond du flacon encore assez chaudes pour ramollir le verre et s'y incruster. Quand tout est fini, le flacon est poudré en dedans d'une poussière rougeâtre ayant l'aspect de la rouille. On reconnaît aussi que les gouttes détachées ne sont pas du fer fondu, mais une substance friable, qui se brise sous le choc ou même sous les doigts. Cette matière friable et cette poussière couleur de rouille, sont le résultat de la combinaison de l'oxygène et du fer. Elles sont du fer brûlé, de *l'oxyde de fer*.

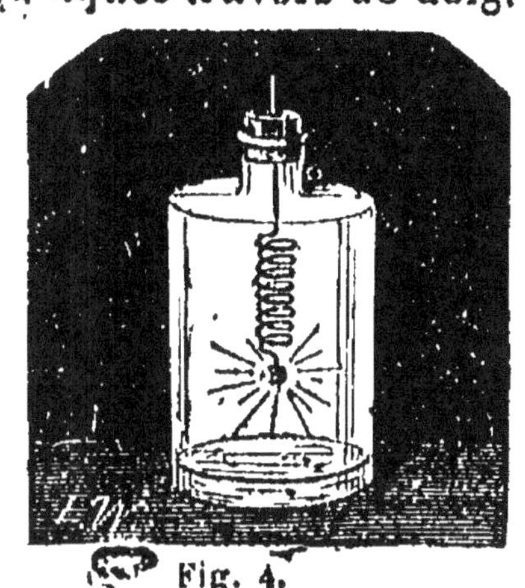

Fig. 4.

6. Oxydation et combustion. — L'oxydation est le fait de la combinaison de l'oxygène avec un autre corps. Cette combinaison est fréquemment accompagnée d'un dégagement de chaleur et de lumière, comme viennent de le démontrer les exemples précédents. Dans le langage vulgaire, on dit alors qu'il y a *combustion*, et le mot de *combustible* s'applique au corps qui brûle n'importe sa nature, fer, soufre, phosphore, charbon. La chimie a adopté l'expression vulgaire, mais en lui donnant une signification plus étendue. Elle dit combustion toutes les fois que l'oxygène se combine avec un autre corps, qu'il y ait ou non dégagement sensible de chaleur et de lumière. Du fer qui se rouille lentement à l'air humide se combine peu à peu avec l'oxygène de l'air; il y a alors combustion dans le sens chimique du mot, bien qu'il n'y ait aucun dégagement sensible de chaleur et de lumière.

7. **Action de l'oxygène sur les animaux.** — L'oxygène est le seul gaz respirable, c'est lui que nos poumons puisent dans l'air. Mais de même qu'une bougie brûle dans ce gaz avec une dévorante activité, de même un animal plongé dans une atmosphère d'oxygène finit par succomber des suites d'une excitation trop vive. La respiration s'active, le sang plus rouge, précipite son cours; les poumons deviennent le siége d'une violente inflammation, et la mort peut être la conséquence d'une vie surexcitée hors de toute mesure. On verra bientôt comment, dans l'air atmosphérique, un gaz inerte est mélangé à forte proportion à l'oxygène pour en modérer la puissante énergie.

8. **Préparation de l'oxygène par le chlorate de potasse.** — Le procédé le plus communément suivi dans les laboratoires pour obtenir l'oxygène, est celui par le *chlorate de potasse*. Ce corps appartient à la catégorie des *sels*. Il contient de l'acide chlorique et de la potasse. L'acide chlorique est un composé oxygéné, la potasse également. Le sel contient donc de l'oxygène, et par sa base et par son acide. Les autres sels, résultant de la combinaison d'un acide et

d'une base, sont dans le même cas. Ce sont, en quelque sorte, des réservoirs d'oxygène, des composés où ce gaz se trouve accumulé, condensé, par la combinaison. La plupart des sels gardent leur oxygène avec une puissance difficile à vaincre ; d'autres, en fort petit nombre, l'abandonnent facilement, en particulier par l'action de la chaleur. Tel est le chlorate de potasse. Si l'on met sur un charbon allumé une pincée de chlorate de potasse, le sel se décompose, il laisse son oxygène se dégager ; et celui-ci, en rapport avec le charbon incandescent, produit une vive déflagration analogue à celle que nous a montrée le charbon brûlant dans une atmosphère d'oxygène. On met donc à profit, pour obtenir l'oxygène, cette propriété du chlorate de potasse d'être décomposé par la chaleur. Pour rendre la décomposition plus rapide et plus facile, on mélange le chlorate avec un tiers ou un quart de son poids de bioxyde de manganèse. Il suffit alors de la chaleur d'une lampe à alcool.

On met donc dans un ballon en verre, un mélange de chlorate de potasse et de bioxyde de manganèse. Le tube abducteur se rend sous une cloche pleine d'eau. On chauffe avec une lampe à alcool, et le dégagement du gaz est presque instantané. La réaction est des plus simples. Le sel perd son oxygène, autant celui de la base que celui de l'acide ; il reste du chlore et du potassium, constituant une nouvelle combinaison, dont le nom est chlorure de potassium. Le tableau suivant résume cette réaction.

Chlorate de potasse	{	Acide chlorique	{	Chlore	}	Oxygène (*produit obtenu.*)	—	Chlorure de Potassium (*Résidu.*)
				Oxygène				
		Potasse	{	Oxygène Potassium			—	

9. Rôle de l'oxygène. — Pour l'importance du rôle rempli dans la nature, aucun corps simple ne peut être comparé à l'oxygène. Il fait partie de l'air atmosphérique. Il est indispensable à la vie des animaux, il est non moins nécessaire à la vie des plantes. C'est l'*air vital* comme l'appelaient les anciens chimistes. Tout ce qui vit, animal ou plante, vit avant tout par lui. Il entre dans la composition de l'eau ; il fait partie de la substance de l'animal, il fait partie de la substance de la plante. L'immense majorité des matières minérales, constituant l'écorce terrestre, renferme de l'oxygène. La terre, les pierres, les sables, les argiles, enfin toutes les matières minérales constituant le sol, sont des corps brûlés par l'oxygène, des oxydes, des sels. Approximativement, l'oxygène entre pour 40 parties sur 100 en poids dans la composition des matériaux divers dont le sol est formé.

QUESTIONNAIRE.

1. Quelles sont les propriétés physiques de l'oxygène? — Quel est son caractère distinctif? — 2. Comment brûle le soufre dans l'oxygène? — Quel est le résultat de la combustion? — Comment reconnaît-on que le produit formé est un acide? — 3. Comment brûle le phosphore dans l'oxygène? — Comment se nomme le produit de cette combustion?— 4. Que présente de remarquable la combustion du charbon dans l'oxygène? — Quel est le résultat de cette combustion?—Quel est le caractère distinctif de l'acide carbonique? — 5. Comment faut-il disposer le ruban de fer que l'on veut faire brûler dans l'oxygène?— Que présente de remarquable la combustion du fer?—Comment se nomme le produit formé?— 6. Qu'appelle-t-on oxydation? — Que faut-il entendre

par combustion, par combustible? — La combustion
est-elle toujours accompagnée de chaleur sensible et de
lumière? — 7. L'oxygène est-il respirable? — Un animal peut-il vivre longtemps dans l'oxygène? — Quels
sont les principaux effets de l'oxygène pur sur l'organisation? — 8. Comment le chlorate de potasse peut-il
servir à préparer l'oxygène? — Comment se fait cette
préparation? — En quoi consiste le résidu? — 9. Quel
est le rôle de l'oxygène dans la nature? — Entre-t-il en
quantité considérable dans les matériaux de l'écorce
terrestre?

CHAPITRE II

AZOTE. — AIR ATMOSPHÉRIQUE.

1. Propriétés de l'azote. — L'azote, liquéfiable
comme l'oxygène par le concours d'une forte pression et d'un refroidissement énergique, est un gaz
incolore, inodore, un peu plus léger que l'air.
Il est moins soluble dans l'eau que l'oxygène.
On verra plus loin les importantes conséquences
qu'amène cette moindre solubilité. Il est impropre à
la combustion. Une bougie allumée qu'on plonge dans
une éprouvette pleine d'azote, s'éteint à l'instant. Il
ne peut entretenir la vie; un animal périt dans une
atmosphère d'azote après quelques inspirations. Ce
n'est pas à dire que l'azote soit un poison ; nous en
respirons sans cesse, mais mélangé avec de l'oxygène,
le seul parmi les gaz qui soit apte à entretenir la vie.
Quand donc un animal meurt dans l'azote, ce n'est
pas à cause de ce dernier gaz, mais à cause de l'ab-
sence de l'oxygène.

2. Faible affinité de l'azote. — On se rappelle avec

quelle énergie l'oxygène entre en combinaison avec les autres corps simples, phosphore, soufre, carbone, fer. L'azote n'a rien de ces puissantes affinités, il peut rester indéfiniment en présence des divers corps simples sans avoir prise sur eux. Ses propriétés sont pour ainsi dire négatives; on dit très-bien ce qu'il ne fait pas, il est difficile de dire ce qu'il fait. Cependant ce n'est pas un élément inerte, sans tendance aucune à la combinaison; mais pour que ses affinités s'éveillent, il faut des conditions délicates que la science ne peut pas toujours expliquer et encore moins faire naître à volonté.

3. Rôle de l'azote. — L'azote pur est à peu près sans usages; son rôle n'en est pas moins très-grand dans l'industrie et surtout dans la nature. Avec l'hydrogène il forme le gaz ammoniac dont les fonctions sont de premier ordre en agriculture surtout; combiné avec l'oxygène, il forme l'acide azotique ou *eau forte*. Mélangé avec le même gaz, il constitue l'océan aérien, l'atmosphère, et tempère par sa présence les énergies trop violentes de l'oxygène; associé au carbone, à l'hydrogène et à l'oxygène, il compose la substance de l'animal et de certaines parties de la plante.

4. Préparation de l'azote. — Généralement, on retire l'azote de l'air atmosphérique, dans lequel il se trouve en forte proportion, simplement mélangé avec l'oxygène. Le procédé consiste à absorber l'oxygène par un combustible convenable, le phosphore.

On met un morceau de phosphore dans une petite capsule en terre soutenue par un flotteur de liége nageant sur l'eau de la cuve pneumatique. On enflamme le phosphore et l'on couvre le tout d'une cloche pleine d'air (fig. 5). D'abord le phosphore brûle avec son activité ordinaire; la cloche s'emplit de lueurs vives et d'épais tourbillons de fumée blanche, fumée d'acide phosphorique, puis les lueurs s'affaiblissent et il n'y a plus que de rares éclairs. La cloche longtemps encore est pleine de vapeurs d'apparence laiteuse. Peu à peu ces vapeurs se dissipent, surtout en agitant l'eau de la cloche pour les dissoudre, et l'eau monte elle-même dans le vase à peu près d'un cinquième du volume total.

Fig 5.

Quand le contenu gazeux est éclairci, on reconnaît que la capsule renferme encore du phosphore. Ce n'est donc pas le combustible qui a fait défaut, c'est le comburant. Un moment est venu où tout l'oxygène de l'air a été employé à faire de l'acide phosphorique, et la combustion s'est arrêtée. Ce qui reste maintenant dans la cloche, c'est la partie non comburante de l'air, la partie non apte à la combustion et à la respiration, l'azote. Si l'on transvase dans une éprouvette le contenu gazeux de la cloche, on voit qu'une bougie allumée plongée dans ce gaz s'éteint aussitôt; et c'est tout naturel : là où le phosphore, combustible par excellence, a refusé de brûler, une bougie ne peut brûler elle-même.

5. **Air atmosphérique.** — La combustion du phosphore sous une cloche établit que l'air atmosphérique est un mélange de deux gaz de nature différente et pour ainsi dire opposée : l'une (azote) incapable d'entretenir la combustion et la respiration ; l'autre (oxygène) apte à les entretenir. En comparant le résidu gazeux laissé par la combustion du phosphore, au volume de l'air primitif, au volume total de la cloche,

on reconnaît que l'azote entre à peu près pour le 4 cinquièmes dans la composition de l'air, et l'oxygène pour 1 cinquième. Avec des méthodes plus précises, on trouve 21 volumes d'oxygène et 79 volumes d'azote, nombres qui sont à très peu près dans le rapport de 1 à 4.

Pour une expérience de cours, la recomposition de l'air s'effectue comme il suit : Dans une cloche pleine d'eau, placée sur une cuve pneumatique, on introduit 21 volumes d'oxygène préparé avec le chlorate de potasse ou autrement, et 79 volumes d'azote, obtenu par la combustion du phosphore; ou plus simplement 1 mesure d'oxygène et 4 mesures d'azote. Le mélange ainsi obtenu ne diffère pas de l'air ordinaire : une bougie y brûle, un animal y respire comme à l'air libre.

6. Air dissous dans l'eau. — L'air, indispensable à la vie des animaux terrestres, ne l'est pas moins à la vie des animaux aquatiques. Ceux-ci respirent comme les premiers; ils respirent de l'air, seulement cet air est dissous dans l'eau. Pour un poisson, pour un oiseau, pour un animal terrestre quelconque, la vie s'entretient par la respiration; le premier trouve l'élément respirable en dissolution dans l'eau, les autres le puisent directement dans l'atmosphère, mais c'est toujours le même élément, l'oxygène. Il n'est pas sans intérêts de rechercher la composition de cet air dissous dans l'eau et nécessaire à la vie aquatique. Est-elle la même que pour l'air atmosphérique, comprend-elle les mêmes volumes relatifs d'oxygène et d'azote ? Pour résoudre cette question, on remplit entièrement d'eau un ballon auquel on adapte un tube également plein d'eau et dont l'extrémité s'engage sous une éprouvette pleine de mercure

(fig. 6). On chauffe; on voit bientôt dés bulles ga-
leuses se dégager et monter dans l'éprouvette. Après

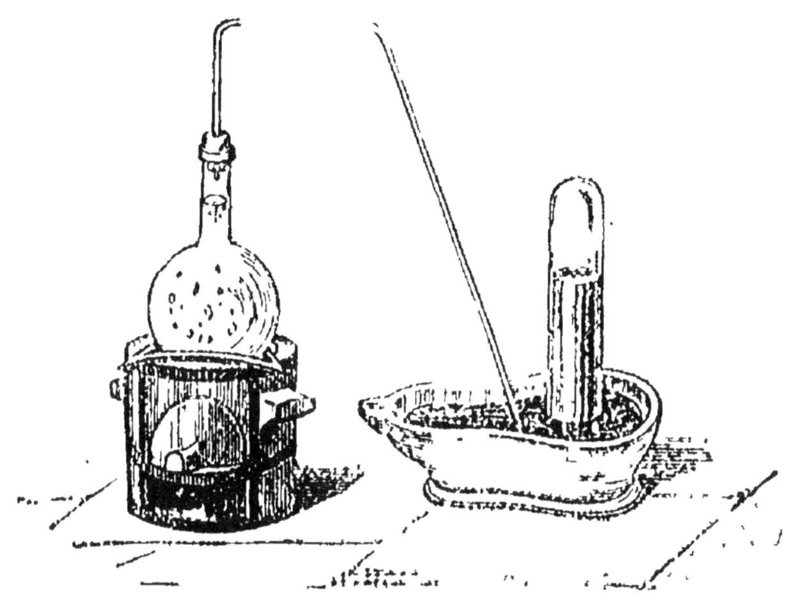

Fig. 6.

quelques minutes d'ébullition, le dégagement gazeux
cesse. Un litre d'eau d'excellente qualité donne ainsi
une trentaine de centimètres cubes de gaz. Or ce gaz,
abstraction faite de la petite quantité d'acide carbonique qu'il contient généralement, est formé de 32
parties en volume d'oxygène pour 68 parties d'azote,
ou à peu près d'une mesure d'oxygène pour 2 mesures d'azote. Il est donc environ deux fois plus riche en oxygène que ne l'est l'air ordinaire. Cette plus
grande richesse en élément respirable explique comment les animaux aquatiques trouvent, dans la petite
quantité d'air tenue en dissolution par l'eau, de quoi
suffire à leur respiration. Cette plus forte proportion
de l'élément respirable a pour cause la solubilité de
l'oxygène dans l'eau, deux fois environ plus grande

3

que celle de l'azote. L'air étant un simple mélange et non une combinaison, chacun des deux gaz est absorbé par l'eau suivant son degré de solubilité, et l'oxygène, soluble à raison de 45 centimètres cubes par litre, l'emporte, toute proportion gardée, sur l'azote soluble à raison de 25 centimètres cubes seulement.

Nous examinerons plus loin, après l'étude de l'hydrogène et du carbone, le rôle de l'air dans la combustion et dans la respiration.

QUESTIONNAIRE.

1. Quelles sont les propriétés physiques de l'azote? — Est-il propre à la combustion et à la respiration? — Est-ce un gaz délétère? — Pourquoi un animal périt-il dans une atmosphère d'azote? — 2. Que présente de remarquable l'azote sous le rapport de son affinité chimique? — 3. Quel est le rôle de l'azote dans la nature? — Quel est son rôle dans l'air atmosphérique? — Entre-t-il dans la composition de substances importantes? — 4. Comment obtient-on l'azote? — 5. Quelle est la composition de l'air atmosphérique? — Comment peut-on reconstituer de l'air avec ses éléments? — 6. Comment extrait-on l'air dissous dans l'eau? — Quelle est la composition de cet air? — Pourquoi la proportion d'oxygène y est-elle plus grande que dans l'air atmosphérique?

CHAPITRE III

HYDROGÈNE.

1. Préparation de l'hydrogène. — L'eau, combinaison d'oxygène et d'hydrogène, comme on le démontrera tout à l'heure, est la substance la plus propre à la préparation de l'hydrogène. Il faut, à cet effet, faire intervenir un corps qui s'empare de l'oxygène et mette l'hydrogène en liberté. Or, deux métaux de peu de valeur, le zinc et le fer, le premier surtout, ont la propriété d'opérer cette décomposition sous l'influence de l'acide sulfurique. On met donc de l'eau et de la grenaille ou des rognures de zinc dans un flacon à deux tubulures (fig. 7); à l'une d'elles,

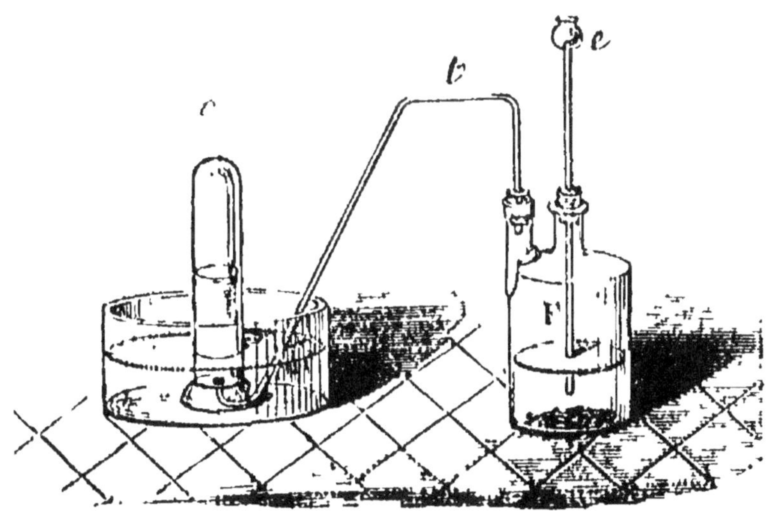

Fig. 7.

on ajuste au tube recourbé se rendant sous une clo

che, à l'autre un tube droit surmonté d'un entonnoir *a* Ce dernier tube doit arriver presque au fond du flacon; il sert à introduire l'acide sulfurique peu à peu, à mesure qu'il en est besoin pour produire un dégagement régulier. Si l'on en versait trop à la fois, l'attaque serait si vive, que le liquide, refoulé par le gaz, jaillirait par le tube à entonnoir. On laisse perdre les premières portions d'hydrogène, mélangées avec l'air du flacon; ensuite on recueille le gaz par les moyens ordinaires sous une cloche ou sous une éprouvette.·

2. Théorie de la préparation de l'hydrogène. — La formation de l'hydrogène, par le moyen que nous venons de décrire, a son explication dans le tableau suivant :

Eau { Hydrogène *(produit recueilli.)*
    { Oxygène } Oxyde de zinc } Sulfate d'oxyde
Zinc }   de zinc
Acide sulfurique. . . . . } *(Résidu.)*

Trois corps sont en présence : de l'eau, du zinc et de l'acide sulfurique. Sous l'influence simultanée de ces deux derniers l'eau se décompose ; son hydrogène se dégage, son oxygène se porte sur le zinc et le convertit en oxyde. L'acide sulfurique se combine avec cet oxyde et produit un sel, sulfate de zinc, qui reste en dissolution dans l'eau excédante. Quand l opération est terminée, le liquide du flacon contient donc du sulfate de zinc qui, par le repos, se prend en cristaux incolores, d'une saveur acerbe très désagréable.

3. Propriétés de l'hydrogène. — Le gaz hydrogène pur est incolore et inodore. A un degré suffisant d'énergie, la pression et le refroidissement le transforment en un liquide. C'est le plus léger de tous les corps connus; il pèse 14 fois 1/2 moins que l'air, ou environ 1 décigramme par litre.

Il est impropre à entretenir la combustion, mais il est combustible lui-même et brûle avec une facilité qu'aucun autre corps ne présente au même degré. Si l'on plonge une bougie allumée dans une éprouvette renversée A (fig. 8) pleine d'hydrogène, la couche de gaz, en rapport avec l'air, prend feu et brûle avec une flamme très-pâle, tandis que la bougie s'éteint aussitôt qu'elle pénètre dans l'atmosphère d'hydrogène.

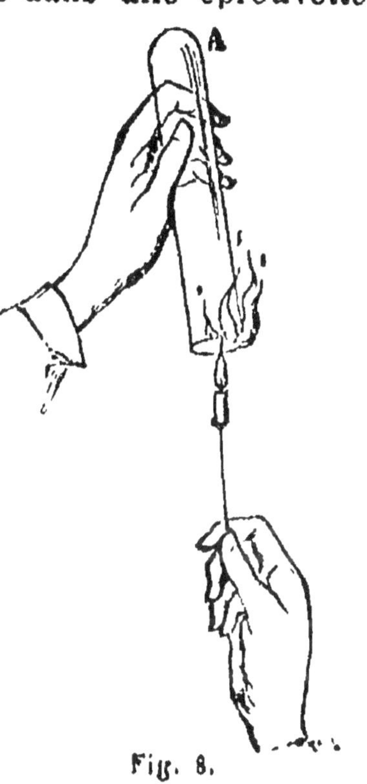

Fig. 8.

L'hydrogène est donc combustible et non comburant. Par cela même, il est impropre à la respiration, car le but de la respiration est d'introduire, dans le corps de l'animal, une substance comburante qui doit brûler certains principes et produire ainsi la chaleur nécessaire à la vie. Rien n'est respirable que l'oxygène, car lui seul est comburant.

Dans l'expérience précédente on tient l'éprouvette renversée, l'orifice en bas, pour la conserver pleine d'hydrogène. L'éprouvette étant tenue l'orifice en haut, l'hydrogène s'échapperait à cause de sa grande légèreté, et l'air, beaucoup plus lourd, viendrait prendre sa place. On démontre la grande légèreté de l'hydrogène au moyen de l'expérience que voici :

Deux éprouvettes d'égale capacité et d'égal diamètre contiennent, l'une de l'hydrogène, l'autre de l'air On dispose l'éprouvette à hydrogène H (fig. 9)

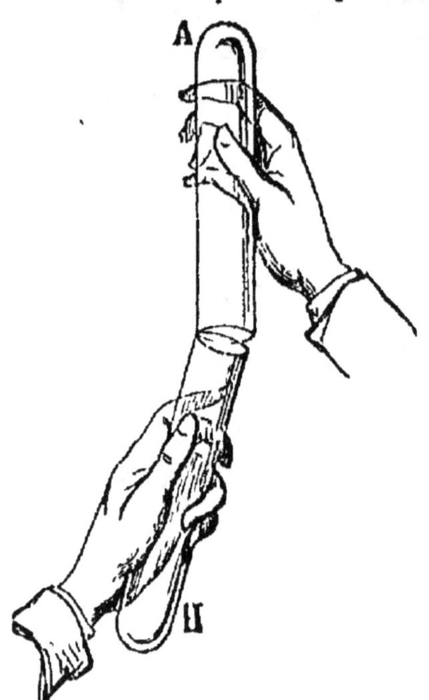

Fig. 9.

au-dessous de l'éprouvette à air A, exactement orifice contre orifice. Quelque temps après, on plonge une bougie allumée à tour de rôle dans H et dans A. Elle brûle dans H, elle s'éteint dans A en enflammant le contenu. L'hydrogène est donc monté de l'éprouvette inférieure dans l'éprouvette supérieure, et l'air, plus lourd, a pris sa place.

Une autre expérience, aussi simple que frappante, peut servir à la même démonstration. On remplit de gaz hydrogène une vessie, à laquelle doit se trouver adapté un robinet portant un tube effilé. On plonge l'extrémité de ce tube dans de l'eau de savon, et après l'avoir retirée, on tourne un peu le robinet et on presse légèrement la vessie. Il se forme ainsi à l'extrémité du tube une bulle de savon pleine d'hydrogène qui se détache et s'élève dans l'air.

A cause de sa faible densité, l'hydrogène traverse aisément les membranes, le papier et autres enveloppes de ce genre. Remplissons une éprouvette d'hydrogène, et pendant qu'elle est encore renversée, appliquons à son orifice un couvercle de papier. Redressons alors l'éprouvette. Le gaz traverse la cloison de papier et se dégage comme s'il n'y avait pas d'obstacle à son issue, ce que l'on reconnait en l'enflammant au-dessus du papier. On s'explique ainsi pourquoi les petits ballons gonflés avec ce gaz se dégonflent si promptement.

4. Mélange détonant. — À la température ordinaire, l'hydrogène ne se combine pas avec l'oxygène; les deux gaz peuvent rester mélangés un temps indéfini sans agir l'un sur l'autre. Mais, par l'action de la chaleur ou de l'étincelle électrique, ils se combinent brusquement avec détonation.

Pour obtenir le mélange détonant, on introduit sur l'eau dans une cloche une mesure d'oxygène pour deux mesures d'hydrogène. Ce mélange, à cause de ses propriétés explosives, est une matière redoutable, sur laquelle on doit veiller avec une extrême prudence. En faisant explosion, il brise les appareils et en projette les débris avec violence. Pour éviter tout danger, on opère comme il suit : Un flacon d'un quart de litre au plus est rempli du mélange détonant et aussitôt bouché. On l'enveloppe alors d'un linge, à tours serrés, excepté le goulot. Ce linge a pour effet d'arrêter les éclats du verre si la rupture a lieu. Tenant d'une main le flacon aussi enveloppé, on le débouche de l'autre, et l'on présente son orifice à la flamme d'une lampe. Le mélange s'enflamme aussitôt et produit une détonation ainsi forte que celle d'une arme à feu. Des deux gaz combinés, résulte un peu de vapeur d'eau. Pour faire cette belle expérience sur un plus grand volume de mélange détonant, on emploie un mortier de bronze ou de fer contenant un peu d'eau de savon. Le mélange gazeux est d'abord introduit dans une vessie à robinet que l'on arme d'un tube de verre effilé à la lampe. On plonge l'extrémité du tube dans l'eau de savon, on comprime légèrement la vessie, et le mortier s'emplit d'écume dont les bulles sont gonflées de mélange explosif. Avec une bougie allumée, fixée à l'extrêmité d'une longue baguette, on met feu à cette écume. La détonation est d'une effrayante puissance.

Au lieu de un volume d'oxygène pour deux volumes d'hydrogène, on pourrait mélanger avec la même proportion d'hydrogène, 5 volumes d'air qui contiennent un volume d'oxygène. Dans ce cas la détonation aurait toujours lieu, mais elle aurait moins de puissance parce que le mélange explosif serait étendu de 4 volumes d'azote, gaz inerte. Toujours est-il que l'hydrogène mélangé avec l'air atmosphérique, forme une substance explosive qui peut amener des accidents si l'on n'y veille.

5. Lampe philosophique. — L'appareil connu sous le nom de *lampe philosophique* consiste (fig. 10) en un flacon à deux tubulures, dont l'une porte un tube à entonnoir, et l'autre un tube effilé *a*. Dans le flacon se trouvent de l'eau, du zinc et de l'acide sulfurique versé peu à peu par le tube à entonnoir. On obtient ainsi un dégagement d'hydrogène. En approchant une mèche de papier allumé, on met feu au jet d'hydrogène qui brûle avec une flamme jaunâtre très-peu lumineuse. En faisant cette expérience, il est essentiel d'attendre que l'air de l'intérieur du flacon soit complètement expulsé et remplacé

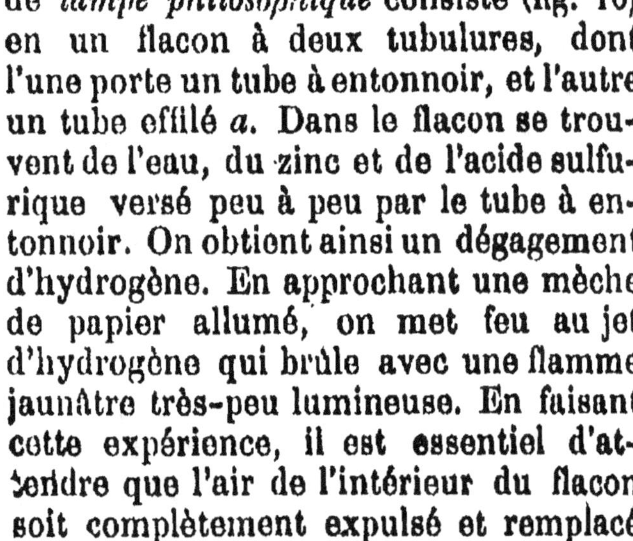

Fig. 10.

par de l'hydrogène, sinon une explosion pourrait avoir lieu par suite du mélange de l'air avec l'hydrogène. Pour plus de précaution, on peut, avant d'enflammer le jet gazeux, envelopper le flacon d'un

linge destiné a arrêter les éclats du flacon et les éclaboussures du liquide-acide, si l'explosion avait lieu.
Une fois le jet enflammé, le linge peut être retiré:
il n'y plus rien à craindre.

6. **Moyen de rendre lumineuse la flamme** de
l'hydrogène. — La flamme de l'hydrogène seul répand une lumière très-pâle. Pour la rendre lumineuse,
il suffit de mêler avec ce gaz une vapeur ou un autre
gaz combustible renfermant du carbone ; par exemple
de la benzine. Dans une éprouvette B (fig. 11), on

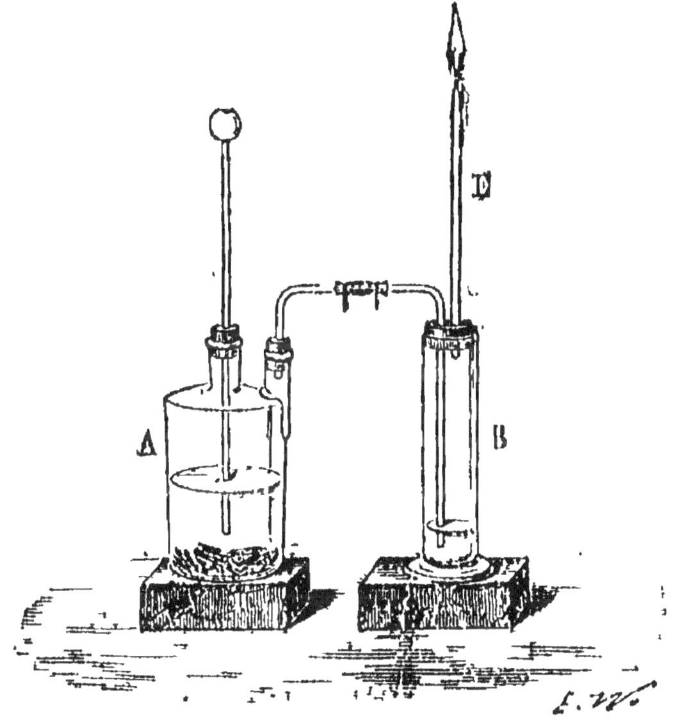

Fig. 11.

met une légère couche de benzine. Le tube abducteur de l'hydrogène engendré dans le flacon A, plonge
dans la benzine, et un tube effilé E permet l'écoulement
du gaz chargé de vapeurs de benzine en traversant
ce liquide. On obtient ainsi une flamme douée d'é-

clat. Pour simplifier, on peut se borner à introduire la benzine dans le flacon même où s'engendre l'hydrogène, et à enflammer le jet gazeux comme pour l'expérience de la lampe philosophique. On verra, lorsque nous traiterons de la flamme, comment le carbone rend lumineuse une flamme qui, par elle-même, ne l'est pas.

7. Harmonica chimique. — Si l'on entoure d'un gros tube le jet enflammé de la lampe philosophique, il se produit un son continu, déchirant ou musical, dont la hauteur dépend de la longueur du tube et de la position de la flamme dans celui-ci. Pour l'explication de ce son, on admet que le courant d'air ascendant entraîne avec lui de l'hydrogène et forme des mélanges qui détonnent successivement à des intervalles très-rapprochés, à mesure qu'ils arrivent au-dessus de la flamme. Ces petites explosions continues font entrer en vibration la masse gazeuse du tuyau et engendrent un son en même temps qu'elles produisent un tremblotement dans la flamme.

8. Intensité calorifique de la flamme d'hydrogène. — De tous les combustibles, l'hydrogène est celui qui, à poids égal, développe le plus de chaleur en brûlant. La plus haute température est obtenue quand la combustion de l'hydrogène se fait dans l'oxygène pur, et que la proportion des deux gaz est de deux volumes du premier pour un volume du second. Mais comme pareil mélange amènerait des explosions très-dangereuses, on se borne à mêler les deux gaz au moment où ils sortent de leurs réservoirs respectifs O et H, en les faisant arriver simultanément et dans les proportions voulues, dans un chalumeau métallique b de petit diamètre (fig. 12). Le jet enflammé qui s'échappe du chalumeau ainsi dis-

posé, fait entrer en fusion les corps les plus réfractaires, tels que le platine
et le silex. L'argent et l'or
disparaissent rapidement
réduits en vapeurs bleuâ-
tres.

**9. Lumière de Drum-
mond.** — Si l'on dirige le
jet enflammé du chalu-
meau à gaz oxygène et
hydrogène sur une pointe
de craie ou de chaux, la
lumière acquiert un éclat

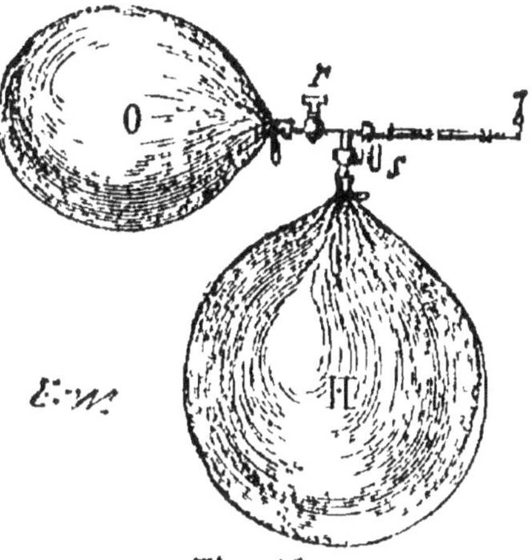

Fig. 12.

éblouissant, comparable à celui du soleil ou de la pile;
c'est ce qu'on appelle la *lumière de Drummond*, du
nom du chimiste anglais qui, le premier, a fait cette
curieuse expérience. On l'utilise dans les expériences
d'optique, quand la lumière du soleil fait défaut.

10. Usages de l'hydrogène. — La haute importance
de l'hydrogène en chimie, son rôle immense dans la
nature se déduiront de nos études ultérieures. Nous
nous bornerons à dire, pour le moment, que la faible
densité de l'hydrogène a fait longtemps employer ce
gaz au gonflement des aérostats. Aujourd'hui,
pour le même usage, on préfère le gaz de l'éclairage
provenant de la distillation de la houille. Celui-ci
étant plus dense, l'aérostat doit être plus grand pour
avoir la même force ascensionnelle; mais cet inconvénient est compensé par une moins rapide déperdition de gaz à travers l'enveloppe

QUESTIONNAIRE.

1. Comment se prépare l'hydrogène ? — **2.** Quel est le corps qui le fournit ? — Que se passe-t-il dans cette préparation ? — Quel est le résidu obtenu ? — **3.** Combien de fois l'hydrogène est-il plus léger que l'air ? — Que pèse-t-il environ par litre ? — Comment démontre-t-on que l'hydrogène est combustible et non comburant ? — Quelles expériences constatent que l'hydrogène est plus léger que l'air ? — **4.** Qu'appelle-t-on mélange détonant ? — Suivant quelles proportions doivent être mélangés les deux gaz ? — Quelles expériences peut-on faire avec le mélange détonnant ? — L'air et l'hydrogène mélangés détonent-ils ? — **5.** En quoi consiste la lampe philosophique ? — Que présente de remarquable la flamme de l'hydrogène ? — **6.** Comment peut-on rendre cette flamme lumineuse ? — **7.** Comment se fait l'expérience de l'harmonica chimique ? — Quelle est la cause du son produit? — **8.** Quel est le combustible qui développe la plus haute température ? — En quoi consiste le chalumeau à gaz oxygène et hydrogène? — Quels effets calorifiques produit le jet enflammé de ce chalumeau? — **9.** Qu'appelle-t-on lumière de Drummond ? — **10.** Avec quoi gonfle-t-on les aérostats ? — Quels avantages présente le gaz de l'éclairage sur l'hydrogène pur ?

CHAPITRE IV.

EAU.

1. La combustion de l'hydrogène produit de l'eau. — Si l'on surmonte d'un large tube de verre bien sec la flamme d'un jet d'hydrogène, on voit ce tube ruisseler bientôt de gouttelettes d'eau, en même temps que se fait entendre le son continu qui a valu le nom d'harmonica chimique à l'appareil ainsi disposé. Toutefois, l'expérience n'est pas concluante ; par un point, elle prête au doute. L'eau qui se dépose en rosée à l'intérieur du tube pourrait être attribuée à l'humidité entrainée hors du flacon par le gaz. Le doute est levé avec les dispositions suivantes.

L'hydrogène avant de s'enflammer traverse un tube T (fig. 13), rempli d'une matière qui absorbe aisément

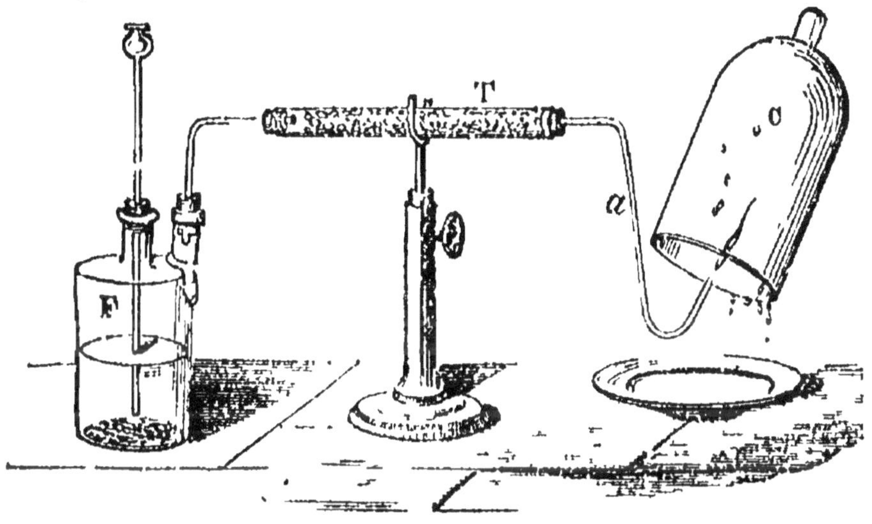

Fig. 13

l'humidité, par exemple de fragments de chlorure de calcium. Après avoir circulé à travers cette colonne de matière desséchante, l'hydrogène a perdu jusqu'à sa dernière trace d'humidité. En cet état, il s'échappe par l'extrémité effilée du tube a. On enflamme le jet et on le couvre d'une cloche de verre dont les parois ne tardent pas à se couvrir d'une abondante rosée. Si l'expérience dure assez, des gouttes d'eau ruissellent dans une assiette qui les recueille. Le gaz étant rigoureusement sec avant de brûler, on ne peut attribuer l'apparition de l'eau qu'à la combustion. L'hydrogène, en brûlant, c'est-à-dire en se combinant avec l'oxygène, produit donc de l'eau.

2. Analyse de l'eau par la pile. — Dans un vase dont le fond donne passage aux fils conducteurs d'une pile (fig. 14), on met de l'eau légèrement aci-

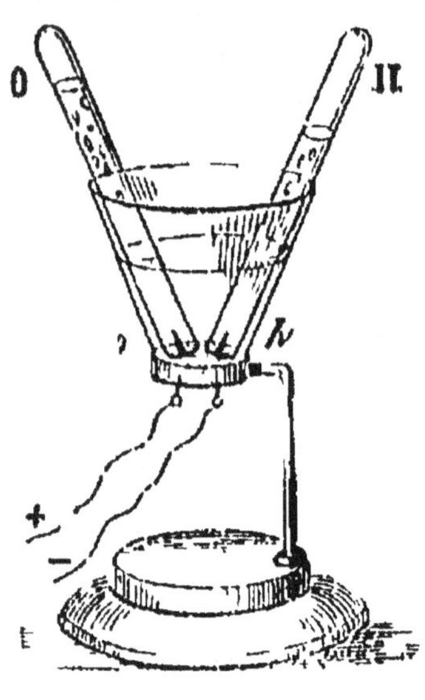

Fig. 14.

dulée avec de l'acide sulfurique, et l'on couvre l'extrémité de chaque fil d'une petite éprouvette remplie du même liquide. Dès que les fils sont en rapport avec les pôles d'une pile, de nombreuses bulles gazeuses se dégagent autour de leurs extrémités et gagnent le haut de l'éprouvette correspondante. Du commencement à la fin de l'opération, les deux gaz sont en volume inégal ; le gaz de l'éprouvette négative a un volume double de celui de l'éprouvette positive. On reconnait enfin à la manière dont une allumette s'y rallume et y brûle, que le gaz de l'éprouvette positive est de l'oxygène ; et à la manière dont il prend feu à l'approche d'un corps enflammé, que le gaz de l'éprouvette négative est de l'hydrogène. L'eau se compose donc de deux volumes d'hydrogène et d'un volume d'oxygène. Le premier gaz se dégage au pôle négatif ; le second, au pôle positif. Dans cette expérience, l'extrémité du fil positif doit être en platine, sinon l'oxygène dégagé attaque le métal, l'oxyde et ne s'élève plus dans l'éprouvette correspondante.

3. Volume des gaz constituant un litre d'eau. — Dans la composition d'un litre d'eau, il entre

1240 litres d'hydrogène et 620 litres d'oxygène, en tout 1860 litres de gaz. En comparant cet énorme volume gazeux au litre d'eau produit, on voit combien doit être puissante, au point de vue mécanique seulement, la force appelée affinité, qui maintient unis les éléments constitutifs d'un corps composé. Pour condenser en un seul litre les 1860 litres d'oxygène et d'hydrogène mélangés et non combinés, il faudrait une pression de 1860 atmosphères. L'affinité équivaut donc ici mécaniquement à cette prodigieuse pression.

4. **Eau ordinaire.** — Telle qu'elle nous est habituellement connue, l'eau renferme toujours des matières étrangères en dissolution ; et il ne peut en être autrement, car en circulant dans les entrailles du sol ou à sa surface, elle doit se charger des substances solubles rencontrées sur son parcours. La nature et la proportion de ces matières dissoutes dans l'eau varient d'ailleurs suivant les terrains lavés. L'eau de pluie même, recueillie avant qu'elle ait touché la terre, n'est pas chimiquement pure, car dans sa chute elle a balayé les poussières en suspension dans l'atmosphère, elle a dissous de l'air et du gaz carbonique. Les substances le plus fréquemment contenues dans l'eau ordinaire sont de l'air, du gaz carbonique, des matières organiques, du carbonate de chaux, du sulfate de chaux et d'autres sels. Si l'on fait évaporer à siccité dans une capsule de porcelaine de l'eau d'une limpidité parfaite, soit de source, soit de rivière, soit de puits, n'importe, il y a toujours un résidu terreux, provenant des divers sels tenus d'abord en dissolution.

5. **Eaux légères, eaux lourdes.** — Au point de vue des usages domestiques, on distingue les eaux

légères et les eaux *lourdes*. Les premières seules peuvent par excellence servir à la boisson. Une eau légère renferme de l'air en dissolution, à raison d'une trentaine de centimètres cubes par litre. Le résidu terreux qu'elle laisse par l'évaporation pèse de 1 à 2 décigrammes par litre, et de plus ce résidu ne contient pas d'une manière appréciable des matières organiques, ce que l'on reconnaît au caractère de ne pas brunir quand on le chauffe fortement. Enfin une eau légère est agréable au goût, fraîche en été sans être glacée en hiver; elle conserve sa limpidité malgré l'ébullition, elle dissout bien le savon et est propre à faire cuire les légumes.

Une eau *lourde* ou *crue*, ainsi appelée parce qu'elle est difficile à digérer et pèse à l'estomac, dégage moins d'air par l'ébullition. Evaporée, elle laisse un résidu terreux exagéré, qui fréquemment brunit par une forte chaleur à cause des matières organiques qu'il contient. Elle se trouble presque toujours par l'ébullition, elle a un goût fade, elle produit beaucoup de grumeaux en dissolvant le savon; enfin, rarement, elle se prête à la cuisson des légumes.

6. **Essai chimique des eaux potables par la teinture de campêche.** — Une eau, pour servir quotidiennement à la boisson, doit renfermer en dissolution une certaine quantité de carbonate de chaux, car cette matière minérale est utilisée par l'organisation et sert à l'entretien des os. Mais elle ne doit pas en contenir en excès, car alors elle devient lourde. Pour reconnaître si une eau renferme du carbonate de chaux, on emploie la *teinture alcoolique de bois de campêche*, c'est-à-dire de l'alcool dans lequel a macéré du bois de campêche. En dissolvant la matière colorante du bois, l'alcool devient d'un jaune fauve. Si

l'on verse quelques gouttes de cette teinture dans de l'eau pure, dans de l'eau distillée, le liquide prend une coloration jaune ambrée, c'est-à-dire que la teinture alcoolique lui communique sa propre nuance, mais affaiblie. Or, si l'on râcle un peu de craie (carbonate de chaux) dans ce liquide ambré, celui-ci devient d'un beau rouge violet. Le carbonate de chaux a donc la propriété de faire virer au rouge violet la nuance jaune du campêche. On comprend alors comment la teinture alcoolique de campêche peut servir à l'appréciation approximative du carbonate de chaux dissous dans une eau naturelle. Une eau qui prend d'une manière intense la coloration rouge violet lorsqu'on y verse quelques gouttes de teinture de campêche, est très-riche en carbonate de chaux, et par conséquent elle est lourde, elle n'est pas potable. Si elle se colore en bleu améthyste très-tendre, elle ne renferme que des traces de sel calcaire, et remplit les conditions d'une eau propre à la boisson.

7. **Essai par la teinture alcoolique de savon.** — L'alcool dissout le savon avec une grande facilité. La dissolution, d'une limpidité parfaite, prend le nom de *teinture alcoolique de savon*. Si dans de l'eau distillée, on verse un peu de cette teinture, la transparence du liquide n'éprouve qu'une altération à peine sensible. Si l'on verse au contraire la dissolution alcoolique de savon dans de l'eau ordinaire, immédiatement celle-ci devient blanche et d'aspect laiteux. Si même l'eau est par trop chargée de sels de chaux, d'épais flocons blancs apparaissent. Les flocons proviennent de la combinaison de la matière grasse du savon avec la chaux contenue dans ces sels dissous. Si donc une eau contient en trop grande abondance des sels calcaires, le savonnage y est difficile et dispen-

dieux, parce que la majeure partie de savon se déperd en grumeaux hors d'usage. Une eau qui se trouble beaucoup et donne des flocons blancs avec la teinture alcoolique de savon, est non seulement impropre au savonnage, mais encore aux autres usages domestiques. Elle est lourde à boire et ne peut faire cuire les légumes.

8. Essai par le chlorure d'or. — Les eaux riches en matières organiques sont les plus mauvaises de toutes. En devenant putrides, elles peuvent amener de graves accidents. Le résidu qu'elles laissent par l'évaporation, brunit plus ou moins quand on le chauffe fortement. On peut encore recourir au moyen suivant plus expéditif pour reconnaître la présence des matières organiques. Dans un petit ballon en verre, on met l'eau à essayer, que l'on colore très-légèrement en jaune avec un peu de chlorure d'or. On porte à l'ébullition. La teinte jaune persiste si les matières organiques manquent ; dans le cas contraire, elle disparaît et passe même au vert.

9. Eau distillée. — On obtient de l'eau chimiquement pure en distillant de l'eau ordinaire au moyen d'un appareil connu sous le nom d'alambic (fig. 15). L'eau ordinaire est dans la chaudière en cuivre C appelée *cucurbite*, que chauffe le foyer F. La vapeur s'élève dans le chapiteau A, et arrive au serpentin S, qui est plongé dans un réfrigérant R plein d'eau froide. Dans le serpentin, la vapeur se condense en perdant sa température ; et devenue liquide, elle sort par l'orifice D. Pour éviter que le réfrigérant ne s'échauffe, on y fait arriver un filet continu d'eau froide par D. Celle-ci plus dense, puisqu'elle est plus froide, reste au fond du réfrigérant où le tube D l'a conduite, et chasse dans le haut l'eau chaude qui s'écoule par le déversoir P. Quand l'opé-

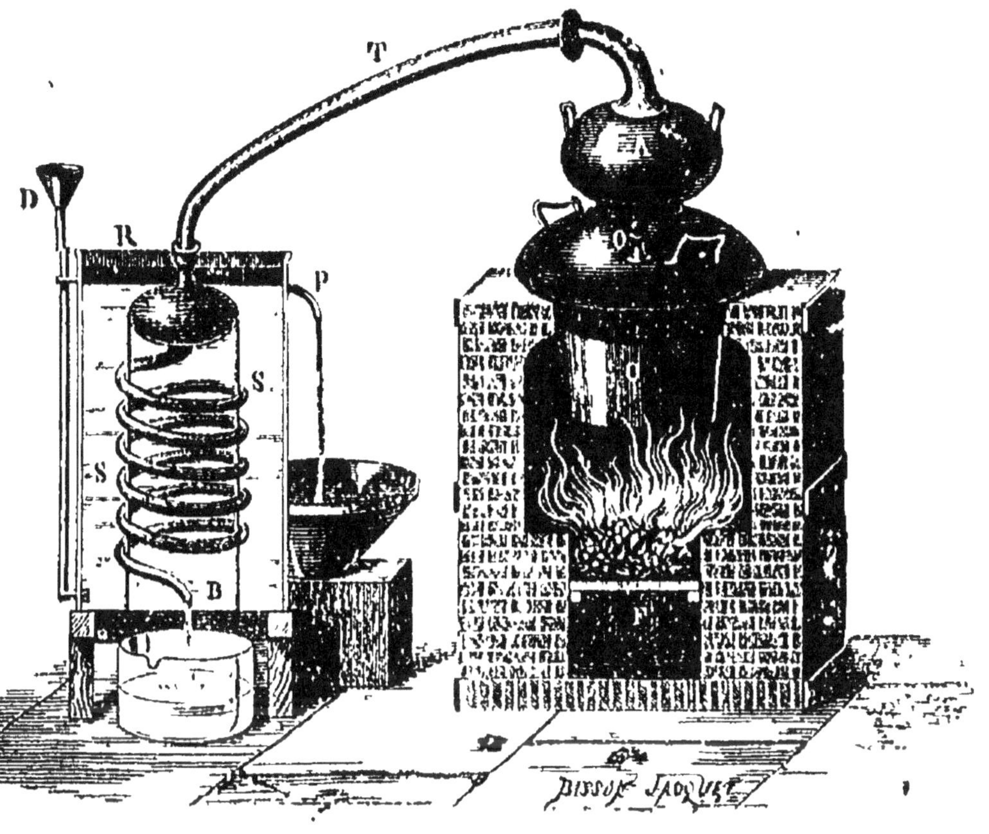

Fig. 18.

ration est terminée, on trouve au fond de la chaudière une bouillie terreuse, amas des impuretés
contenues dans l'eau employée.

L'eau distillée est d'une limpidité parfaite. Elle n'a
aucune odeur, aucune saveur. Elle ne blanchit pas
avec le savon, elle ne rougit pas avec le campêche. Enfin, malgré sa pureté, elle n'est pas
bonne à boire. Pour être potable, il lui manque une
chose essentielle, il lui manque de l'air dissous. Si
par le battage, l'agitation, on lui fait dissoudre de
l'air, elle veut alors servir à la boisson.

QUESTIONNAIRE.

1. Comment démontre-t-on que la combustion de l'hydrogène engendre de l'eau? — 2. Comment se fait l'analyse de l'eau par la pile? — Dans quelle proportion l'oxygène et l'hydrogène sont-ils? — 3. Quel volume d'hydrogène et d'oxygène faut-il pour faire un litre d'eau? — 4. Pourquoi l'eau ordinaire contient-elle toujours des matières étrangères? — Quelles sont les matières les plus fréquentes? — 5. Quels sont les caractères d'une eau légère? — Quels sont les caractères d'une eau lourde? — 6. Quel est le corps dont la teinture de campêche décèle la présence dans l'eau? — Comment s'obtient la teinture de campêche? — Quelle teinte prend avec ce liquide l'eau potable? — Quelle teinte prend l'eau renfermant trop de carbonate de chaux? — 7. Comment s'obtient la teinture alcoolique de savon? — Quels caractères présentent avec ce liquide, une eau potable et une eau non potable? — Comment les eaux trop abondantes en sels calcaires dissous sont-elles impropres au savonnage? — Ces eaux sont-elles aptes à faire cuire les légumes? — 8. Comment reconnait-on la présence des matières organiques dans l'eau, 1° par l'évaporation, 2° avec le chlorure d'or? — 9. Comment obtient-on l'eau distillée? — Quels sont les caractères de l'eau distillée? — Cette eau peut-elle servir à la boisson?

CHAPITRE V

CARBONE

1. **Allotropie** — Divers corps simples, sans changer chimiquement de nature, changent de propriétés

par le fait d'un arrangement moléculaire différent.
C'est ce qu'on désigne par le mot d'*allotropie*, signifiant autre forme, autre aspect. Deux ou plusieurs
corps sont *allotropes* lorsque, constituant un même
élément chimique, ils diffèrent par certaines propriétés. Le carbone, charbon des chimistes, nous
fournit un bel exemple d'allotropie. Il affecte des
états tellement différents qu'on ne peut reconnaître
son identité de substance que par l'identité de ses
dérivés chimiques. Si l'on brûle dans de l'oxygène,
du charbon de bois, du noir de fumée, de la houille,
du coke, de la plombagine, du diamant, du graphite,
le produit est constamment du gaz carbonique. Charbon ordinaire et ses analogues, tous informes, noirs,
sans éclat, plus ou moins combustibles ; plombagine,
d'un noir métallique, très-difficilement combustible ;
et diamant, d'une combustion difficultueuse, d'une
dureté proverbiale, d'une limpidité et d'un éclat ex-
ceptionnels, sont donc des états allotropiques d'une
même substance, du carbone.

2. Diamant.—Le diamant n'a été trouvé jusqu'ici
que dans des terrains d'alluvion, c'est-à-dire dans
les couches sablonneuses formées des débris arrachés
aux montagnes par les agents atmosphériques et
charriés par les eaux dans les vallées voisines. Les
gisements les plus considérables sont au Brésil et
dans l'Inde.

Le diamant est le plus dur de tous les corps con-
uns: il raye tous les corps, il n'est rayé par aucun.

Aussi pour le polir et lui donner des facettes brillantes qu'il n'a pas naturellement, faut-il recourir à
sa propre poussière, nommée *égrisée*. On obtient cette
poussière en réduisant en poudre les diamants de peu
de valeur à cause de leur trop petit volume. Un pla-

teau circulaire horizontal en acier est recouvert d'é-
grisée délayée dans de l'huile, et pendant qu'il tourne
rapidement on y applique le diamant brut qu'il s'agit
de tailler. Quand une facette est obtenue, on change
la position du diamant pour en tailler une seconde,
et ainsi de suite. A cause de son extrême dureté, le
diamant est employé à former des pivots pour certaines pièces délicates d'horlogerie. Enfin les vitriers
s'en servent pour entailler et couper le verre.

Le diamant réfracte fortement la lumière, et de là
résultent ses admirables reflets lorsqu'il est taillé.
Les plus hautes températures ne peuvent rien sur lui,
si toutefois il se trouve à l'abri de l'air; autrement,
il se transforme en acide carbonique, et alors un feu
de forge suffit pour le faire disparaître. Mais pour recueillir les produits de la combustion et se rendre
ainsi compte de la nature du diamant, d'autres
moyens sont nécessaires. Au milieu d'un grand ballon plein d'oxygène, on suspend un diamant sur
lequel on concentre les rayons solaires avec une puissante lentille. Le diamant disparaît sans laisser de
résidu ; il se convertit tout entier en acide carbonique.

Le diamant est l'une des matières dont le prix est
le plus élevé. Sa rareté, les frais énormes que son
exploitation entraîne, les difficultés de sa taille, le
déchet considérable qu'il subit pendant cette opération, en sont cause. Du reste, le prix du diamant
varie beaucoup suivant sa grosseur, sa limpidité et la
manière dont il est taillé. Une unité spéciale de poids
est usitée en joaillerie pour le diamant; c'est le *carat*,
qui équivaut à 205 1/2 milligrammes. Quand il est
propre à la taille, le diamant brut se vend 48 francs
le carat. Mais au-dessus d'un carat, on estime le

prix par le carré du poids multiplié par 48. Ainsi le prix d'un diamant brut de trois carats est de $48 \times 3 \times 3$ ou 432 fr. Après la taille, qui réduit beaucoup le poids du diamant primitif, le prix est nécessairement plus élevé et varie suivant la beauté du brillant. Si le diamant est exceptionnel par sa grosseur, sa limpidité, la beauté de sa taille, son prix échappe à toute règle comme celui des inutiles raretés. Parmi les diamants taillés les plus volumineux, on cite le *Régent*, qui pèse 136 carats. Il appartient à la France et sa valeur est évaluée à 8 millions. Sa taille a exigé deux années de travail. On cite encore l'*Étoile du Sud*, qui figurait à l'Exposition universelle de 1855 ; il pèse 125 carats ; son prix est de 7 millions. Le Koh-i-Noor ou *Montagne de Lumière*, appartenant à l'Angleterre, pèse 103 carats et a été payé 6 millions.

3. Graphite ou plombagine. — A côté du diamant vient se classer une variété de charbon de structure cristalline et d'aspect métallique appelé *graphite*, d'un mot grec signifiant écrire, parce qu'il forme la partie écrivante des crayons ordinaires. On lui donne aussi les noms de *plombagine*, de *mine de plomb*, bien que le plomb ne soit ici pour rien.

Le graphite est un produit naturel qu'on trouve disséminé dans les terrains d'ancienne formation. Il est d'un gris noirâtre, d'un brillant métallique, et il laisse une tache noire luisante sur le papier ou sur les doigts. Cette propriété le fait utiliser pour la fabrication des crayons. Son toucher onctueux est cause qu'on l'emploie, soit seul, soit associé à de la graisse, pour enduire les engrenages des machines et en adoucir le frottement. Le cambouis avec lequel on graisse les essieux des voitures est un mélange de graisse et de plombagine. Son bel éclat métallique lui donne un autre genre d'utilité. On en frotte les fourneaux en fonte et les tuyaux de poële pour leur communiquer du brillant. Il est bon alors de délayer la plombagine dans un peu de vinaigre ou de bière. La plombagine conduit bien l'électricité. C'est le motif qui la fait employer en galvanoplastie pour *métalliser* les surfaces mauvaises conductrices, c'est-à-dire pour enduire ces surfaces d'une mince couche qui permette le dépôt galvanoplastique en laissant une libre circulation à l'électricité. Enfin le graphite est infusible et incombustible, non d'une manière absolue, mais dans des limites largement suffisantes pour les applications industrielles. Aussi en fabrique-t-on des creusets pour la fusion des métaux.

4. **Charbon métallique ou des cornues.** — Dans l'intérieur des cornues servant à la fabrication du gaz de l'éclairage, se trouvent des masses d'un charbon brillant, très-dur et sonore, provenant de la décomposition des carbures d'hydrogène dégagés de la houille. On le nomme *charbon métallique* à cause de son aspect et de sa grande conductibilité pour la chaleur et l'électricité, conductibilité comparable à celle des métaux proprement dits. On en fait les prismes et les cylindres qui entrent dans la composition de la pile de Bunsen, ainsi que les baguettes entre lesquelles on fait jaillir la lumière électrique d'une pile.

5. **Anthracite, houille, lignite, tourbe.** — Ces divers combustibles constituent autant de variétés de charbon très-répandues dans les couches du sol. Le carbone y est associé à proportions très-variables avec des matières terreuses et goudronneuses. L'anthracite se trouve dans les terrains les plus anciens. Elle est

compacte, d'un noir brillant et ne brûle qu'à une température très-élevée, mais alors elle produit une chaleur très-intense. La houille, vulgairement charbon de terre, est de formation plus récente que l'anthracite, quoique appartenant encore à des époques bien reculées. Elle brûle avec flamme, fumée noire et odeur bitumineuse. Le lignite appartient à des formations plus rapprochées de notre époque. Il a l'aspect de la houille, mais il est loin de valoir cette dernière comme combustible. Enfin la tourbe est une matière brune qui se forme encore de nos jours dans les bas-fonds marécageux par l'accumulation et l'altération de diverses plantes. Elle brûle facilement avec ou sans flamme. Ces diverses espèces de charbons naturels sont dues à des débris végétaux enfouis plus ou moins profondément par les révolutions du globe.

6. **Coke.** — La houille calcinée dans des cylindres ou cornues, pour la fabrication du gaz de l'éclairage, laisse un résidu charbonneux nommé *coke*. Sa couleur est d'un gris de fer, son éclat demi-métallique. Le coke, à volume égal, donne beaucoup plus de chaleur que le meilleur charbon de bois; mais il est bien moins combustible et pour brûler il doit être en grande masse et sous l'influence d'un bon tirage.

7. **Noir de fumée.** — Le noir de fumée provient de la combustion incomplète de certaines matières riches en charbon, substances grasses et goudron. L'appareil se compose d'un foyer F (fig. 16) qui chauffe une chaudière O contenant de la résine ou du goudron. Les fumées qui s'élèvent de cette chaudière sont enflammées et dirigées dans une grande chambre cylindrique dont le plafond s'élève en cône C et s'ouvre au sommet pour servir de cheminée. Les fumées se condensent dans cette pièce et

laissent déposer du charbon extrêmement divisé, qui

Fig. 10.

est le noir de fumée. Ce charbon ses principalement
employé pour faire l'encre de Chine et l'encre
d'imprimerie, après avoir subi des épurations.

8. Charbons de bois. — Toutes les substances
organiques, c'est-à-dire d'origine minérale ou végétale, renferment du charbon dans leur composition.

Soumises à une combustion incomplète, elles perdent leurs éléments gazeux et laissent pour résidu du charbon, mélangé, en proportions variables, avec d'autres substances dépendant de la nature du corps employé. Carboniser une substance, c'est donc en mettre le charbon en liberté par une combustion incomplète. Ce charbon n'est pas le produit direct de l'action du feu; il préexistait dans la matière soumise à la carbonisation, mais dissimulé par sa combinaison avec d'autres corps simples. La chaleur fait dégager ces autres corps sous forme de gaz enflammés, de fumées, de vapeurs; et le charbon, non volatilisable, est le résultat de cette décomposition. C'est sur ce principe qu'est fondée la fabrication du charbon ordinaire ou charbon de bois.

Sur une aire bien battue on construit avec trois ou quatre grosses bûches une espèce de cheminée (fig. 17),

Fig. 17.

autour de laquelle on range le bois debout et par étages superposés. Autour de la base sont ménagées des ouvertures pour l'accès de l'air. On couvre la meule de gazon et d'une couche de terre en ne laissant libres que la cheminée et les évents de la base, et l'on y met le feu. A cause d'un accès insuffisant de l'air, il s'effectue une combustion incomplète, dont le résidu est du charbon. Celui-ci est loin d'être du carbone pur : il renferme encore des matières volatiles d'où provient la flamme légère apparaissant dans les premiers moments de sa combustion. Il renferme surtout des matières incombustibles, divers sels, qui restent après la combustion et constituent les cendres.

9. Absorption des gaz et des vapeurs par le charbon de bois. — Le charbon de bois est éminemment apte à absorber les gaz dans sa masse poreuse ainsi que le constate l'expérience suivante. — Sur la cuve à mercure on remplit une éprouvette de gaz ammoniac, obtenu en chauffant dans un ballon le liquide vulgairement appelé *alcali volatil*. On porte au rouge un morceau de charbon de bois afin d'en chasser le gaz et les vapeurs qu'il peut renfermer déjà, et on l'éteint en le plongeant dans le mercure. On le fait alors passer dans l'éprouvette. Le gaz est immédiatement absorbé et le mercure monte jusqu'au haut de l'éprouvette, si le charbon est en suffisante quantité. Le gaz ammoniac se trouve ainsi condensé dans les pores du charbon, comme le démontre l'odeur pénétrante que celui-ci répand quand on le retire de l'éprouvette. Tout autre gaz serait pareillement absorbé par le charbon, mais en proportions variables suivant sa nature.

Mettons dans de l'eau croupissante, possédant tous les caractères de la corruption, une certaine quantité de charbon bien poreux, de charbon provenant, par exemple, de la braise de boulanger. Agitons quelques instants et filtrons. L'eau passera limpide, incolore, sans odeur ni saveur. En absorbant ses gaz infects, ses matières dissoutes, le charbon l'a rendue salubre. Cette propriété nous explique pourquoi, dans les villes où l'on a recours à l'eau des fleuves pour l'alimentation, on la purifie en la filtrant sur un lit de charbon ; pourquoi l'on carbonise l'intérieur des tonneaux où l'eau destinée à la boisson doit se conserver longtemps ; enfin pourquoi l'on fait intervenir le charbon dans la désinfection des fosses d'aisance.

10. **Charbon animal.** — Les os des animaux sont formés de matière organique et de matière minérale (carbonate et phosphate de chaux). Quand on les soumet à l'action de la chaleur en ménageant l'accès de l'air, la matière organique se carbonise et l'on obtient ce qu'on nomme le *charbon animal* ou *noir animal*. C'est une poudre noire renfermant à peine un neuvième de véritable charbon, tandis que tout le reste est composé de matières minérales.

La propriété caractéristique du noir animal est d'absorber les matières colorantes et les matières salines. Si l'on agite, par exemple, du vin rouge avec du noir animal, et qu'on jette le mélange sur un filtre, le liquide, tout en conservant les propriétés du vin, passe incolore comme de l'eau. Cette propriété rend compte du rôle du noir animal dans les raffineries. Le sucre brut, ou cassonade, est toujours accompagné de matières colorantes qui en altèrent la pureté et en empêchent la cristallisation. Pour obtenir le sucre blanc en pains, les raffineries décolorent, avec le charbon animal, la matière sucrée brute dissoute dans l'eau.

4.

QUESTIONNAIRE.

1. Qu'appelle-t-on corps allotropes? — Que signifie le mot allotropie? — Quels sont les principaux états allotropes du carbone? — 2. Où se trouve le diamant? — Quelles sont ses propriétés physiques? — Comment le taille-t-on?— Qu'est-ce que l'égrisée?— Comment s'est-on assuré que le diamant est du carbone pur? — Comment évalue-t-on le prix d'un diamant brut? — Quel est le poids du carat? — Quels sont les principaux diamants? — 3. Qu'est-ce que le graphite ou plombagine? — Que signifie le mot graphite? — A quels usages est employé le graphite? — Cette variété de charbon est-elle combustible? — 4. Qu'est-ce que le charbon des cornues à gaz? — Quelles sont ses propriétés? — A quels usages sert-il? — 5. Quelle est l'origine de l'anthracite, de la houille, du lignite, de la tourbe? — Quel est le plus important de ces quatre combustibles? — 6. Comment s'obtient le coke?—7. Comment s'obtient le noir de fumée? — A quoi sert-il? — 8. Comment s'obtient le charbon de bois? — D'où proviennent les cendres? — 9. Comment démontre-t-on l'absorption des gaz par le charbon de bois? — Quelles sont les principales applications de cette propriété? — 10. Qu'est-ce que le noir animal? — Quelle est sa propriété caractéristique? — Quels sont ses usages?

CHAPITRE VI

ACIDE CARBONIQUE. — OXYDE DE CARBONE.

1. **Préparation de l'acide carbonique.** — Brûlons un morceau de charbon dans un flacon rempli d'oxy-

gène. Une vive combustion a lieu et il se produit une substance gazeuse appelée acide carbonique. Pour reconnaître la présence de cet acide, nous avons vu que l'on verse dans le flacon un peu d'eau de chaux et que l'on agite. Le liquide, d'abord aussi clair que de l'eau ordinaire se trouble, blanchit et laisse déposer une matière blanche appelée carbonate de chaux. Or la craie ordinaire, la pierre à bâtir, le calcaire, le marbre ne diffèrent pas chimiquement de cette matière blanche; ils résultent tous de l'association de l'acide carbonique avec la chaux, ils sont du carbonate de chaux. On comprend dès lors que pour obtenir de l'acide carbonique, on peut se servir indifféremment de l'une ou de l'autre de ces matières minérales. Le procédé est un peu détourné, mais il a l'avantage d'être d'une application beaucoup plus facile que la combustion directe du charbon.

Dans un flacon à deux tubulures, pareil à celui qu'on emploie pour obtenir l'hydrogène, on met des fragments de marbre et un peu d'eau pour ralentir la réaction. On verse alors de l'acide chlorhydrique par le tube à entonnoir dont le flacon est muni, et le marbre entre à l'instant dans une tumultueuse effervescence due au dégagement du gaz acide carbonique, chassé du composé qu'il formait par le nouvel acide chimiquement plus énergique. Le résidu de l'attaque du marbre est du chlorure de calcium en dissolution dans l'eau.

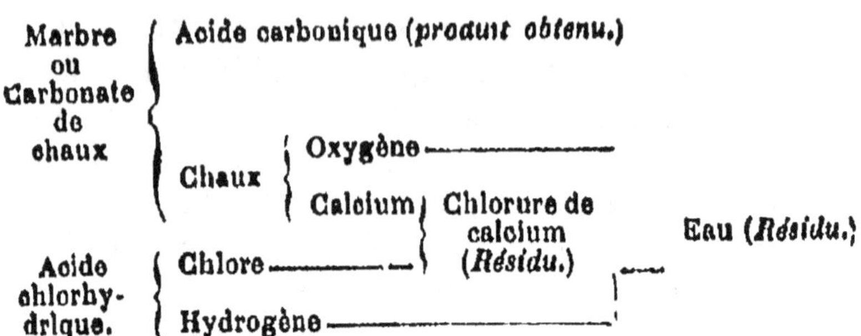

2. Propriétés de l'acide carbonique. — L'acide carbonique est un gaz incolore, invisible, doué d'une odeur légèrement piquante quand on le respire en quantité un peu abondante, sans odeur sensible, s'il est mélangé avec beaucoup d'air. Dissous dans l'eau, il a une saveur aigrelette. Il est plus lourd que l'air et pèse environ deux grammes par litre. Il éteint les corps en combustion, et par conséquent, il n'est pas respirable. Le premier de ces deux caractères est bientôt démontré : il suffit de plonger une bougie allumée dans une éprouvette pleine de ce gaz. Elle s'y éteint à l'instant même. Quant au second, on peut s'en convaincre en introduisant un oiseau dans un flacon rempli de gaz carbonique. Dès les premières aspirations l'animal succombe. Disons-le encore une fois, cette expérimentation barbare sur un animal, au sujet de chaque gaz, est inutile, car le résultat est toujours le même. Excepté l'oxygène et l'air atmosphérique, tous les gaz tuent quand ils sont respirés, tantôt à cause de leurs propriétés toxiques, tantôt uniquement par défaut d'oxygène, dont ils ne peuvent en rien tenir la place dans le travail respiratoire. Le gaz carbonique est dans ce dernier cas, il n'est pas délétère par lui-même. Nos poumons en contiennent toujours, ainsi que nous le verrons plus loin.

3. L'acide carbonique est plus lourd que l'air.

— On prend deux éprouvettes d'égal diamètre et
d'égale hauteur. L'une A est pleine d'air; une bougie
y brûle. L'autre B est pleine de gaz carbonique; une
bougie s'y éteint. On renverse orifice contre orifice
l'éprouvette B sur l'éprouvette A. En quelques instants, l'échange des contenus est fait. Dans l'éprouvette supérieure, l'air, plus léger, est monté; dans
l'éprouvette inférieure, le gaz carbonique, plus lourd,
est descendu. La bougie brûle dans B, où elle ne brû-
lait pas d'abord; elle s'éteint dans A.

4. Grotte du Chien à Pouzzoles. — La grande
densité de ce gaz explique certaines particularités
qui, de tout temps, ont fixé l'attention des personnes
les plus étrangères au sujet qui nous occupe. Aux
environs de Pouzzoles, près de Naples, se trouve une
grotte célèbre, dite *Grotte du chien*, où un homme
peut entrer impunément, tandis qu'un chien y périt.
Par les fissures du sol de cette grotte, il se dégage de
l'acide carbonique, exhalaison des vieux volcans de
la contrée. Ce gaz, à cause de sa densité, au lieu de
se répandre uniformément dans la grotte, forme sur
le sol une couche assez épaisse pour qu'un chien s'y
trouve entièrement plongé. Mais un homme debout
ne court aucun danger, parce que sa tête est au-dessus de la couche asphyxiante. Le gaz lourd se renou-
velant sans cesse, s'échappe par la porte de la grotte
et forme au dehors une sorte de ruisseau quand
l'air est calme. Ce ruisseau, on ne le voit pas, on ne
l'entend pas. on le traverse sans s'en douter. On
reconnaît sa présence avec une bougie allumée, qui
brûle tant qu'elle est loin du ruisseau gazeux, et
s'éteint dès qu'elle est plongée dans le courant d'acide
carbonique. On peut suivre ainsi cet étrange ruisseau jusqu'à une certaine distance de la grotte

plus loin, les mouvements de l'air le dissipent.

En beaucoup de contrées, principalement dans celles que les forces volcaniques ont boulversées, le gaz carbonique s'échappe du sol en sources plus ou moins abondantes et remplit les cratères éteints, le fond des vallées, les cavernes. Tel est le vieux cratère de Pasto aux environs de Quito, telle est la vallée du Poison, dans l'île de Java, vallée blanchie par les ossements des animaux que la fraîcheur de sa végétation attire et qui succombent dans son atmosphère mortelle. Nous avons en France, en Auvergne, mais dans des proportions moins grandes, des sources analogues de gaz carbonique. Ce sont des dépressions du sol, des fosses naturelles, de simples trous parfois remplis d'une eau bourbeuse, d'où le gaz carbonique se dégage en grosses bulles pour former une couche d'une épaisseur plus ou moins grande, c'est-à-dire une sorte de petit lac gazeux. Les animaux, petits quadrupèdes, oiseaux, insectes qui pénètrent dans le flot asphyxiant dont rien ne trahit la présence, y périssent en quelques aspirations.

5. **Atmosphères viciées par l'acide carbonique.** — Le gaz carbonique est fréquent au fond des puits abandonnés, dans les excavations d'où s'extrait la marne, dans les galeries des houillères où l'air pénètre difficilement, dans les profondeurs des carrières et dans les grottes récemment ouvertes. Ce gaz se forme d'ailleurs en abondance dans nos habitations, par la combustion du charbon et aussi par le travail chimique qui convertit en vin le *moût* ou liquide sucré du raisin. Ce travail prend le nom de *fermentation*. L'acide carbonique formé se dégage en bulles et met le liquide dans un état d'ébullition ou de mouvement tumultueux. On voit alors combien il est im-

prudent d'entrer sans précautions dans une cave à vendanges, dans un cellier où la fermentation se fait, et aussi dans une grotte, un puits, une carrière abandonnée, où l'on court le danger de rencontrer une atmosphère de gaz carbonique. On ne doit le faire qu'en portant devant soi une bougie allumée attachée à un long bâton. Si la bougie brûle comme à l'ordinaire, on peut avancer sans crainte; si la flamme pâlit, s'amoindrit et à plus forte raison s'éteint, il faut rétrograder sur le champ, car ce serait s'exposer à une mort imminente que d'aller plus loin. Le moyen le plus efficace pour assainir une atmosphère envahie par le gaz carbonique, c'est une bonne ventilation qui renouvelle l'air.

6. **Liquides mousseux. Eaux gazeuses.** — A la température 0° et sous la pression d'une atmosphère, l'eau dissout un volume d'acide carbonique égal à son propre volume; mais la solubilité du gaz augmente avec la pression et lui est proportionnelle. Les liquides mousseux, bière, vin de Champagne, cidre, limonade gazeuse, etc., doivent leur propriété au gaz carbonique qu'ils renferment en dissolution, soit naturellement par suite d'une formation lente de ce gaz au sein du liquide mis en bouteille et solidement bouché, soit artificiellement. Le gaz est retenu de force dans le liquide parce qu'il n'a pas d'issue pour s'échapper; mais si le bouchon est enlevé, le liquide est entraîné par l'acide carbonique et se déverse en flots mousseux.

L'eau ordinaire contient presque toujours un peu d'acide carbonique en dissolution. Quelques eaux naturelles en renferment même tellement qu'elles moussent et possèdent une saveur aigrelette. On les nomme *eaux minérales gazeuses*. Telles sont les eaux de Seltz, de Spa, de Vichy. La médecine en fait un grand usage. Ces eaux gazeuses peuvent être préparées artificiellement, en dissolvant du gaz carbonique dans de l'eau ordinaire à l'aide d'une pression convenable.

7. Dissolution du carbonate de chaux dans l'eau. — Dans une éprouvette contenant de l'eau de chaux bien liquide, on fait plonger le tube abducteur d'un flacon où s'engendre de l'acide carbonique par la réaction de l'acide chlorydrique sur du marbre. En traversant la dissolution de chaux, le gaz carbonique se combine avec cette base et forme du carbonate de chaux. Aussi le liquide blanchit et présente bientôt d'abondants flocons de carbonate. Si l'on continue quelque temps le dégagement de gaz carbonique, ces flocons disparaissent et le liquide reprend sa limpidité première, c'est-à-dire que le carbonate de chaux se dissout. Le premier effet du gaz carbonique traversant l'eau de chaux est de former un sel insoluble, carbonate de chaux, cause du trouble et des flocons apparus dans le liquide. Si l'acide carbonique continue d'arriver après la formation de ce composé, il se dissout dans l'eau, et c'est alors que disparaissent les flocons formés. L'eau imprégnée de gaz carbonique peut donc dissoudre le carbonate de chaux.

Prenons maintenant cette eau limpide dans laquelle le carbonate de chaux est dissous à la faveur de l'acide carbonique, laissons-la quelque temps à l'air, ou pour abréger, chauffons-la. L'acide carbonique se dégagera, et le carbonate, insoluble dans l'eau privée de gaz, reparaîtra en poudre blanche troublant le liquide et se déposant par le repos.

8. Eaux calcaires. Eaux incrustantes. — Cela nous fournit l'explication des eaux trop calcaires, qui se troublent par l'ébullition. Ces eaux contiennent une forte proportion de carbonate de chaux dissous par un excès d'acide carbonique. Elles se troublent par l'ébullition parce que le gaz carbonique se dégage et laisse le sel de chaux reparaître sous forme de craie. Elles déposent une croûte calcaire dans leurs tuyaux de conduite et finissent par les obstruer, en abandonnant insoluble le carbonate de chaux, à mesure que l'exposition à l'air leur fait déperdre le gaz carbonique dissous.

C'est par le même mécanisme que les eaux dites *incrustantes* couvrent les objets qu'elles lavent, d'un enduit calcaire. Telles sont les eaux de la fontaine de Saint-Allyre, à Clermont-Ferrand. Ces eaux, très-riches en carbonate de chaux à cause de la forte proportion de gaz carbonique qu'elles renferment, sont divisées en gouttelettes en traversant des tas de branchages. La fine pluie qui en résulte tombe sur les objets que l'on veut revêtir d'une couche de pierre, nids d'oiseaux par exemple, corbeilles de fruits, bouquets de feuillage, etc. L'acide carbonique abandonne l'eau et le carbonate de chaux se dépose avec une admirable régularité sur ces divers objets qu'ils couvrent d'un enduit pierreux.

9. Divers degrés de combustion du carbone. — Un même corps peut brûler à différents degrés, c'est-à-dire qu'un même poids de ce corps peut se combiner avec des quantités différentes d'oxygène, variant suivant la loi des proportions multiples. Il est rare que la combustion ordinaire réalise à elle seule, les diverses combinaisons possibles; il faut pour les obtenir, recourir à des procédés détournés enseignés par la chimie. C'est ainsi que le carbone, en s'associant à des quantités variables d'oxygène, produit jusqu'à sept composés brûlés, dont les trois principaux sont l'acide carbonique, l'acide oxalique, l'oxyde de carbone. De ces trois composés, deux, l'acide carbonique et l'oxyde de carbone, peuvent être obtenus par la combustion ordinaire; mais le troisième, l'acide oxalique, se produit dans des conditions bien différentes. Brûle-t-on, par exemple, du bois dans un foyer, il se forme à la fois de l'acide carbonique et de l'oxyde de carbone. Au lieu d'oxygéner le bois par l'action simultanée du feu et de l'air, on peut l'oxygéner par l'intermédiaire d'un liquide, l'acide azotique, très-riche en oxygène et qui lui cède avec facilité cet élément. Cette combustion détournée, opérée par un liquide oxygénant, change le bois en acide oxalique qui est du charbon brûlé, comme l'acide carbonique et l'oxyde de carbone, mais à un degré différent.

L'acide oxalique se trouvant tout formé dans les végétaux, son étude appartient à la chimie organique. Si nous en parlons ici, c'est qu'il offre un moyen très-commode d'obtenir l'oxyde de carbone pour une expérience de laboratoire. Disons tout simplement que l'acide oxalique est une matière solide, incolore, cristalline, d'une saveur aigre très-forte. Il offre cette curieuse propriété de ne pouvoir exister qu'autant qu'il est combiné soit avec une base, soit avec de l'eau faisant fonction de base. Si l'on enlève cette eau, cette base au composé, par l'action de l'acide sulfurique, l'acide oxalique se résout immédiatement en volumes égaux d'acide carbonique et d'oxyde de carbone.

10. **Préparation de l'oxyde de carbone.** — On met dans un ballon B (fig. 18) un mélange d'acide oxalique et d'acide sulfurique ; on chauffe ; l'acide oxalique se dissout d'abord, puis se dédouble en

volumes égaux d'acide carbonique et d'oxyde de car-

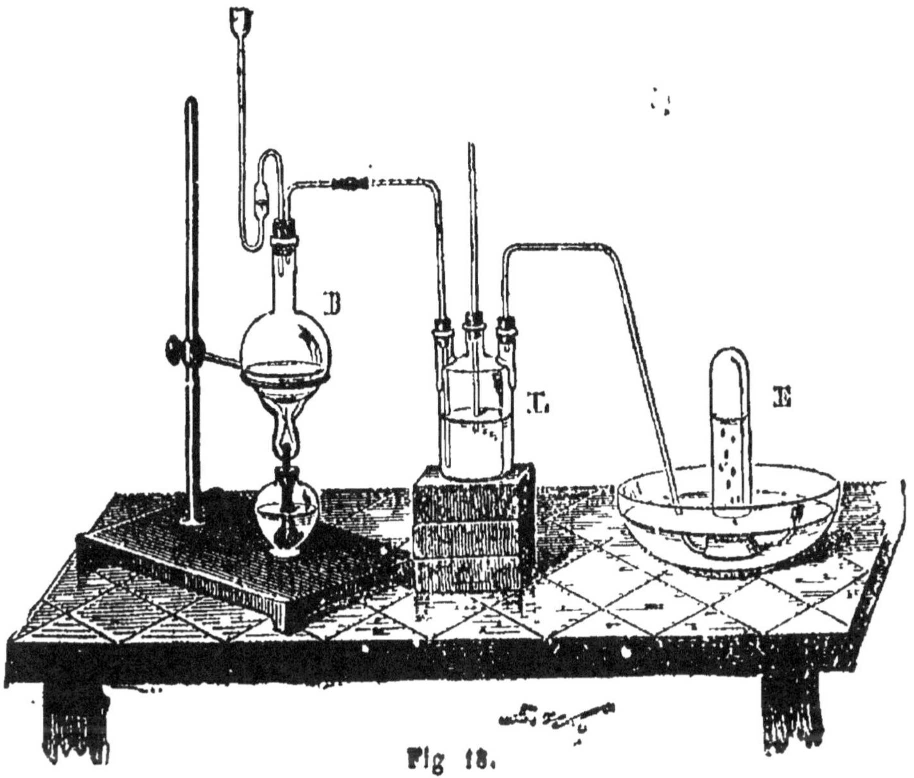

Fig 18.

bone. Pour séparer les deux gaz, on fait arriver le
produit gazeux dans un flacon L contenant une dissolution de potasse. Le gaz carbonique est arrêté au
passage en se combinant avec cette base, tandis que
l'oxyde de carbone se rend dans l'éprouvette E. Si
l'on veut simplement constater les propriétés principales de l'oxyde de carbone, sans viser à ce que le
gaz soit pur, on peut supprimer le flacon à potasse,
mais alors il ne faut pas perdre de vue que l'éprouvette E reçoit un mélange à parties égales d'acide
carbonique et d'oxyde de carbone.

11. Propriétés de l'oxyde de carbone. —

L'oxyde de carbone est un gaz invisible, sans odeur, sans saveur et neutre, c'est-à-dire ne faisant fonction ni de base ni d'acide. Son poids est à peu près celui de l'air. Il est combustible et brûle avec une belle flamme bleue caractéristique. Il se combine ainsi avec autant d'oxygène qu'il en contient déjà et devient acide carbonique. L'oxyde de carbone est donc du carbone à demi brûlé.

12. Action délétère de l'oxyde de carbone. — L'oxyde de carbone est un gaz vénéneux. Respiré même en petite quantité, il provoque d'abord une violente migraine et un malaise général ; puis, la perte du sentiment, le vertige, des nausées et une extrême faiblesse. Pour peu que cet état se prolonge, la vie est en péril. L'asphyxie par les vapeurs du charbon a pour cause ce gaz bien plus que l'acide carbonique. On s'explique par les propriétés vénéneuses de l'oxyde de carbone le danger auquel on s'expose avec de vicieux appareils de chauffage, par exemple avec des réchauds de braise. Qu'elle soit bien ardente ou à demi éteinte, couverte de cendres ou non, cette braise laisse dégager un gaz mortel, d'autant plus redoutable que rien n'en trahit la présence, car il n'est pas visible et il n'a pas d'odeur. La mort quelquefois vous gagne avant que le danger soit même soupçonné. Il est très-imprudent encore de fermer la clef d'un poêle d'une chambre à coucher pour y conserver la nuit une douce chaleur. La combustion, rendue incomplète faute de tirage, amène infailliblement la production d'oxyde de carbone. Enfin auprès de tous les appareils de chauffage, dont les produits gazeux se répandent dans l'appartement, ne serait-ce qu'en partie, on est exposé à des accidents, pour le moins à des maux de tête. Le malaise qu'une simple chaufferette, qu'un poêle qui tire mal nous fait éprouver, le démontre assez. On ne saurait donc être trop prudent quand on brûle du charbon hors d'une cheminée, car l'oxyde de carbone accompagne toujours plus ou moins l'acide carbonique dans nos combustions ordinaires.

QUESTIONNAIRE.

1. Quelle est la composition chimique de la craie, du marbre, du calcaire? — Comment prépare-t-on le gaz carbonique? — Expliquez ce qui se passe dans cette préparation? — 2. Quelles sont les principales propriétés de l'acide carbonique? — Ce gaz est-il vénéneux?— 3. Comment démontre-t-on que le gaz carbonique est plus lourd que l'air? — 4. Quelle est la cause des particularités que présente la grotte du chien? — Citez quelques sources remarquables de gaz carbonique. — S'en trouve-t-il en France? — 5. En quels points est-on exposé à rencontrer une atmosphère de gaz carbonique? — Quelle précaution faut-il prendre dans ces circonstances? — 6. D'où provient la propriété de mousser de certains liquides? — Qu'appelle-t-on eaux gazeuses? — Quelles sont les principales eaux gazeuses naturelles? — Comment s'obtiennent les eaux gazeuses artificielles? — 7. Comment démontre-t-on que le carbonate de chaux est soluble dans l'eau à la faveur du gaz carbonique? — Qu'arrive-t-il lorsque ce gaz se dégage? — 8. Comment se forment les eaux calcaires? — D'où provient que ces eaux se troublent par l'ébullition et couvrent les tuyaux de conduite d'un enduit minéral? — Qu'appelle-t-on eaux incrustantes? — Que présente de remarquable la fontaine de Saint-Allyre, à Clermont-Ferrand? — 9. Combien l'oxygénation du carbone donne-t-elle de composés? — Quels sont les trois prin-

cipaux ?— Comment s'obtient l'acide oxalique — Quelle
est sa propriété chimique caractéristique? — 10. Comment prépare-t-on l'oxyde de carbone?— Quel est
l'usage du flacon laveur à potasse? — 11. Quelles sont
les propriétés de l'oxyde de carbone? — Quelle est la
couleur de sa flamme? — Que se forme-t-il quand brûle
l'oxyde de carbone? — 12. Ce gaz est-il dangereux? —
Quelle est la cause de l'asphyxie par le charbon? —Citez
quelques-unes des circonstances où l'oxyde de carbone
est à redouter. — Quelles précautions faut-il prendre
au sujet de l'oxyde de carbone?

CHAPITRE VII

RESPIRATION.

**1. Production de l'acide carbonique dans la
respiration.** — Soufflons avec la bouche dans de
l'eau de chaux à l'aide d'un tube de verre. Immédiatement l'eau blanchit et se trouble de flocons de carbonate de chaux, absolument comme si l'on y faisait
passer un courant de gaz carbonique préparé par les
moyens chimiques qui nous sont connus. Le souffle
exhalé par les poumons contient donc du gaz carbonique, et en abondance. L'air respiré cependant ne
contenait pas de ce gaz, ou pour mieux dire n'en
contenait que très-peu, à tel point que pour faire
blanchir la même eau de chaux avec de l'air ordinaire injecté avec un soufflet, il faudrait continuer
l'opération pendant fort longtemps, Ainsi l'air qui
revient des poumons après l'acte respiratoire n'a pas
la même composition que celui qui y pénètre. Ce dernier contient 1 volume d'oxygène pour 4 volumes

d'azote ; l'autre renferme les 4 volumes d'azote à peu près intacts, mais son oxygène est en grande partie remplacé par de l'acide carbonique.

2. Sang veineux et sang artériel. — On démontre, en histoire naturelle, que le sang arrivant aux poumons, après avoir circulé dans toutes les parties du corps pour y entretenir la vie, est d'un rouge noir, imprégné de vapeurs d'eau et d'acide carbonique et impropre en cet état à ses fonctions vitales. Dans les poumons, il se met en rapport avec l'air. Il s'établit entre eux un échange gazeux. Le sang noir, appelé aussi *sang veineux*, cède à l'air sa vapeur d'eau et son gaz carbonique ; et l'air lui cède son oxygène. Après cet échange, le sang prend un autre aspect et d'autres propriétés. Il devient d'un rouge vif, il est propre à l'entretien de la vie. Il porte alors le nom de sang rouge ou *sang artériel*. L'air qui a échangé son oxygène pour du gaz carbonique et de la vapeur d'eau, est rejeté par les poumons ; c'est le souffle que nous expirons. La vapeur d'eau qu'il renferme est rendue manifeste par l'humidité que l'haleine dépose sur un corps froid ou par les fumées que les narines et la bouche exhalent en hiver. L'acide carbonique est mis en évidence par le passage du souffle à travers l'eau de chaux, qui blanchit en produisant des flocons de craie. Quant au sang devenu rouge et propre à la vie en s'imprégnant d'oxygène, il revient au cœur, d'où il s'était rendu aux poumons à l'état veineux ; il est chassé avec force dans les artères par les parties du corps pour y remplir son rôle vivifiant. Dans son trajet, il brûle, avec son oxygène dissous, une partie du charbon et de l'hydrogène des organes qu'il baigne et des matières organiques qu'il charrie ;

il en fait de l'acide carbonique et de l'eau, et delà résulte une combustion lente, cause de la chaleur qui nous est propre. Mais à mesure qu'il déperd son oxygène par l'effet de cette incessante oxydation vitale, il redevient noir, veineux, impropre à ses fonctions. Il retourne donc au cœur et delà aux poumons pour y échanger les produits de la combustion, eau et gaz carbonique, contre une nouvelle quantité de gaz comburant.

3. **Identité du rôle de l'air dans la combustion et la respiration.** — Les produits de la respiration d'un animal sont identiques avec ceux de la combustion dans un fourneau. Le fourneau et l'animal aspirent de l'air et rendent du gaz carbonique, de la vapeur d'eau et de l'air très-pauvre en oxygène. L'oxygène qui manque s'est évidemment fixé sur les éléments combustibles qu'il y a rencontrés dans le fourneau, carbone et hydrogène, et a produit ainsi du gaz carbonique et de l'eau. Pareillement l'oxygène de l'air aspiré par l'animal, rencontre dans son trajet à travers l'organisation du carbone et de l'hydrogène sous une forme quelconque, il se combine avec eux et les transforme en acide carbonique et en eau.

4. **Chaleur animale.** — Dans les deux cas, il y a en même temps production de chaleur, cause du travail mécanique qu'accomplit la machine mise en jeu par le fourneau, cause aussi des efforts musculaires de l'animal. Pour produire de la chaleur, finalement convertie en travail mécanique, la machine animale brûle du charbon tout comme la machine industrielle; pas une fibre ne remue dans l'organisation qui n'amène une dépense proportionnelle de combustible. Vivre, c'est se consumer, dans l'acception la plus rigoureuse du mot; respirer, c'est brûler. On l'a

dit de tout temps, en style figuré : le flambeau de la vie. Il se trouve que l'expression figurée est l'expression exacte de la réalité. L'air consume le flambeau, il consume l'animal. Il fait répandre au flambeau chaleur et lumière; il fait produire à l'animal chaleur et mouvement. Sans air, le flambeau s'éteint; sans air, l'animal meurt. L'animal est, sous ce point de vue, assimilable à une machine d'une haute perfection, mise en mouvement par un foyer de chaleur. Il se nourrit et respire pour produire mouvement et chaleur; il mange son combustible sous forme d'aliments et le brûle dans les profondeurs de son corps avec l'oxygène amené par la respiration.

5. Volume d'air nécessaire à la respiration de l'homme. — S'il importe de se préoccuper du tirage pour faire brûler le combustible dans un fourneau, il importe encore bien plus de se préoccuper de l'aérage nécessaire à la combustion vitale. On évalue à 450 litres la quantité de gaz carbonique qu'une personne exhale en 24 heures. Cela correspond à 240 grammes de charbon brûlé, et 450 litres d'oxygène emprunté à l'air pour cette combustion. En déversant dans l'air un volume de gaz carbonique égal au volume d'oxygène employé à la combustion vitale du charbon, la respiration a donc pour effet de vicier peu à peu une atmosphère qui ne peut se renouveler. D'autres causes d'ailleurs concourent à rendre l'air irrespirable. Telles sont principalement la putréfaction, la fermentation, la combustion du charbon et du bois. Il ne faut jamais perdre de vue qu'il est indispensable aux hommes, aussi bien qu'aux animaux séjournant dans des enceintes fermées et sans ventilation, d'avoir une quantité d'air assez considérable pour empêcher les produits de la respiration de faire prévaloir leurs propriétés malfaisantes. Ainsi chaque personne ne doit pas avoir moins de 6 mètres cubes d'air par heure ; un cheval ne doit pas en avoir moins de 10.

6. Quantité d'acide carbonique déversée dans l'atmosphère. — En moyenne, nous brûlons par la respiration de 8 à 10 grammes de charbon par heure, ce qui porte à 450 litres environ le gaz carbonique exhalé par une personne en 24 heures. A ce compte, une personne vivant soixante ans en brûle en nombre rond, de 4000 à 5000 kilogrammes ; et la grande famille humaine, approximativement évaluée à un milliard, en brûle au moins 70000 millions de kilogrammes par an ; de sorte que la production annuelle du gaz carbonique par l'homme seul doit être bien près de 160 milliards de mètres cubes. A cette source d'acide carbonique il faut ajouter celle qui résulte de la respiration des animaux, celle qui résulte des matières qui se décomposent, qui brûlent par pourriture. D'un hectare de terre moyennement fumée, il s'en dégage par jour près de 160 mètres cubes. Il faut tenir compte encore de l'acide carbonique produit par la combustion du bois, du charbon, de la houille. L'Europe seule retire tous les ans du sein de la terre 550 millions de quintaux métriques de combustibles minéraux, houille, lignite, tourbe, qui produisent, en brûlant, 80 milliards de mètres cubes de gaz carbonique. Ce n'est pas tout : de nombreuses sources renferment ce gaz en dissolution, et le laissent dégager à l'air ; les volcans en vomissent, et certaines éruptions volcaniques en exhalent des quantités devant lesquelles les nombres qui précèdent sont insignifiants. Ainsi, il arrive de toutes parts dans l'atmosphère d'immenses torrents de gaz carbonique qui devraient, ce semble, s'accumulant toujours, finir par rendre l'air irrespirable. Cependant si l'on soumet l'air atmosphérique aux recherches de la chimie, on y reconnaît une proportion très-faible et à peu près constante d'acide carbonique, savoir 1 litre environ de ce gaz sur 2000 litres d'air.

7. Respiration des plantes. — Puisque le gaz carbonique se maintient dans l'atmosphère en faible proportion très-peu variable, malgré son dégagement incessant en volume immense, quelles sont donc les causes qui l'empêchent de s'accumuler ? Ces causes sont multiples; l'une d'elles est la respiration des plantes.

Dans un flacon à large goulot (fig. 19) plein d'eau ordinaire renfermant un peu d'acide carbonique en dissolution, on introduit une plante coupée récemment et couverte de feuilles bien vertes. Une plante aquatique est préférable, parce que l'expérience marche plus vite. On renverse le flacon ainsi préparé dans un vase plein d'eau et on l'expose aux rayons directs du soleil. Bientôt les feuilles se couvrent de petites bulles qui gagnent le haut du flacon et y forment

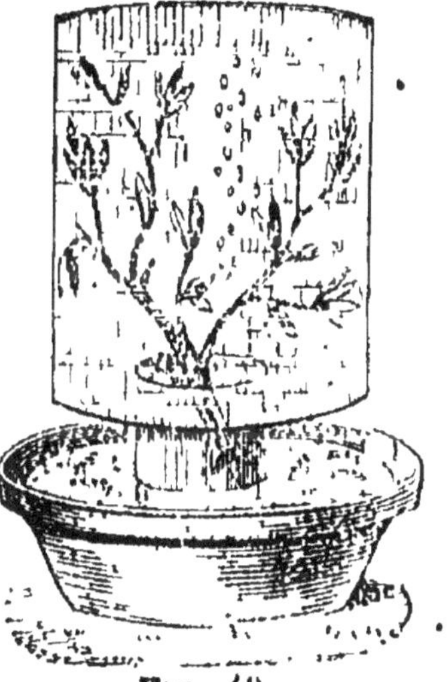

Fig. 19.

une couche gazeuse. En recueillant ce gaz, on constate qu'une allumette y brûle avec beaucoup d'éclat plus qu'à l'air libre; ce qui signifie que ce gaz est de l'oxygène. Donc l'acide carbonique dissous dans l'eau a été décomposé par les feuilles de la plante, en ses deux éléments : l'oxygène et le carbone. L'oxygène se dégage, le carbone est gardé par la plante. Cette décomposition se fait avec une rapidité étonnante. Si l'on fait passer un courant modéré d'acide carbonique dans un vase de verre rempli de feuilles de vigne et exposé au soleil, on ne recueille à la sortie que de l'oxygène pur. Mais ce merveilleux travail exige la collaboration du soleil, et ne s'accomplit que par les parties vertes de la plante. A l'ombre, et encore mieux dans l'obscurité, le dégagement d'oxygène n'a pas lieu, le gaz carbonique n'est pas décomposé. Il ne l'est pas davantage par les fleurs, les fruits et les divers organes de la plante colorés autrement qu'en vert.

Ainsi donc, sous le stimulant de la lumière solaire, les parties vertes des végétaux, principalement les feuilles, décomposent le gaz carbonique puisé dans l'atmosphère. L'oxygène est dégagé, propre désormais à la respiration des animaux, à la combustion, etc. Quant au carbone, il reste dans le tissu de la plante, où il donne naissance à diverses matières organiques, sucre, fécule, bois, etc. Tôt ou tard, ces matières sont décomposées par la combustion lente ou la pourriture, par la combustion rapide, par la nutrition de l'animal, et le charbon redevient acide carbonique, qui retourne dans l'atmosphère, où de nouvelles plantes les puiseront encore pour se nourrir et transmettre à l'animal les matières alimentaires ainsi préparées. Le même charbon va et vient, suivant un cercle invariable, de l'atmosphère à la plante, de la plante à l'animal, de l'animal à l'atmosphère, réservoir commun où tous les êtres vivants puisent pour quelques jours la majeure partie des substances qui les composent. L'oxygène est son véhicule. L'animal emprunte le charbon à la plante sous forme d'aliment et en fait du gaz carbonique ; la plante puise dans l'atmosphère ce gaz irrespirable, le remplace par de l'oxygène, et, de son charbon prépare la nourriture de l'animal. Les deux règnes organiques se prêtent ainsi un mutuel secours : l'animal fait du gaz carbonique dont la plante se nourrit ; la plante, de ce gaz meurtrier, fait de l'air respirable et des matières alimentaires.

8. Fixation de l'acide carbonique par les animaux. — L'ensemble de la végétation conservant un même degré de vigueur, et tel paraît être l'état des choses, la masse d'acide carbonique en activité dans le règne végétal forme, pour ainsi dire, un torrent qui revient à sa source et se suffit à lui-même. Par leur décomposition spontanée et par le travail respiratoire des animaux, qu'ils ont tous alimentés directement ou indirectement, les végétaux dégagent autant d'acide carbonique qu'il en faut pour reconstituer une végétation pareille. Si la respiration animale et la décomposition putride des deux règnes, associées à la combustion de nos foyers, dégagent, à elles seules, l'acide carbonique que l'ensemble des plantes soustrait à l'atmosphère, les êtres vivants tournent dans le même cercle de leurs éléments chimiques ; ils reprennent aujourd'hui leurs dépouilles d'hier. La destruction organique fournit à la rénovation ses matières premières, la mort et la vie s'équilibrent ; les lois providentielles emploient les vieux matériaux à de récents ouvrages, toujours détruits et toujours renouvelés.

Une fois la part faite au rôle des plantes dans la composition permanente de l'atmosphère, il n'en reste pas moins à se rendre compte de l'acide carbonique, immensément plus considérable, rejeté par les sources gazeuses et les bouches volcaniques. Il faut donc qu'une autre cause soit en travail pour maintenir la salubrité de l'océan aérien, pour empêcher l'accumulation dans l'air du gaz irrespirable exhalé par les entrailles de la terre. Cette cause réside dans les plus humbles populations des mers, populations qui s'habillant de calcaire, solidifient le gaz carbonique en excès, le transforment en pierre et le dérobent à jamais à l'atmosphère. Des légions d'animaux océaniques, mollusques et coraux, se couvrent d'une enveloppe pierreuse, dont la moitié à peu près est formée avec l'acide carbonique charrié de l'atmosphère à la mer par les pluies et les eaux courantes ; et de leurs dépouilles minérales, où le gaz asphyxiant est pour toujours captif, bâtissent les assises des continents futurs.

9. **Rôle des animaux inférieurs dans l'assainissement de l'atmosphère.** — L'histoire des anciens âges de la terre nous renseigne sur les conséquences du travail qui s'effectue dans les mers actuelles. A quelque hauteur que nous nous élevions sur les rampes des montagnes, à quelque profondeur que nous descendions dans les entrailles du sol, nous trouvons dans le calcaire d'innombrables fossiles, c'est-à-dire des restes minéraux des êtres vivant au sein des eaux où cette roche s'est formée. Plusieurs de nos marbres sont pétris de choses ayant eu vie ; notre pierre à bâtir n'est souvent qu'un ossuaire, qu'un amas de coquillages et de coraux brisés et il est presque impossible d'en extraire une parcelle où l'animalité n'ait laissé son empreinte. Dans ces catacombes du vieux monde, ce ne sont pas toujours les plus grandes espèces qui ont fourni le plus fort contingent ; le nombre supplée à la taille. Les puissantes assises de calcaire d'où l'Egypte retira les matériaux de ses py-

ramides sont formées de petits coquillages, de *num-
'nulites*, semblables à des lentilles ; celles que Paris
exploite pour ses constructions ne sont souvent
qu'une agglomération de menues coquilles granulaires
de *milliolites*, qui n'atteignent pas un millimètre.
Rien ne saisit davantage l'esprit que la faiblesse ap-
parente des moyens mis en œuvre par ces petits entre
les petits, et l'immensité de résultats obtenus. Mais
aussi, qui prétendrait nombrer les générations et les
siècles nécessaires à de pareils entassements ! Le
moindre animalcule était donc, dans les océans des
anciens âges, comme il l'est dans ceux de nos jours,
un laboratoire de carbonate de chaux. Ouvrier de l'infiniment petit, il travaillait pour l'infiniment grand ;
car, en léguant aux âges futurs sa carapace inanimée,
il apportait son atôme de calcaire à la charpente de
la terre, il cimentait de sa frêle dépouille les assises
des Andes et de l'Himalaya. Sans repos, ces architectes
obscurs, ces assainisseurs providentiels d'une atmosphère impure solidifiaient, pour s'en vêtir, le gaz carbonique en excès charrié dans les mers par les eaux
courantes ; et de leurs habitacles calcaires, de leurs enveloppes minérales, de leurs tests pierreux accumulés
avec l'effrayante profusion d'une fécondité sans bornes, jetaient les assises du sol que nous foulons aux
pieds. Coraux, mollusques, crustacés, madrépores,
poursuivent dans les mers actuelles le même travail,
dont les conséquences sont la salubrité de l'atmosphère et les bases des continents futurs.

Résumons : Deux grands systèmes d'activité mettent en œuvre l'acide carbonique. Dans l'un, le gaz
carbonique va de l'atmosphère à la plante, de la plante
à l'animal et de l'un et de l'autre à l'atmosphère ;
alimentant la vie des dépouilles de la mort, il tourne

suivant un circuit qui revient sur lui-même. Dans l'autre système, le gaz carbonique exhalé par la terre est entrainé par les eaux dans la mer, où il se minéralise en se combinant avec de la chaux, devient pierre par le travail de l'animal et se trouve ainsi désormais soustrait à l'atmosphère.

QUESTIONNAIRE.

1. Comment démontre-t-on que le souffle des poumons contient du gaz carbonique? — 2. Qu'appelle-t-on sang veineux, sang artériel? — Quel gaz renferme le sang veineux, quel gaz renferme le sang artériel? — Où se fait la transformation de sang veineux en sang artériel? — En quoi consiste cette tranformation? — Quel rôle remplit dans l'organisation l'oxygène du sang artériel? — 3. Le rôle de l'air est-il le même dans la combustion et dans la respiration? — Dans les deux cas quels sont les résultats chimiques? — 4. Quelle est la cause de la chaleur propre des animaux? — Quand on dit en termes figurés le flambeau de la vie, énonce-t-on une réalité? — Quelle analogie y a-t-il entre la machine animale et la machine industrielle? — 5. Quel est le volume d'air nécessaire par heure à la respiration d'une personne? — Quelle est la quantité d'acide carbonique que chacun de nous exhale en moyenne par jour? — A quelle quantité de charbon brûlé correspond ce volume d'acide carbonique? — 6. Quelle est en soixante ans le poids du charbon converti en acide carbonique par la respiration d'une personne? — Quelles sont les principales sources de l'acide carbonique déversé dans l'atmosphère? — Quelle est la proportion de l'acide carbonique contenu dans l'air? — 7. Quelle expérience peut-on faire au sujet de la respiration des plantes? — Quelles

sont les parties végétales aptes à décomposer l'acide carbonique? — Que devient l'oxygène provenant de cette décomposition? — Que devient le charbon? — Quelle est la condition indispensable pour que cette décomposition ait lieu? — Comment la plante et l'animal se viennent-ils mutuellement en aide? — 8. Que devient le gaz carbonique que dégage le sein de la terre, par les sources gazeuses et les bouches volcaniques? — 9. Quel est le rôle des animaux inférieurs dans l'assainissement de l'atmosphère? — De quoi sont composées en grande partie les assises calcaires formées dans les océans des anciens âges? — Le même travail chimique se poursuit-il dans les mers actuelles?

CHAPITRE VIII

CARBURES D'HYDROGÈNE.

1. Variété des carbures d'hydrogène. — Les combinaisons du carbone avec l'hydrogène sont très-nombreuses, et cependant l'affinité des deux corps l'un pour l'autre est si faible, que la chimie sait à peine les associer directement. La vie seule associe le carbone et l'hydrogène dans des combinaisons d'une variété étonnante; et, quand elle leur adjoint un autre élément, l'oxygène d'ordinaire, il résulte du tout un composé d'où fréquemment, par nos moyens d'analyse, de destruction ménagée, nous pouvons retirer de nouveaux carbures d'hydrogène. L'édifice premier était l'œuvre de la vie; de ses ruines, savamment amenées par notre art, peut se former un édifice secondaire, association simple d'hydrogène et de charbon. Aussi la série de ces composés est-elle es-

sentiellement du domaine de la chimie organique
Deux seulement de ces carbures **vont maintenant
fixer notre attention**. L'un d'eux se dégage spontanément des matières végétales en décomposition sous
l'eau des marais, des fossés; l'autre fait partie de la
plupart des flammes utilisées pour l'éclairage.

Ces deux carbures sont gazeux, mais l'état aéri-
forme est loin d'être un caractère commun à tous les
carbures d'hydrogène. Il y en a de liquides: benzine,
essence de menthe, essence de térébenthine; il y en a
de solides : gomme élastique, naphtaline. Les uns
sont utilisés pour l'éclairage, d'autres pour la parfu-
merie, la médecine; ceux-ci engendrent d'admirables
matières tinctoriales artificielles, ceux-là entrent
dans la composition des vernis; il en est qui répandent une odeur suave, il en est d'une odeur infecte.
Tous cependant ne renferment que de l'hydrogène et
du charbon.

2. **Isomérie.** — Il y a mieux : certains carbures
d'hydrogène contiennent exactement la même proportion des deux éléments composants, de sorte que,
la décomposition faite, il serait impossible de distinguer ce qui vient de l'un de ce qui vient de l'autre.
Des deux parts, c'est de l'hydrogène et du charbon,
en même poids exactement. Cette identité de composition, et pour la nature des éléments et pour la quantité de ces éléments, n'empêche pas les composés de
présenter de profondes différences aussi bien dans
leurs propriétés chimiques que dans leurs propriétés
physiques. L'essence de térébenthine, l'essence de
citron, l'essence de romarin, l'essence de genièvre et
plusieurs autres, si différentes par leur odeur, leurs
propriétés médicinales, leur point d'ébullition, contiennent du carbone et de l'hydrogène exactement

dans les mêmes proportions. L'essence de rose a la même composition que l'un des gaz brûlant dans nos lampes.

Ces exemples démontrent que, lorsque deux ou plusieurs corps simples se combinent, leurs dernières particules se groupent dans un certain ordre, et que de cet ordre dépendent les propriétés du produit. Cet ordre vient-il à changer pour une cause ou pour une autre ? les propriétés changent aussi, bien que la composition se maintienne exactement la même. Il y a édifice dans le résultat de la combinaison, c'est-à-dire structure, arrangement des particules constituantes; et cet arrangement détermine en partie les propriétés du composé, de même que l'arrangement de nos matériaux de pierre détermine la forme, les propriétés de nos vulgaires édifices. Il y a enfin une architecture chimique qui se passe dans l'infiniment petit. La raison l'invoque pour se rendre compte de faits inexplicables sans elle, mais elle échappe à l'observation directe.

Nous retrouvons donc dans les corps composés, notamment dans les carbures d'hydrogène, un fait analogue à celui que nous ont déjà présenté les corps simples, le carbone surtout, et que nous avons désigné par le mot d'*allotropie*. Des corps composés, tout en ayant une composition exactement la même, peuvent avoir des propriétés chimiques et physiques différentes. On leur donne le nom de corps *isomères*, c'est-à-dire formés des mêmes parties. L'*isomérie* est pour les corps composés ce que l'allotropie est pour les corps simples. Elle fait varier leurs propriétés par une différence d'arrangement chimique.

3. Proto-carbure d'hydrogène ou gaz des marais. — Ce gaz est un produit des matières végétales pourrissant sous l'eau. Quand on remue la vase des eaux stagnantes, il monte à la surface des bulles gazeuses que l'on peut enflammer par l'approche d'un corps allumé. Elles prennent feu avec une légère explosion et produisent une flamme très-pâle à peine visible de jour. Si l'on veut les recueillir, il faut employer un flacon plein d'eau, muni d'un large entonnoir que l'on tient immergé ainsi que le goulot. Ces bulles sont formées de proto-carbure d'hydrogène mélangé à des proportions variables d'acide carbonique et d'azote. Certains puits artésiens, certains volcans boueux, ainsi que de simples fissures du sol, en dégagent des quantités tellement considérables que, dans quelques localités, en Chine, sur les bords de la Caspienne, dans le district de l'Ontario dans l'Amérique du Nord, on l'emploie comme source naturelle de chaleur et de lumière; on l'utilise pour l'éclairage, la cuisson des aliments, la calcination de la pierre à chaux, la fabrication des briques et des poteries. Certaines de ces sources de feu brûlent depuis les temps les plus anciens.

4. **Feu grisou.** — La houille contient presque constamment du proto-carbure d'hydrogène dans sa masse. Ce gaz en se mélangeant avec l'air des galeries, forme une atmosphère explosive qui prend feu, détone à l'approche des lampes des mineurs, et amène les accidents les plus désastreux. On donne le nom de *feu grisou* au gaz explosif des houillères. Mélangé avec 7 à 8 fois son volume d'air, le proto-carbure d'hydrogène détone avec une telle force que, si le volume enflammé est de quelques centaines de centimètres cubes, le flacon qui le contient se brise inévitablement. Mélangé avec le double de son volume d'oxygène pur, il détone plus fortement encore. Si

une aussi petite quantité de ce gaz produit une forte explosion, que serait-ce avec des milliers de mètres cubes ? Les épouvantables accidents des houillères le disent assez. L'explosion est alors si terrible, que souvent des centaines d'ouvriers périssent comme foudroyés : les uns sont brûlés par les flammes, d'autres sont projetés et broyés contre les parois des galeries, beaucoup sont ensevelis dans les éboulements.

5. Préparation du bicarbure d'hydrogène. — Le bicarbure d'hydrogène résulte de diverses matières organiques soumises à une destruction graduelle soit par la chaleur, soit par des moyens chimiques. On le prépare habituellement en chauffant dans un ballon de verre un mélange d'une partie d'alcool et de cinq à six parties d'acide sulfurique concentré. Pour régulariser l'attaque de l'alcool par l'acide et éviter des boursoufflements très-incommodes, surtout vers la fin de l'opération, il convient de mettre au fond du ballon une couche de sable dépourvu de calcaire.

L'alcool est composé d'oxygène, d'hydrogène et de carbone. Sous l'influence de l'acide sulfurique, corps très-avide d'eau, il se dédouble en eau, qui se combine avec l'acide, et en bicarbure d'hydrogène, qui se dégage. Il se forme en même temps de l'éther, liquide volatil, très-inflammable et d'une odeur suave. Le bicarbure d'hydrogène et l'éther associés, le premier à une certaine quantité d'eau, le second à une quantité deux fois moindre, représentent l'un et l'autre la composition de l'alcool. On comprend donc que les deux corps puissent se former à la fois dans la même opération par l'élimination des éléments de l'eau au moyen de l'acide sulfurique

6. Propriétés du bicarbure d'hydrogène. — C'est un gaz incolore, d'une faible odeur goudronneuse, à peu près du poids de l'air. Il brûle au contact de l'air avec une belle flamme blanche très-éclairante. Le résultat de sa combustion est de l'eau et de l'acide carbonique. Un volume de bicarbure d'hydrogène et trois volumes d'oxygène constituent un mélange détonant d'une dangereuse puissance. A l'approche d'une mèche de papier allumée l'explosion est telle, qu'il suffit d'une centaine de centimètres cubes du mélange pour briser le flacon. Aussi doit-on avoir la précaution, lorsqu'on fait cette expérience, d'entourer le flacon où se trouve le mélange détonant et dont la capacité ne doit pas dépasser une centaine de centimètres cubes, avec une serviette à plusieurs doubles et mouillée. La bicarbure d'hydrogène est décomposable par la chaleur au rouge vif. Il se dédouble, suivant l'élévation de température en carbone et en hydrogène ou en proto-carbure d'hydrogène. Telle est la cause du charbon dit métallique dans les cornues où l'on distille la houille pour le gaz de l'éclairage. Le bicarbure d'hydrogène pur n'a pas encore d'application; mais mélangé avec d'autres gaz combustibles, il n'en remplit pas moins un rôle d'une haute importance. Il fait partie du gaz extrait de la houille pour l'éclairage, et des matières gazeuses qui alimentent la flamme des lampes ordinaires, des bougies.

QUESTIONNAIRE.

1. Les combinaisons du carbone avec l'hydrogène sont-elles nombreuses? — La chimie sait-elle combiner di-

rectement le carbone avec l'hydrogène? — Comment s'obtiennent en général les carbures d'hydrogène? — 2. Qu'appelle-t-on corps isomères? — Citez quelques exemples d'isomérie parmi les carbures d'hydrogène. — Comment peut-on se rendre compte de l'isomérie? — Citez des carbures d'hydrogène gazeux, des carbures liquides, des carbures solides. — 3. Qu'appelle-t-on gaz des marais? — Quelles sont ses principales propriétés? — Quelle est la cause des sources de feu? — Citez-en quelques unes. — 4. Qu'appelle-t-on feu grisou? — Quels accidents produit-il? — 5. Comment obtient-on le bicarbure d'hydrogène? — Pourquoi l'action de l'acide sulfurique sur l'alcool produit-elle à la fois de l'éther et du bicarbure d'hydrogène? — 6. Quelles sont les principales propriétés du bicarbure d'hydrogène? — En quoi sa flamme est-elle remarquable? — Le gaz détone-t-il quand il est mélangé avec l'oxygène ou avec l'air? — Quel est le rôle du bicarbure d'hydrogène? — D'où provient le charbon métallique des cornues à gaz?

CHAPITRE IX

FLAMME.

1. Nature de la flamme. — Lorsque la lumière est l'effet d'une combinaison chimique, tantôt elle émane d'une masse gazeuse, tantôt d'un corps solide. Dans le premier cas, il y a *flamme*; dans le second, il y a simplement *incandescence*. La mèche d'une bougie qui brûle est *incandescente*, l'enveloppe lumineuse qui l'entoure est *enflammée*. Un corps brûle avec flamme lorsqu'il dégage des matières gazeuses, des vapeurs combustibles. Le bois, la houille, l'huile de la lampe donnent de la flamme parce que les produits de leur décomposition par la chaleur sont des gaz combustibles. L'alcool, le phosphore, le soufre, le zinc en donnent encore à cause de leurs vapeurs qui prennent feu. Au contraire, le fer, en ignition dans l'oxygène, est seulement en incandescence, parce que le métal ainsi que son oxyde ne peuvent prendre l'état gazeux. Le charbon donne de la flamme ou n'en donne pas suivant la manière dont il brûle. Il n'y a pas de flamme si, par une combustion complète, il produit de l'acide carbonique, parce qu'il n'est pas lui-même volatil, et que le produit gazeux de la combustion, le gaz carbonique n'est pas combustible. S'il ne brûle qu'à demi, en produisant de l'oxyde de carbone, gaz combustible, il donne une flamme bleue. Ainsi un corps brûle avec flamme lorsque, soit par sa décomposition, soit par sa propre volatilisation, il produit un dégagement de substance gazeuse combustible. La flamme est donc un gaz porté, par la combinaison chimique, à une température qui le rend lumineux.

2. Flamme simple de l'hydrogène.— On donne le nom de *flamme simple* à celle qui résulte de la combustion d'un corps simple; telle est celle de l'hydrogène. Si l'on examine avec un peu d'attention la flamme de l'hydrogène se dégageant par un tube effilé, ainsi que cela se passe dans l'expérience de la lampe philosophique, on y reconnaît deux régions bien distinctes : l'une extérieure A (fig. 20), répandant une faible lumière jaunâtre, l'autre centrale B, obscure ou à peu près. En outre, si l'on met un fil métallique en travers de la flamme, on le voit entrer en incandescence dans la région A et rester plus ou moins obscur en B, du moins au début de l'expérience avant que la conductibilité du métal ait permis une répartition égale de chaleur. La lumière et la chaleur sont donc moins intenses dans le centre de la flamme qu'à la surface. Cette différence s'explique par la manière dont l'air intervient dans les diverses couches du jet d'hydrogène. Ce jet est en rapport par toute sa surface avec l'air ambiant, cause de la combustion; mais dans ses couches centrales, il n'a pas de contact avec lui. L'inflammation n'a donc lieu qu'au dehors, là où le gaz comburant, l'oxygène atmosphérique, trouve accès; et le centre de la flamme n'est formé que d'hydrogène chaud, mais non encore enflammé. Cette région centrale est comme un réservoir où le tube déverse le gaz, et celui-ci ne prend feu qu'en se répandant dans la couche extérieure.

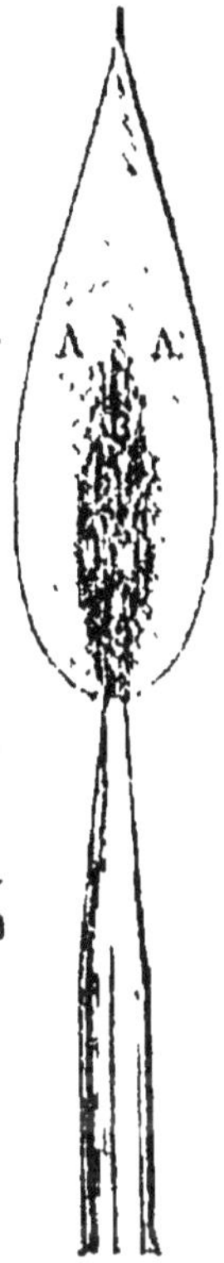

3. Pouvoir éclairant communiqué à la flamme d'hydrogène. — La flamme de l'hydrogène est très-peu lumineuse, mais

Fig. 20.

elle le devient quand on plonge dans le gaz enflammé un mince fil de platine roulé en spirale serrée ou bien une houppe d'amiante. Le platine, l'amiante, sans fournir aucun aliment à la flamme, s'échauffent jusqu'à l'incandescence et répandent une vive lumière. Nous avons déjà vu qu'un bâton de chaux sur lequel on dirige la flamme non lumineuse d'un mélange d'hydrogène et d'oxygène, acquiert un éclat éblouissant. Un corps solide introduit dans la flamme lui communique donc le pouvoir lumineux par sa propre incandescence.

On rend encore éclairante la flamme d'hydrogène,

en imprégnant ce gaz de vapeurs riches en carbone, vapeurs de benzine ou de térébenthine, par exemple. A cet effet, on met dans une éprouvette B (fig. 21) une

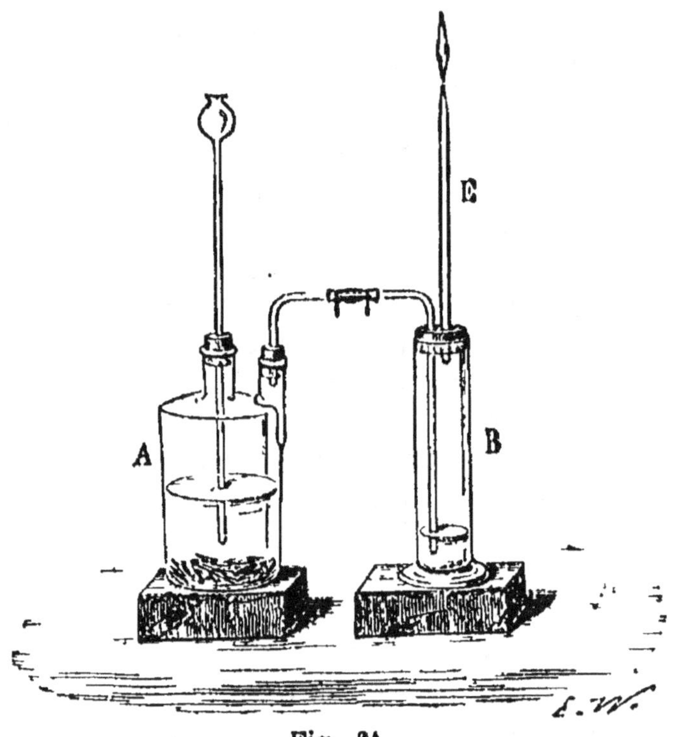

Fig. 21.

légère couche de benzine ou de térébenthine. Le tube abducteur de l'hydrogène, engendré dans le flacon A, plonge dans la benzine, et un tube droit effilé E permet l'écoulement du gaz. Pour simplifier, on peut se borner à introduire la benzine dans le flacon même où s'engendre l'hydrogène et à enflammer le jet gazeux comme dans l'expérience de la lampe philosophique.

4. Flamme composée du bicarbure d'hydrogène. — Une flamme est dite *composée* lorsqu'elle résulte de plusieurs éléments combustibles; par exemple, celle du bicarbure d'hydrogène, où se trouvent à la fois de l'hydrogène et du charbon. Dans la flamme du bicarbure d'hydrogène on distingue aisément quatre régions (fig. 22). Le milieu C est obscur. Il est entouré d'une enveloppe brillante BB, que recouvr⁰ une mince couche peu lumineuse AA; la base DD est bleue. Un mince fil de fer plongé en travers de la flamme, s'échauffe jusqu'au blanc éblouissant dans la couche AA, rougit dans l'enveloppe BB et reste obscur dans la partie centrale C. L'accès libre de l'air est cause d'une combustion complète dans la couche extérieure AA; l'hydrogène y est converti en eau, le carbone en acide carbonique. De cette combustion totale résulte une haute température, mais un pouvoir éclairant faible parce qu'il n'y a pas de particules solides incandescentes. En B la combustion est incomplète, car l'oxygène de l'air est en grande partie arrêté par la couche extérieure. De là résultent deux effets : premièrement cette région B ne s'échauffe pas autant que la partie extérieure; en second lieu, des deux éléments chimiques qui s'y trouvent, un seul, l'hydrogène, brûle, tandis que l'autre,

Fig. 22.

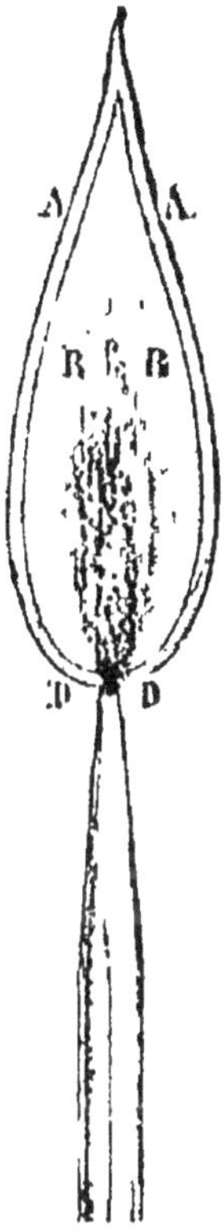

le carbone, ne brûle pas. Et, en effet, lorsqu'un corps composé de plusieurs éléments est soumis à l'action d'une quantité d'oxygène insuffisante pour une combustion totale, ce sont toujours les éléments les plus combustibles, qui brûlent les premiers. L'hydrogène, plus combustible, brûle donc dans la région B, où l'accès de l'air est entravé par la couche externe A; et le charbon, moins combustible, n'y brûle pas. Celui-ci, séparé de l'hydrogène, reprend l'état qui lui est propre, l'état solide; il devient incandescent par suite de la haute température due à la combustion de l'hydrogène, et ne brûle à son tour que lorsqu'il arrive à la surface de la flamme, où il trouve abondamment de l'air. C'est précisément l'incandescence du charbon devenu libre qui rend brillante l'enveloppe B. Les corpuscules de charbon, qui flottent à l'état incandescent dans cette région, lui communiquent leur éclat, de même qu'un corps solide, spirale de platine, houppe d'amiante, rend lumineuse la flamme simple de l'hydrogène. Quant au centre de la flamme, il est obscur et très-peu chaud, attendu qu'il n'y a pas de combustion, l'air ne pouvant y pénétrer. Enfin la base bleue DD résulte de la combustion de l'oxyde de carbone, premier degré de l'oxydation du charbon sous l'influence du courant d'air froid ascendant.

5. **Flamme d'une bougie, d'une lampe.** — Les flammes vulgairement employées à l'éclairage, comme celles d'une bougie, d'une chandelle, d'une lampe, d'un bec de gaz, se rapportent toutes au type que nous venons de décrire. Dans toutes, les éléments combustibles sont de l'hydrogène et du charbon. Nous brûlons des carbures d'hydrogène en faisant usage d'une lampe alimentée avec de l'huile, ou bien d'une bougie, d'une chandelle de suif. Les corps gras qui servent à alimenter la flamme ne sont pas eux-mêmes, il est vrai, des carbures d'hydrogène, mais par leur décomposition en s'infiltrant dans la mèche incandescente, ils se résolvent en mélange gazeux où l'hydrogène et le charbon se trouvent associés de différentes manières. Le bicarbure d'hydrogène en particulier fait partie de ce mélange.

6. **Effets des toiles métalliques.** — Une toile métallique est un tissu de fils de métal à mailles

plus ou moins serrées. A cause de leur grande conductibilité pour la chaleur, de pareils tissus refroidissent rapidement les gaz allumés qui les traversent et en éteignent la flamme. Pour qu'un jet de gaz combustible reste enflammé, il ne lui suffit pas de se renouveler et d'être en rapport avec l'air, il faut en outre que la température se maintienne assez élevée pour amener la combustion. Si une toile métallique est interposée sur son trajet, la perte de chaleur que la conductibilité du métal lui fait éprouver abaisse la température à un point où la combustion n'est plus possible, et le gaz traverse les mailles, enflammé en deçà, non enflammé au delà, mais toujours inflammable. Si l'on met une toile métallique à fines mailles en travers de la flamme d'une bougie, d'un bec de gaz, la flamme s'arrête à la toile, obstacle au delà duquel la combustion ne se fait plus ; cependant le courant gazeux continue son ascension à travers les mailles, sans rien perdre de sa combustibilité, car si l'on approche un corps allumé du point où il traverse la toile, il prend feu et continue la flamme interrompue située au-dessous.

7. Lampe de sûreté de Davy. — Dans les galeries des houillères où le grisou, c'est-à-dire le mélange détonant de proto-carbure d'hydrogène et d'air atmosphérique, les met si fréquemment en danger, les mineurs font usage d'une lampe qui les sauvegarde par son enveloppe en toile métallique. C'est la *lampe de sûreté de Davy*. Elle consiste en une lampe ordinaire entourée d'un cylindre en toile métallique à fines mailles (fig. 23). A travers cette toile l'air nécessaire à l'entretien de la lampe et les produits de la combustion circulent librement ; et malgré cela, le feu ne peut se mettre au mélange détonant dans lequel la lampe viendrait à se trouver plongée. Si, en effet, ce mélange survient, il y aura inflammation entre la mèche allumée et la toile ; mais la flamme, ne pouvant franchir le tissu métallique, ne se propagera pas au dehors.

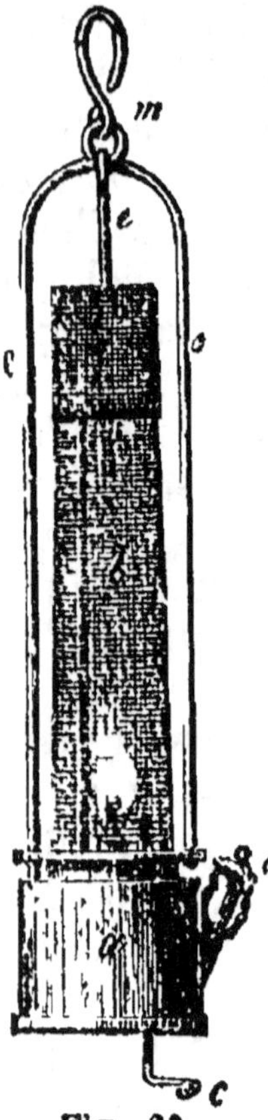

8. Gaz de l'éclairage. — Le gaz de l'éclairage s'obtient en chauffant de la houille au rouge dans des cornues de fonte ou de terre sans communication avec l'air. Ces cornues C (fig. 24) ont la forme d'un demi cylindre. Elles sont disposées, en plus ou moins grand nombre, au-dessous d'un même foyer F dans le sens de la longueur. L'orifice par lequel se charge la houille est fermé au moyen d'un obturateur en fonte Pa Chaque cornue est surmontée d'un tube T qui sert au dégagement des produits de la distillation. Les divers tubes T aboutissent dans *barillet* B, sorte de cylindre contenant de l'eau, où s'effectue la condensation du goudron accompagnant le gaz. Cette condensation s'achève dans une série de tuyaux verticaux communiquant entre eux par leurs extrémités recourbées. Le gaz subit ensuite une série d'épurations qui ont pour but d'éliminer l'acide carbonique, l'ammoniaque, l'acide sulfhydrique. Il est enfin dirigé dans un grand réservoir appelé *gazomètre*.

9. Gazomètre. — Pour emmagasiner le gaz de l'éclairage jusqu'au moment de sa dépense et lui donner une vitesse d'écoulement constante, qui assure la régularité de la flamme et l'uniformité de son pouvoir éclairant, on emploie lierappa un analogue aux

Fig. 23.

cloches dont on fait usage en chimie pour recueillir les substances gazeuses. C'est le gazomètre (fig. 25). Il se compose d'une cuve cylindrique, en fonte ou en maçonnerie, remplie d'eau, et d'une grande cloche en tôle rivée B, qui plonge inférieurement dans l'eau de la cuve. Le gaz arrive des appareils de l'usine par

Fig. 24.

un tube *ff*; il s'écoule du gazomètre par un tube *ce*, qui l'amène dans les tuyaux de distribution. L'écoulement est provoqué par la pression que la cloche exerce sur le gaz par l'effet de l'excès de son poids sur l'ensemble des poids *p* qui la soutiennent au moyen des chaînes *bba*.

10. **Composition du gaz de l'éclairage.** — Après épuration, le gaz propre à l'éclairage se compose de bicarbure d'hydrogène, de protocarbure ou gaz des marais, d'hydrogène, d'oxyde de carbone,

d'azote. Sur ce nombre, l'azote est incombustible, l'oxyde de carbone, l'hydrogène et le gaz des marais

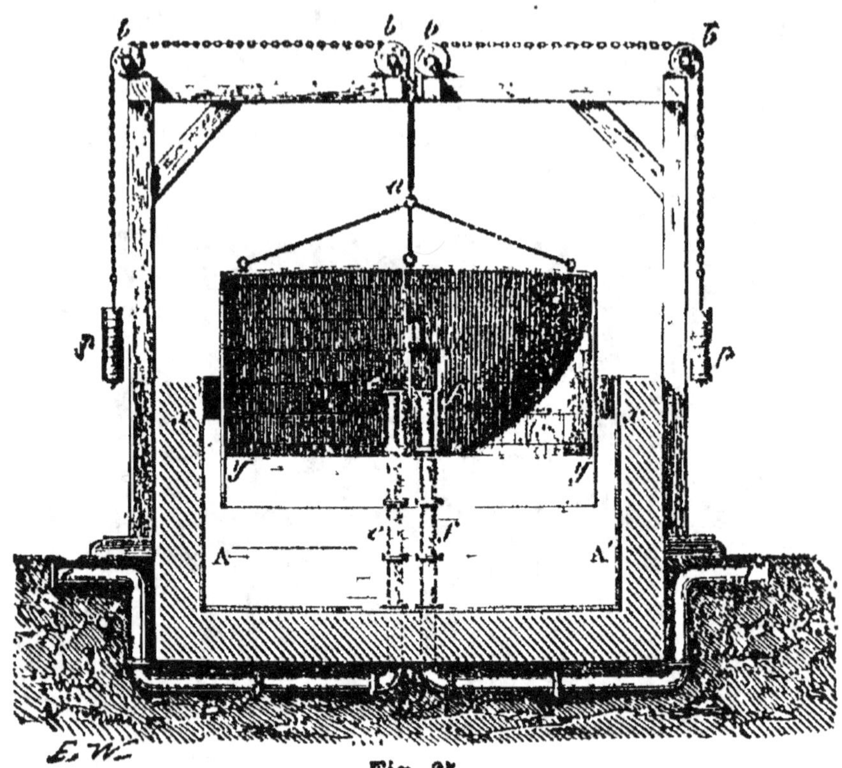

Fig. 25.

sont combustibles, mais brûlent avec une flamme dépourvue de pouvoir éclairant ; le bicarbure seul a une flamme éclairante, mais il ne forme qu'une minime fraction du volume total. Il y a donc dans ce mélange gazeux d'autres substances aptes à lui communiquer le pouvoir éclairant. Et en effet, le gaz est toujours imprégné de vapeurs de divers carbures liquides faisant partie du goudron, de vapeurs de benzine en particulier, composé très-riche en carbone et propre à produire une flamme éclairante par suite du charbon incandescent très-divisé qu'il laisse flotter dans la flamme.

QUESTIONNAIRE.

1. Dans quel cas dit-on d'un corps qu'il est enflammé?
— Dans quel cas dit-on qu'il est incandescent? —
Qu'est-ce que la flamme? — Comment le charbon peut-
il brûler tantôt avec flamme, tantôt sans flamme? —
2. Qu'appelle-t-on flamme simple? — Combien de régions distingue-t on dans une flamme simple?— Quelle
est la cause de ces deux régions? — **3.** Comment com-
munique-t-on le pouvoir éclairant à la flamme d'hydrogène? — **4.** Combien de régions distingue-t-on dans
la flamme composée du bicarbure d'hydrogène? —
D'où proviennent la haute température et le faible pouvoir
éclairant de la couche extérieure?— Quelle est la cause
du pouvoir éclairant de la couche suivante?— Pourquoi
la partie centrale est-elle obscure et peu chaude?—
Quelle est la cause du liseré bleu de la base?— **5.** Quels
sont les éléments en combustion dans la flamme d'une
bougie, d'une lampe, d'une chandelle? — D'où proviennent les carbures d'hydrogène brûlés dans ces conditions?— **6.** Quel est l'effet d'une toile métallique sur
une flamme? — Pourquoi une toile métallique arrête-
t-elle la flamme? — **7.** De quoi se compose la lampe de
sûreté de Davy? — Comment préserve-t-elle de l'explosion du grisou dans les houillères? — **8.** Comment
s'obtient le gaz de l'éclairage? — Quelles épurations lui
fait-on subir?— **9.** Qu'est-ce que le gazomètre?—
10. De quoi se compose le gaz de l'éclairage? — D'où
provient son pouvoir éclairant?

CHAPITRE X

ACIDE AZOTIQUE.

1. Composés oxygénés de l'azote. — Ces com·
posés sont au nombre de cinq, savoir:

Protoxyde d'azote... azote 14 part., oxygène   8 part.
Bioxyde d'azote...... azote 14   »   oxygène 2$\times$8   »
Acide azoteux........ azote 14   »   oxygène 3$\times$8   »
Acide hypo-azotique. azote 14   »   oxygène 4$\times$8   »
Acide azotique....... azote 14   »   oxygène 5$\times$8   »

2. Origine de l'acide azotique. — L'azote et l'oxygène ne peuvent chimiquement s'associer par le fait seul de la combustion vulgaire. Nous en avons journellement un exemple décisif. L'air atmosphérique est un mélange d'azote et d'oxygène. Ce mélange traverse nos fourneaux, nos foyers de chaleur, et se trouve parfois dans des conditions de température excessive, sans que l'azote brûle, c'est-à-dire entre en combinaison avec l'oxygène. Tout au plus sur le trajet de la foudre, cette énorme étincelle électrique de quelques kilomètres de longueur, l'azote se combine-t-il avec l'oxygène en produisant de faibles traces d'acide azotique qui se retrouvent dans les pluies d'orage. L'acide azotique n'est donc pas un produit direct de notre art, mais bien un produit naturel qui se forme dans des circonstances encore difficiles à préciser, et se combine immédiatement avec des oxydes métalliques, tels que la potasse, la soude, la chaux. Au sein même de nos habitations, les murs humides des caves, des rez-de-chaussée se couvrent de soyeuses efflorescences blanches qui sont de l'azotate de chaux. Le mur fournit la chaux; l'air, avec les émanations si diverses qu'il reçoit, fournit les éléments de l'acide. Aux Indes, en Egypte, au Pérou, le sol lui-même est plus ou moins riche en azotate de soude ou de potasse que l'on isole en lessivant les terres. Une fois en possession d'un azotate quelconque il nous devient facile d'obtenir les divers composés oxygénés de l'azote.

3. Préparation de l'acide azotique. — On chauffe dans une cornue en verre un mélange d'azotate de potasse et d'acide sulfurique à parties égales.

Le bec de la cornue plonge dans un flacon tubulé maintenu dans de l'eau froide (fig. 26). La réaction est des plus simples. L'acide azotique, volatil à la

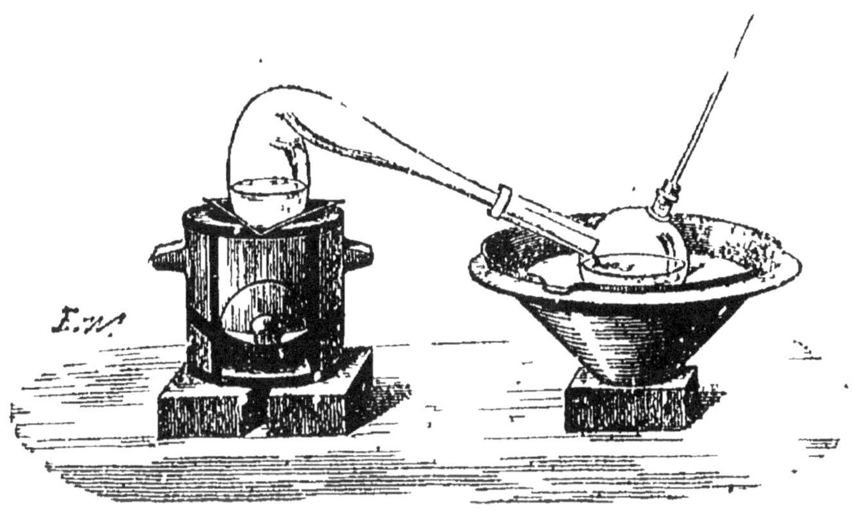

Fig. 26.

température à laquelle on opère, est chassé de la combinaison saline par l'acide sulfurique, qui prend sa place et forme avec la potasse du sulfate de potasse. Les vapeurs d'acide azotique viennent se condenser dans le ballon refroidi.

Azotate { Acide azotique (*produit obtenu*).

de potasse { Potasse. . . } Sulfate de potasse

Acide sulfurique. . . . } (*résidu*).

4. Propriétés de l'acide azotique. — L'acide azotique porte aussi le nom d'acide *nitrique*, à cause du nom de *nitre* que l'on donne vulgairement à l'azotate de potasse, d'où cet acide est retiré; on l'appelle encore *eau forte*. Pur et récemment préparé, l'acide azotique est un liquide incolore, mais il devient jaunâtre avec le temps, car la lumière seule suffit pour le décomposer très-légèrement en oxygène et en vapeurs rouges d'acide hypo-azotique. Il répand des fumées blanches à l'air. Il attaque fortement les bouchons de liège, et les convertit en une purée jaune; il désorganise la peau avec une extrême facilité, en commençant par la jaunir. C'est enfin un liquide des plus redoutables, dont il faut avec soin éviter le contact.

5. **Action de l'acide azotique sur les métalloïdes.** — Le caractère qui domine l'histoire de l'acide azotique et fait de ce composé un des auxiliaires les plus puissants du chimiste, c'est la facilité avec laquelle il se décompose et cède son oxygène aux corps en rapport avec lui. L'acide azotique est comme un réservoir d'oxygène, d'un emploi on ne peut plus commode, et tellement énergique, qu'on obtient avec lui des oxydations que la combustion vulgaire n'amène pas toujours. Traiter un corps par cet acide, c'est l'oxyder, le brûler, tout comme on le brûle par l'action simultanée de l'air et du feu. Ainsi, par exemple, du charbon qui brûle à l'air libre se convertit en acide carbonique; attaqué dans un ballon de verre par l'acide azotique bouillant, il éprouve exactement le même degré de combustion, mais sans entrer en incandescence; il devient gaz carbonique. En même temps se dégagent des vapeurs rouges qui proviennent de l'acide azotique partiellement désoxygéné. Quelques gouttes d'acide azotique concentré versées sur du charbon végétal en poudre fine, produisent l'incandescence du charbon avec dégagement

de vapeurs rouges et d'acide carbonique. Le phosphore, lui aussi, subit le même degré de combustion à l'air libre et dans l'acide azotique ; il donne dans les deux cas de l'acide phosphorique. L'oxydation du phosphore par l'acide azotique exige même une certaine prudence, car il peut y avoir explosion.

Enfin l'oxydation par l'intermédiaire de l'acide azotique est parfois plus complète que celle qui résulte de la combustion ordinaire. Brûlé à l'air ou même dans l'oxygène pur, le soufre, par exemple, devient de l'acide sulfureux, sans pouvoir atteindre le terme final de la combustion, qui est l'acide sulfurique. Traité au contraire par l'acide azotique bouillant, il est converti en acide sulfurique.

6. Action de l'acide azotique sur les métaux. — Tous les métaux, excepté l'or, le platine et quelques autres moins usuels, sont attaqués plus ou moins violemment par l'acide azotique. Il se dégage d'abondantes vapeurs rouges, provenant de l'acide azotique décomposé ; le métal s'oxyde aux dépens de l'oxygène cédé par l'acide azotique, et l'oxyde formé se combine avec l'excédant d'acide pour produire un azotate. C'est ce qui a lieu avec le cuivre, l'argent, le mercure, le zinc, le plomb, le fer. D'autres fois l'oxydation n'engendre pas une base mais bien un acide, et alors le composé formé reste libre, sans contracter combinaison avec l'acide azotique. C'est ce qui a lieu avec l'étain et l'antimoine, dont les produits d'oxydation, acide stannique et acide antimonique, se déposent sous forme de poudre blanche insoluble.

7. Applications de l'acide azotique. — Pour graver à l'eau-forte une plaque de métal, de cuivre, r exemple, on enduit d'abord cette plaque d'un ver-

nis inattaquable par l'acide. La cire fondue peut suffire. On trace sur ce vernis le dessin à reproduire, et,
avec une pointe fine, on enlève la cire de manière à
mettre le métal à nu sur tous les traits qu'il s'agit de
d'obtenir en creux. On verse alors de l'acide azotique
faible sur la plaque ainsi préparée. Partout où le
vernis protège le métal l'attaque n'a pas lieu; là où
le cuivre est à découvert, l'acide creuse un sillon en
corrodant le métal. Quand on juge que l'eau-forte a
suffisamment agi, on enlève le vernis avec de l'essence de térébenthine, et le dessin se trouve reproduit
en creux.

La peau, la soie, la laine, les plumes jaunissent instantanément au contact de l'acide azotique. Que l'on
plonge un instant, par exemple, un flocon de laine
blanche dans de l'acide azotique, il sortira de ce bain
avec une teinte jaune indélébile. Si le contact de l'a-
cide se prolongeait trop, la laine serait profondémen
altérée; car l'acide azotique attaque avec violence e
dénature la plupart des matières organiques. On s'er
sert pour détruire les verrues, pour cautériser une
plaie envenimée. Plongé quelques instants dans de
l'acide azotique très-concentré, puis lavé et séché, le
coton, sans changer d'aspect, devient une matière
explosive nommée *coton-poudre*. Par une ébullition
prolongée dans l'acide azotique, le bois et d'autres
matières végétales, éprouvent une oxydation intermédiaire entre celles qui engendrent l'oxyde de carbone et l'acide carbonique, et se transforment en
acide oxalique.

8. **Préparation du bioxyde d'azote.** — On
l'obtient en décomposant l'acide azotique par un métal. ordinairement par le cuivre. Au moyen d'un tube
à entonnoir (fig. 27), on verse peu à peu de l'acide

azotique dans un flacon contenant de la tournure de cuivre et de l'eau destinée à modérer l'attaque. Le

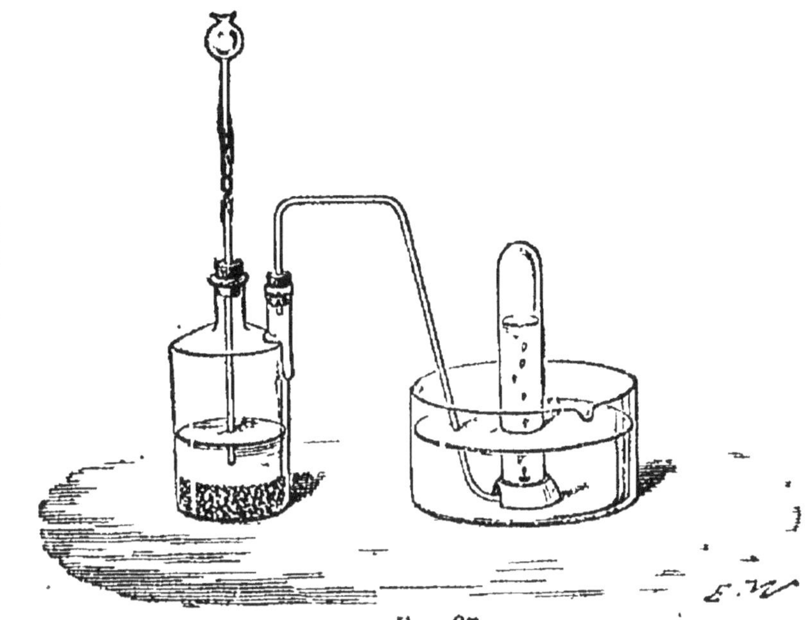

Fig. 27

liquide devient bleu à cause de la formation de l'azotate de cuivre, doué de cette couleur, et il se dégage du bioxyde d'azote provenant d'une partie de l'acide azotique décomposée pour oxyder le métal. Le tableau suivant rend compte de cette réaction :

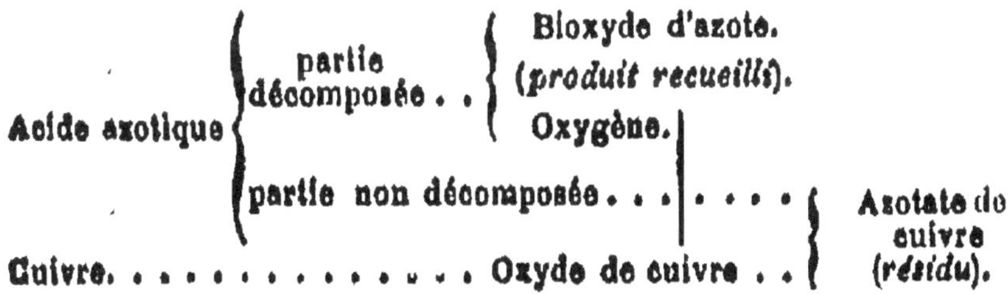

9. **Propriétés du bioxyde d'azote.** — C'est un gaz incolore dont la propriété la plus frappante est sa facile transformation en acide hypoazotique dès qu'il est en rapport avec l'oxygène, ou, ce qui revient

du même, avec l'air atmosphérique. Si on laisse échapper dans l'atmosphère le bioxyde d'azote recueilli dans une cloche, il se produit à l'instant une abondante fumée rougeâtre d'une odeur détestable et dangereuse à respirer. C'est de l'acide hypoazotique. Telle est la cause des vapeurs rouges qui se dégagent quand on attaque un métal par l'acide azotique. Il se produit en réalité du bioxyde d'azote incolore, mais ce gaz passe instantanément à l'état de vapeurs rouges d'acide hypoazotique par son contact avec l'air.

10. Propriétés de l'acide hypoazotique. — On peut obtenir l'acide hypoazotique sous forme d'un liquide incolore, qui se colore rapidement en rougeâtre en dissolvant ses propres vapeurs. Ce produit est très-caustique et dangereux à respirer; il jaunit et désorganise la peau; il répand d'abondantes fumées rougeâtres identiques à celles que forme le bioxyde d'azote en se dégageant à l'air. Son caractère le plus remarquable est celui de se dédoubler en acide azotique et en bioxyde d'azote, dès qu'il est mis en contact avec l'eau. Cette propriété est d'une haute importance dans la fabrication industrielle de l'acide sulfurique. Nous y reviendrons plus loin.

11. Préparation et propriétés du protoxyde d'azote. — Pour obtenir ce corps, on chauffe avec une simple lampe de l'azotate d'ammoniaque contenu dans un petit ballon de verre (fig. 28). Le sel entre d'abord en fusion, puis il se résout en vapeurs d'eau et en protoxyde d'azote. Si le sel est pur, il n'y a aucun résidu dans le ballon.

Le protoxyde d'azote est un gaz incolore, sans odeur. Une bougie dont la mèche conserve un point incandescent s'y rallume et y brûle avec éclat comme dans l'oxygène. Un morceau de posphore déjà enflammé y répand une lumière éclatante. Ce gaz présente donc une certaine ressemblance avec l'oxygène. Le bioxyd

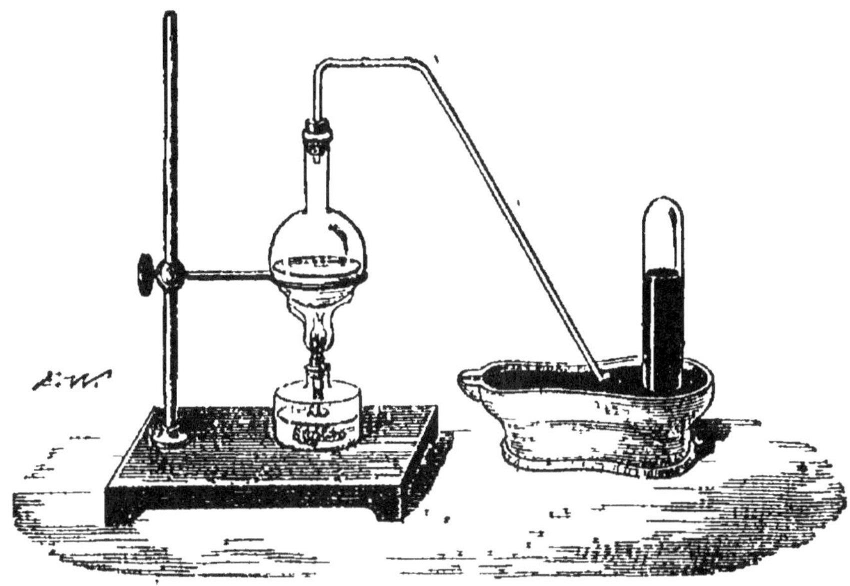

Fig. 28.

d'azote permet de les distinguer facilement l'un de l'autre : il produit des vapeurs rouges dans l'oxygène, il n'en produit pas dans le protoxyde d'azote.

Malgré sa propriété d'entretenir et d'activer la combustion, le protoxyde d'azote n'est pas à vrai dire un gaz comburant. Un corps continue à y brûler parce que la température de ce corps déjà en combustion le décompose en ses deux éléments. Il se forme ainsi, autour du combustible, une atmosphère d'azote et d'oxygène, dans laquelle ce dernier gaz est en plus forte proportion que dans l'air, circonstance qui explique l'augmentation de l'éclat.

Le protoxyde d'azote bien pur peut entretenir la respiration animale un certain temps, ce qui démontre que le travail chimique effectué par le sang dans les poumons est suffisant, tout faible qu'il est.

pour le décomposer et mettre en liberté son principe respirable, l'oxygène. Toutefois, cet état de choses es de courte durée. Bientôt le protoxyde d'azote respiré amène une sorte d'ivresse gaie accompagnée de sensations agréables, ce qui lui a valu le nom de gaz *hilarant*. Puis viennent une insensibilité profonde ou anesthésie, et enfin l'asphyxie. C'est Humphry Davy, le célèbre chimiste anglais, qui, le premier, expérimenta l'action de ce gaz sur l'organisation. Les effets furent remarquables. Ses sens et son esprit s'exaltèrent, il perdit conscience de tout rapport avec le monde extérieur et fut transporté dans une délirante extase. Les poètes anglais appelèrent *gaz du paradis* ce singulier corps qui, respiré avec ménagement, suspendait la douleur physique et faisait éclore dans l'esprit de riantes hallucinations. C'était le premier pas vers les anesthésiques d'aujourd'hui, le chloroforme et l'éther, dont les vapeurs annulent la souffrance dans les plus cruelles opérations chirurgicales.

QUESTIONNAIRE.

1. Quels sont les composés oxygénés de l'azote? — Quelle est leur composition? — 2. Sait-on combiner directement l'azote avec l'oxygène? — Comment se forme l'acide azotique? — 3. D'où retire-t-on l'acide azotique? — Comment l'obtient-on pour une expérience de laboratoire? — 4. Quels sont les caractères de l'acide azotique? — 5. Quelle est son action sur le carbone, le phosphore, le soufre? — Peut-on avec l'acide azotique obtenir des oxydations plus complètes que par la combustion ordinaire? — 6. Quelle est l'action de l'acide azotique sur les métaux? — Expliquez ce qui se passe

avec le cuivre, avec l'étain. — 7. Comment se pratique la gravure à l'eau-forte? — Quelle est l'action de l'acide azotique sur la laine, la soie, la peau, les plumes? — Qu'est-ce que le coton-poudre? — Quel est le résultat de l'action prolongée de l'acide azotique sur les matières végétales? — 8. Comment obtient-on le bioxyde d'azote? — Expliquez la réaction en jeu dans cette préparation. — 9. Quelle est la propriété caractéristique du bioxyde d'azote? — D'où proviennent les vapeurs rouges qui se dégagent quand on traite un corps par l'acide azotique? — 10. Quelles sont les propriétés de l'acide hypoazotique? — Quel est le caractère le plus remarquable de cet acide?—11. Comment obtient-on le protoxyde d'azote? —Quelles sont ses propriétés caractéristiques?-Comment distingue-t-on ce gaz de l'oxygène? — Quels effets produit la respiration du protoxyde d'azote? — Pourquoi ce gaz est-il appelé gaz hilarant? — Qu'appelle-t-on substances anesthésiques? — Quelles sont les principales?

CHAPITRE XI

AMMONIAQUE.

1. Origine de l'ammoniaque. — L'ammoniaque est un composé d'azote et d'hydrogène; d'après les règles de la nomenclature son nom devrait être *azoture d'hydrogène*. Sa préparation directe présente de sérieuses difficultés, à cause des faibles affinités de l'azote. Nous venons de voir, au sujet de l'acide azotique, des difficultés du même genre. On n'obtient pas cet acide par la combustion directe de l'azote, comme on obtient l'acide carbonique, l'acide phosphorique, l'acide sulfureux, par la combustion du carbone, du phosphore du soufre; il faut recourir aux azotates, produits naturels. C'est pareillement à l'aide de moyens détournés qu'on obtient l'ammoniaque. Le mode d'origine le plus fécond est la décomposition des matières organiques. Tout être organisé renferme de l'azote; dès qu'il cesse de vivre, ses éléments rentrent dans la nature minérale par la voie de la putréfaction et en prenant les formes les plus simples, la forme de gaz carbonique pour le charbon, d'eau pour l'hydrogène, d'ammoniaque pour l'azote. Telle est la cause des composés ammoniacaux qui donnent aux engrais leur valeur agricole. Ce que fait la décomposition putride par l'action lente de l'humidité et de l'air, la chaleur le fait à un certain degré. Des produits ammoniacaux sont le résultat inévitable des matières organiques azotées détruites par le feu. Que l'on calcine au rouge, au fond d'un tube en verre, de la laine, du cuir, de la chair musculaire, etc., et il se dégagera, pêle-mêle avec des vapeurs nauséabondes, une substance qui ramènera au bleu une bandelette de papier coloré avec du tournesol rougi. A ce signe, on reconnaît l'ammoniaque. La préparation industrielle de l'ammoniaque est précisément basée sur cette décomposition des matières organiques par la chaleur. On calcine au rouge, dans des cylindres de fonte des matières d'origine animale, vieux chiffons, rognures de cuir, os, bourre. L'un des produits obtenus est du carbonate d'ammoniaque. La distillation de la houille en donne aussi, ce qui est tout naturel, puisque la houille est d'origine organique et n'est autre que le résidu de la végétation des anciens âges de la terre. L'eau, à travers laquelle on fait passer le gaz brut de l'éclairage, pour le purifier, contient donc de l'ammoniaque. Ces liquides ammoniacaux, provenant soit de la distillation des matières animales, soit de la distillation de la houille, servent à la préparation des principaux sels ammoniacaux : sulfate et chlorhydrate, auxquels on a recours pour les expériences de laboratoire.

2. **Préparation du gaz ammoniac.** — Si l'on broie ensemble, en présence d'un peu d'eau, un sel ammoniacal quelconque et une base énergique, comme la potasse, la chaux, il se dégage à l'instant un gaz invisible, doué d'un odeur extrêmement piquante, qui rougit les yeux et provoque les larmes : c'est l'azoture d'hydrogène ou gaz ammoniac. Pour le recueillir, on s'y prend comme il suit. On réduit séparément en poudre des quantités égales de sel ammoniac (chlorhydrate d'ammoniaque) et de chaux vive. On mélange le tout et on l'introduit dans un ballon de verre que l'on chauffe modérément. Le tube abducteur doit se rendre sous une éprouvette pleine de mercure, car le gaz ammoniac est extrêmement soluble dans l'eau et ne pourrait être recueilli sur ce liquide.

```
                 ⎧ Gaz ammoniac (produit obtenu).
     Sel         ⎪
                 ⎨         Acide        ⎧ Chlore. . . . . . . . . . . .⎫
ammoniac.        ⎪      chlorhydrique   ⎨                              ⎪
                 ⎩                      ⎩ Hydrogène. ⎫                 ⎬   Chlorure
                                                     ⎬ Eau            ⎪   de calcium.
              ⎧ Oxygène. . . . . . . . . . . ⎫                        ⎭
   Chaux. . . ⎨                              ⎭
              ⎩ Calcium. . . . . . . . . . , . . . . . .
```

Un moyen plus expéditif consiste à chauffer dans un ballon un peu d'alcali volatil, qui n'est autre chose qu'une dissolution de gaz ammoniac dans l'eau. Par une chaleur modérée, le gaz abandonne son dissolvant.

3. **Propriétés du gaz ammoniac.** — Le gaz

ammoniac est incolore et d'une odeur excessivement piquante. Il affecte vivement les yeux et amène le larmoiement. Il est extrêmement soluble dans l'eau. Un litre de ce liquide dissout un millier de litres de ce gaz à la température 0°. Cette grande solubilité est cause de la rapidité d'absorption du gaz ammoniac par l'eau. On fait, à ce sujet, l'expérience que voici : Une éprouvette pleine de gaz ammoniac, et dont l'orifice plonge dans du mercure contenu dans une soucoupe, est en partie immergée dans l'eau. Si on retire alors la soucoupe pour mettre le gaz en rapport avec l'eau, celle-ci se précipite dans l'éprouvette avec une telle violence, que parfois le fond de l'appareil se brise par le choc. On peut encore ouvrir sous l'eau un flacon plein de gaz ammoniac. L'eau l'envahit avec la même impétuosité que s'il était vide.

La dissolution du gaz ammoniac dans l'eau prend le nom d'*ammoniaque* ou d'*alcali volatil*. C'est un liquide incolore, d'une saveur excessivement caustique, d'une odeur pénétrante pareille à celle du gaz. A la chaleur de l'ébullition, il laisse dégager presque tout le gaz qu'il tenait en dissolution.

L'ammoniaque ramène au bleu le tournesol rougi, aussi bien que le font la potasse et la soude ; elle remplit les fonctions d'une base énergique et se combine avec les acides pour former des sels. La combinaison de l'ammoniaque avec l'acide sulfurique se fait avec élévation de température, violente décrépitation et projection de liquide. L'expérience ne serait pas sans danger si l'on opérait sur des quantités un peu fortes.

4. **Usages de l'ammoniaque.** — Dans l'art de la teinture, on l'emploie pour dissoudre diverses matières colorantes, ou même pour en développer de nouvelles

Son emploi pour nettoyer les habits de leurs taches de corps gras est connu de tous. La médecine l'utilise comme caustique pour combattre les effets d'une piqûre envenimée, piqûre de guêpe, de scorpion, ou même pour arrêter les effets plus graves de la morsure d'une vipère. Les vétérinaires en font usage contre le gonflement du ventre ou météorisation que le gaz carbonique provoque chez les bestiaux qui ont trop mangé de légumineuses fraîches. Elle sert à dissoudre la matière nacrée des écailles d'un petit poisson de nos fleuves, l'ablette, et à préparer ainsi l'enduit argenté dont on couvre l'intérieur de globules creux en verre pour obtenir les perles artificielles. On met à profit son odeur si pénétrante pour faire revenir à elles les personnes évanouies. Mais, dans ces circonstances, il ne faut pas perdre de vue que l'ammoniaque est impropre à la respiration et provoque assez rapidement l'asphyxie. Au lieu de tenir le flacon immobile sous le nez de la personne que l'on cherche à faire revenir par l'odeur de l'ammoniaque, il faut le passer doucement sous les narines. Enfin l'ammoniaque, à l'état de combinaisons salines variées, remplit un rôle immense en agriculture; c'est l'aliment le plus actif des végétaux.

QUESTIONNAIRE.

1. De quoi se compose le gaz ammoniac? — Obtient-on ce composé par l'association directe de l'azote et de l'hydrogène? — Quand une matière organique se décompose par la putréfaction, que deviennent le carbone, l'hydrogène, l'azote? — Comment démontre-t-on que la destruction d'une matière animale par le feu

engendre du gaz ammoniac? — 2. A quel caractère reconnaît-on un sel ammoniacal ? — Comment prépare-t-on le gaz ammoniac ? — Expliquez la réaction qui se passe dans cette préparation. — Comment obtient-on le gaz ammoniac avec l'alcali volatil ? — 3. Quelles sont les propriétés du gaz ammoniac ? — Comment démontre-t-on sa grande solubilité dans l'eau ? — Comment s'appelle la dissolution du gaz ammoniac dans l'eau ? — Quelle est a propriété fondamentale de l'ammoniaque ? — 4. Quels sont les principaux usages de l'ammoniaque ? — Quel est son rôle en agriculture ?

CHAPITRE XII

SOUFRE.

1. Extraction du soufre. — En divers terrains, principalement dans les contrées volcaniques, on trouve le soufre, tantôt en masses enclavées dans la roche, tantôt sous forme de poussière agglomérée avec de la terre, tantôt encore, mais moins souvent, en cristaux d'un jaune verdâtre. Les volcans actifs et les solfatares, vieux cratères dont les exhalaisons gazeuses durent encore, en dégagent continuellement en abondance. Pour le séparer des impuretés qui l'accompagnent, on chauffe le soufre brut dans des pots en terre A (fig. 29) communiquant par un col c avec d'autres pots pareils B, placés hors du fourneau. Le soufre se réduit en vapeur et passe du vase A dans le vase B, tandis que les impuretés restent dans le premier. Ainsi préparé, le soufre est livré au commerce, qui lui fait subir une nouvelle distillation pour l'avoir parfaitement pur. Des vapeurs de soufre arrivant dans une enceinte close et froide, qui est le récipient de l'appareil distillatoire employé, s'y con-

Fig. 20.

densent en formant une fine poussière à laquelle on donne le nom de *fleur de soufre*. Si la distillation dure longtemps, le récipient finit par s'échauffer assez pour fondre la fleur de soufre. On a alors du soufre liquide, que l'on coule dans des moules en bois de forme cylindrique un peu conique. On obtient ainsi *le soufre en canons*.

2. Propriétés du soufre. — Le soufre est solide et d'un jaune citron. Il n'a pas de saveur, il n'a pas davantage d'odeur; il ne devient odorant qu'en se combinant avec un autre corps. Ce qu'on nomme vulgairement odeur de soufre, n'est autre que l'odeur de l'acide sulfureux, combinaison de l'oxygène et du soufre par le fait de la combustion. Il s'électrise par le frottement. C'est un corps mauvais conducteur de la chaleur; aussi quand on serre un canon de soufre dans la main, il craque et se fendille par suite de l'inégale répartition de la chaleur dans sa masse. Le craquement est assez fort quand on plonge un bâton de soufre dans de l'eau chaude. Ce corps est insoluble dans l'eau. Son dissolvant par excellence est le sulfure de carbone. Le soufre cristallise facilement. On fait fondre du soufre dans un creuset; quand la fusion est complète, on retire le vase du feu pour le laisser se refroidir lentement. La solidification marche de l'extérieur au centre de la masse. Il arrive donc un moment où la paroi du creuset est tapissée d'une couche de soufre solide, tandis que la partie centrale est encore fluide. On perce alors la croûte de la surface et l'on fait écouler la partie encore liquide. L'intérieur du creuset se trouve ainsi tout hérissé de belles aiguilles jaunes. Ce sont des cristaux de soufre.

3. **Soufre mou.** — Le soufre entre en fusion vers 111°. Il a alors l'aspect d'une huile transparente, aspect qu'il ne conserve pas si la température s'élève au delà de certaines limites. De 160° à 170°, le liquide s'épaissit et devient jaune orangé; de 200° à 230°, il devient rougeâtre et tellement visqueux, que l'on peut renverser le récipient sans crainte que le contenu s'écoule. Enfin vers 400° le soufre entre en ébullition et se résout en vapeurs.

Versons dans de l'eau froide du soufre fondu à la température de 230°, c'est-à-dire à la température qui le rend visqueux et rougeâtre. Ainsi brusquement solidifié, le soufre n'est pas jaune ; il est d'un rouge brun. Il n'est plus dur et friable; il est mou, flexible, élastique; il peut s'étirer en fils. Cette masse molle, brune, se tirant en fils déliés, n'a plus rien des caractères physiques du soufre; on dirait une nouvelle substance sans rapport aucun avec l'autre C'est toutefois du soufre et rien de plus, comme on peut s'en convaincre en le brûlant. C'est du soufre avec d'autres aspects résultant d'une modification dans l'arrangement moléculaire; c'est du soufre allotropique. Le soufre mou n'est pas dans un état permanent; au bout d'une demi-heure, il commence à durcir et à reprendre la teinte jaune.

4. Usages du soufre. — Le soufre est l'objet de nombreuses et importantes applications. Il entre pour un tiers dans la fabrication de l'acide sulfurique, produit chimique dont le rôle est des plus grands en industrie; il entre dans la composition de la poudre à tirer. Il sert à la fabrication des allumettes, au soufrage des vignes atteintes de l'oïdium, infime végétation parasite qui détruit la grappe. On en imprègne le caoutchouc pour le *vulcaniser*, c'est-à-dire pour lui donner une souplesse permanente. On l'utilise pour sceller les barreaux de fer dans la pierre; enfin la médecine s'en sert avec succès pour combattre certaines maladies de la peau.

ACIDE SULFUREUX.

5. Préparation de l'acide sulfureux. — Le produit de la combustion ordinaire du soufre est le gaz acide sulfureux. L'odeur piquante que l'on appelle mal à propos *odeur de soufre*, provient de ce gaz et non du soufre lui-même. Rien n'est donc plus facile que d'obtenir l'acide sulfureux: il suffit de brûler directement du soufre, soit dans l'oxygène, soit simplement dans l'air. Mais ce procédé est peu usité dans une expérience de laboratoire : l'opération est difficile à conduire, et d'ailleurs le produit obtenu est mélangé d'air. On a recours alors au moyen suivant.

On chauffe dans un ballon de la tournure de cuivre et de l'acide sulfurique. Une partie de celui-ci se dédouble en acide sulfureux et en oxygène, qui se porte sur le cuivre et l'oxyde. Le métal oxydé se combine avec l'acide sulfurique non décomposé et donne du sulfate de cuivre qui reste dans le ballon.

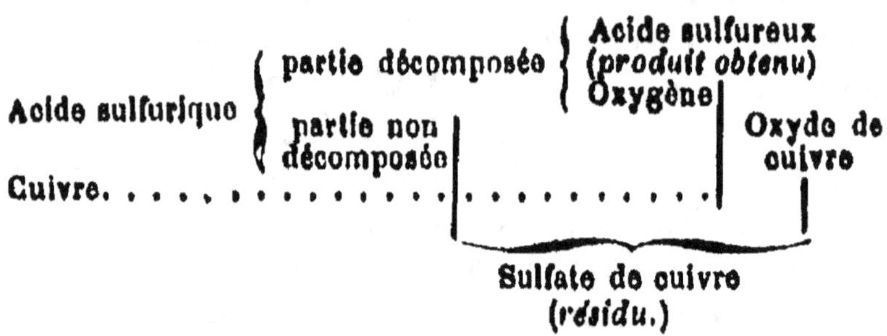

Le gaz doit être recueilli sur le mercure, car il est très-soluble dans l'eau.

6. **Propriétés de l'acide sulfureux.** — L'acide sulfureux est un gaz incolore, d'une odeur vive provoquant la toux. Il éteint subitement les corps en combustion ; de plus un corps éteint dans le gaz sulfureux ne peut se rallumer si on le plonge ensuite dans l'oxygène. Cette propriété justifie l'usage d'éteindre avec le soufre le feu des cheminées. On brûle ce corps dans l'âtre en l'y jetant en poudre ; il se forme de l'acide sulfureux qui, s'élevant dans la cheminée, éteint la suie qui brûle et l'empêche de se rallumer.

Le gaz acide sulfureux se liquéfie à la température de — 10° sous la pression d'une atmosphère. C'est alors un liquide incolore et très-mobile, qui entre en ébullition à — 10°. En se vaporisant, il produit un refroidissement assez intense pour congeler le mercure.

7. **Décoloration par l'acide sulfureux.** — Si l'on fait arriver du gaz acide sulfureux au fond d'un flacon contenant des violettes, des roses, ces fleurs deviennent rapidement blanches. L'expérience peut se

faire d'une manière plus simple en exposant les fleurs aux émanations du soufre qui brûle. L'acide sulfureux a donc la propriété de décolorer diverses substances végétales. On met cette propriété à profit pour enlever sur le linge blanc les taches de vin et de fruits rouges. On allume un peu de soufre que l'on recouvre d'un cornet de papier ouvert au sommet et faisant office de cheminée. On place à l'orifice la tache préalablement imbibée d'eau. L'acide sulfureux se dissout et fait disparaître la tache.

8. **Blanchiment de la soie et de la laine.** — L'action décolorante du gaz sulfureux a une haute importance industrielle. On la met à profit pour blanchir la laine, la soie, la paille, les plumes, les éponges, la colle de poisson, la peau pour les gants. Ni la soie ni la laine n'ont par elles-mêmes l'éclatante blancheur qui en rehausse le prix, et qu'exige la pureté de coloration que la teinture doit leur donner. On les blanchit par l'action de l'acide sulfureux. Dans une chambre disposée à cet effet, on suspend à des perches la laine et la soie humides. On allume du soufre dans des terrines et l'on ferme la porte de la chambre en collant des bandes de papier sur les joints.

9. **Usages divers de l'acide sulfureux.** — L'acide sulfureux est employé à l'assainissement des locaux envahis par des émanations putrides, comme les lazarets, les salles des hôpitaux, les cales des navires; il sert pour les fumigations auxquelles on soumet les hardes, matelas et couvertures ayant servi à des malades atteints de la peste, du choléra, de la gale. La médecine fait emploi de ce gaz pour combattre la gale, maladie due au parasitisme d'un animalcule, le sarcopte, qui s'établit sous l'épiderme du corps de

l'homme. On l'administre parfois en fumigations auxquelles on soumet le corps entier du malade à l'exception de la tête. Enfin ce gaz sert encore à prévenir l'altération acide du vin et de la bière. On imprègne d'acide sulfureux les tonneaux où ces liquides doivent être conservés, en y brûlant une mèche soufrée.

ACIDE SULFURIQUE.

10. Production de l'acide sulfurique par l'acide sulfureux et l'acide azotique. — L'acide sulfureux est le résultat définitif de l'action de l'oxygène sur le soufre ; la combustion ordinaire ne va pas au-delà de ce degré d'oxydation. Pour achever de brûler le soufre et convertir le gaz sulfureux en acide sulfurique, il faut recourir à des oxydations détournées, dont la plus pratique est celle par l'acide azotique.

Dans un flacon plein d'acide sulfureux, et contenant en outre un peu d'eau, versons quelques gouttes d'acide azotique. Immédiatement des vapeurs rouges apparaissent, signe de la décomposition de l'acide azotique, qui se dédouble en acide hypoazotique et en oxygène. Le premier est cause des vapeurs rouges, le second convertit l'acide sulfureux en acide sulfurique. En même temps, le flacon s'échauffe par suite de la chaleur que dégage la combustion complémentaire de l'acide sulfureux. On agite le peu d'eau qu'on a laissée dans le flacon. Les vapeurs rutilantes disparaissent. On soulève le bouchon, de l'air rentre et les vapeurs rouges se montrent de nouveau, accompagnées encore de chaleur. Après quelques manœuvres pareilles, l'acide sulfureux est en entier converti en acide sulfurique, qui se trouve dissous dans le peu d'eau nécessaire à l'opération.

Les réactions en jeu dans ce travail chimique sont assez complexes. On peut les résumer ainsi : 1° L'acide azotique se dédouble en oxygène, qui ne porte sur l'acide sulfureux pour le convertir partiellement en acide sulfurique, et en acide hypoazotique, qui se manifeste en vapeurs rouges. 2° Au contact de l'eau, l'acide hypoazotique donne naissance à du bioxyde d'azote et à de l'acide azotique, qui se comporte comme le premier. 3° En présence de l'air, le bioxyde d'azote devient acide hypoazotique, et les mêmes faits recommencent. On voit donc que le travail chimique reprend sans cesse la série de ses phases, ou plutôt passe par toutes à la fois. En présence de l'air et de l'eau, l'acide azotique cède indéfiniment de l'oxygène au gaz acide sulfureux, et se reconstitue en prenant à l'air autant d'oxygène qu'il en fournit. En définitive, c'est l'oxygène de l'air qui oxyde le gaz sulfureux mais en passant par l'acide azotique. Celui-ci joue le rôle d'intermédiaire ; et s'il était permis de le personnifier, on pourrait dire qu'il prend d'une main l'oxygène à l'air pour le donner de l'autre au gaz sulfureux. En résumé, les transformations de l'acide sulfureux en acide sulfurique exigent la présence de quatre corps : Acide sulfureux, acide azotique, air, eau.

11. Fabrication industrielle de l'acide sulfurique. — L'acide sulfurique se prépare en grand pour les besoins de l'industrie dans de vastes enceintes dont les parois sont formées de feuilles de plomb soudées entre elles. C'est ce qu'on nomme *chambres de plomb.* Dans ces chambres arrive de l'acide sulfureux, obtenu soit par la combustion du soufre, soit par la combustion d'un minerai, nommé *pyrite*, renfermant du fer et du soufre en combinaison. Dans les mêmes chambres arrivent de l'air et des jets de vapeur d'eau. Quant à l'acide azotique, il est fourni par de l'azotate de soude que l'on décompose au moyen de l'acide sulfurique dans des marmites en fonte placées au milieu du soufre en combustion.

12. Concentration de l'acide sulfurique. — Au sortir des chambres, où la présence d'une grande quantité de vapeur a été nécessaire à sa formation, l'acide sulfurique est trop étendu d'eau pour pouvoir servir à toutes les opérations chimiques. On le concentre en le chauffant dans de grandes chaudières de plomb à large surface. L'eau, plus volatile, se dégage en vapeur; l'acide, moins volatil, reste. Si l'on veut obtenir un degré de concentration plus grand, les récipients en plomb ne peuvent plus servir, car ce métal serait attaqué par l'acide à la température qu'il faut alors atteindre. On emploie dans ce cas des récipients de platine ou de verre. L'acide sulfurique le plus concentré possible marque 66 degrés à l'aréomètre de Baumé.

13. Propriétés de l'acide sulfurique. — L'acide sulfurique pur et concentré est un liquide incolore, lourd, d'aspect huileux, justifiant le nom d'*huile de vitriol*, que les anciens lui donnaient et qu'on lui donne encore vulgairement. Le mot huile rappelle l'apparence huileuse; le mot vitriol fait allusion au sulfate de fer ou vitriol vert, d'où on le retirait. Il n'a pas d'odeur. Sa saveur est extrêmement acide; il désorganise avec une effrayante rapidité; aussi est-ce un poison des plus redoutables.

Le caractère dominant de l'acide sulfurique est son affinité pour l'eau. On acquiert une preuve immédiate de cette affinité en mélangeant les deux liquides. Si les quantités mélangées sont un peu considérables, la masse s'échauffe jusqu'à devenir brûlante. Si l'on abandonne de l'acide sulfurique à l'air libre, on trouve en quelques jours qu'il a augmenté de volume, par l'absorption de l'humidité ambiante. Une baguette de bois blanc, une allumette, des copeaux, noircissent rapidement quand on les plonge dans de l'acide sulfurique concentré, attendu que le bois lui abandonne non-seulement l'eau dont il est imprégné, mais encore celle qui existe en combinaisan dans la matière ligneuse. C'est une véritable carbonisation.

Une autre expérience achèvera de nous renseigner sur cette carbonisation par l'acide sulfurique. On met dans un peu d'eau deux ou trois gouttes d'acide sulfurique; on écrit avec ce liquide, qui ne laisse sur le papier aucune trace visible, comme le ferait de l'eau claire. Une fois les caractères secs, il est impossible de reconnaître où la plume a passé. Mais approchons le papier du feu et chauffons-le fortement. L'acide se concentre, agit sur le papier en lui enlevant les éléments de l'eau, et finit par mettre le charbon à nu. Les caractères apparaissent alors en noir intense, par la conversion du papier en charbon, partout où la plume a déposé la liqueur sulfurique.

Ces faits nous expliquent pourquoi l'acide sulfurique, incolore de sa nature, brunit, si on le conserve dans des flacons ouverts. Il y a toujours dans l'air des poussières organiques; elles tombent dans l'acide sulfurique, s'y carbonisent, et leur charbon en altère la limpidité.

QUESTIONNAIRE.

1. Où trouve-t-on le soufre? — Comment l'extrait-on? — Qu'appelle-t-on fleur de soufre, soufre en canon? — 2. Quelles sont les propriétés physiques du soufre? — Comment obtient-on la cristallisation du soufre? — 3. Comment obtient-on le soufre mou? — Quelles sont les propriétés physiques du soufre mou? — Cet état se maintient-il indéfiniment? — Le soufre fournit-il un exemple remarquable d'allotropie? — 4. Quels sont les principaux usages du soufre? — 5. Que se dégage-t-il du soufre qui brûle? — Comment prépare-t-on l'acide sulfureux dans les laboratoires? — Expliquez cette préparation. — 6. Quels sont les caractères physiques du gaz sulfureux? — Pourquoi emploie-t-on le soufre pour éteindre un feu de cheminée? — Peut-on obtenir l'acide sulfureux à l'état liquide? — Que présente de remarquable l'acide sulfureux liquéfié? — 7. Comment décolore-t-on des violettes, des roses, au moyen de l'acide sulfureux? — De quelle utilité peut être l'action décolorante de l'acide sulfureux? — Comment enlève-t-on une tache de fruits sur le linge? — 8. Comment se blanchissent la soie, la laine, la paille? — 9. Quels sont les principaux usages de l'acide sulfureux? — 10. Comment obtient-on l'acide sulfurique? — Quels sont les corps nécessaires pour obtenir l'acide sulfurique? — Quel est le rôle de l'acide azotique, de l'air, de l'eau? — 11. Comment se fait la fabrication industrielle de l'acide sulfurique? — 12. Pourquoi, au sortir des chambres, l'acide sulfurique doit-il subir une concentration? — Quel degré marque l'acide sulfurique le plus concentré? — 13. Quelles sont les propriétés physiques de l'acide sulfurique? — D'où provient le nom vulgaire d'huile de vitriol? — Quel est le caractère chimique dominant de l'acide sulfurique? — Citez quelques exemples prouvant la grande affinité de l'acide sulfurique pour l'eau. — Pourquoi l'acide sulfurique carbonise-t-il les matières organiques? — Pourquoi brunit-il dans les flacons ouverts?

CHAPITRE XIII.

ACIDE SULFHYDRIQUE. — SULFURE DE CARBONE.

1. Préparation de l'acide sulfhydrique. — Ce composé de soufre et d'hydrogène se prépare ordinairement en faisant agir de l'acide chlorhydrique sur

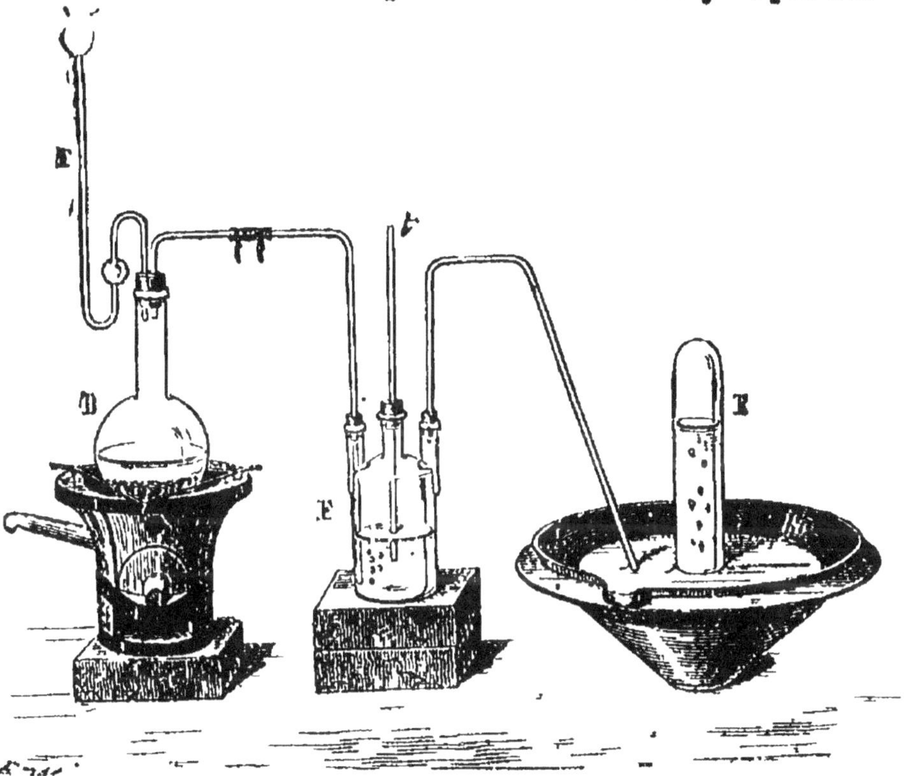

Fig. 30.

du sulfure d'antimoine. Ce sulfure est un produit naturel abondamment répandu, d'un gris métallique quand il est en masse cristalline, d'un noir terne quand il est en poussière. On met dans un ballon B du sulfure d'antimoine en poudre (fig. 30; par le tube coudé T, on verse de l'acide chlorhydrique et l'on chauffe modérément. Le gaz sulfhydrique se dégage, et comme il peut entraîner un peu d'acide chlorhydrique, il convient, pour l'avoir pur, de le faire arriver d'abord dans un flacon laveur F contenant de l'eau. Le gaz doit être recueilli dans des éprouvettes renversées sur une terrine et non sur la cuve pneumatique ; celle-ci, en effet, est doublée en plomb, et le gaz sulfhydrique exerce sur les métaux, sur le plomb en particulier, une action prompte qui les noircit en les transformant en sulfures. On s'exposerait donc à noircir, de la façon la plus désagréable, et la cuve et l'eau qu'elle contient.

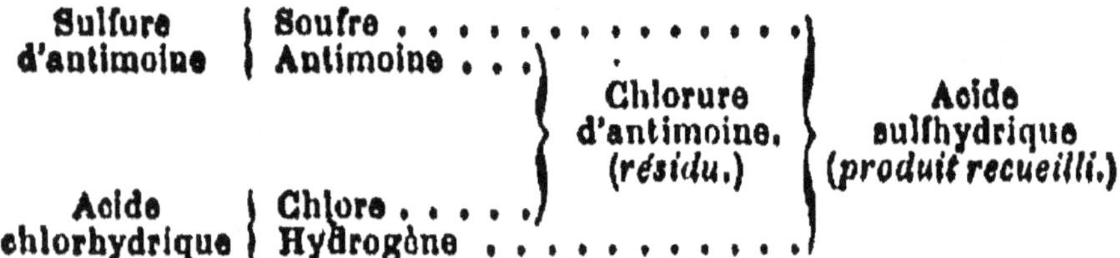

2. Propriétés de l'acide sulfhydrique. — Ce composé est gazeux et incolore. Son odeur est infecte et rappelle celle des œufs pourris. Il y a plus que similitude entre les deux odeurs que nous comparons ici, il y a identité, car les œufs pourris doivent leur infection précisément à un dégagement d'acide sulfhydrique, formé par leur propre substance en décomposition. Il est un peu plus lourd que l'air. Il fait virer au rouge vineux la teinture de tournesol. Il brûle avec une flamme pâle en produisant de l'eau par la combustion de son hydrogène, et de l'acide sulfureux par la combustion de son soufre. Si l'accès de l'air est insuffisant, l'hydrogène seul brûle en entier et une partie du soufre est mise en liberté. Ainsi quand on enflamme de l'acide sulfhydrique dans une éprouvette, les parois de celle-ci se recouvrent d'une mince couche de soufre très-divisé. L'eau dissout trois fois son volume d'acide sulfhydrique. La dissolution possède l'odeur infecte du gaz lui-même ; elle est incolore, mais l'action de l'air la rend facilement trouble et laiteuse.

3. **Effets délétères de l'acide sulfhydrique.** — L'acide sulfhydrique est, de tous les gaz, un des plus délétères, lors même qu'il est mélangé à une grande quantité d'air. Un oiseau périt dans une atmosphère qui contient $\frac{1}{1500}$ d'acide sulfhydrique ; il en faut $\frac{1}{800}$ pour asphyxier un chien, $\frac{1}{200}$ pour tuer un cheval. Ce gaz est généralement au nombre des produits de la décomposition des matières d'origine organique ; il se dégage abondamment des fosses d'aisance. Les ouvriers occupés au travail des vidanges peuvent être enveloppés par le terrible gaz, et alors, aux premières inspirations, ils tombent sans connaissance, menacés d'une mort certaine pour peu que cet état se prolonge. Dans l'énergique langage du peuple, l'atmosphère des fosses d'aisance, ce redoutable gaz sulfhydrique qui abat un homme en une inspiration et le fait tomber comme un plomb, a reçu lui-même le nom de *plomb*. On se prémunit contre ces lamentables accidents au moyen du chlore.

4. **Action du chlore sur l'acide sulfhydrique.** — Si l'on fait arriver du chlore dans une cloche renversée sur l'eau et contenant de l'acide sulfhydrique, une réaction entre les deux gaz a lieu à l'instant. Le volume du mélange diminue tandis qu'il se dépose du soufre sur les parois de la cloche. Le chlore décompose l'acide sulfhydrique : avec son hydrogène, il

forme de l'acide chlorhydrique, qui se dissout dans l'eau, et il met le soufre en liberté. Cela fait les propriétés délétères du gaz sulfhydrique ont disparu, puisque ce composé est détruit. On peut donc assainir les fosses d'aisance au moyen d'un corps qui laisse aisément dégager du chlore ; tel est un produit commercial appelé *chlorure de chaux*. De même, les premiers soins à donner à une personne asphyxiée par l'acide sulfhydrique, consistent à lui faire respirer de faibles émanations de chlore provenant de quelques pincées de chlorure de chaux placées sur un linge mouillé avec du vinaigre.

5. **Eaux sulfureuses.** — Certaines eaux minérales naturelles répandent une odeur plus ou moins forte d'œufs pourris, odeur qu'elles doivent à l'acide sulfhydrique en dissolution. On les nomme eaux sulfureuses. Telles sont les eaux d'Enghien, de Bagnères-de-Luchon, d'Aix en Savoie. La médecine les utilise fréquemment.

Les eaux d'égout, l'eau de mer en certains parages, près de l'embouchure des fleuves, dans certains ports, contiennent également de l'acide sulfhydrique, qui les rend infectes. Les détritus organiques sont cause de la présence de cet acide.

6. **Action de l'acide sulfhydrique sur les métaux et les dissolutions salines.** — Faisons plonger le tube à dégagement d'un ballon où s'engendre de l'acide sulfhydrique, dans une dissolution de sulfate de cuivre. D'abord limpide et d'un beau bleu, la dissolution saline se trouble, noircit à mesure que le gaz arrive et laisse déposer d'abondants flocons noirs, qui sont du sulfure de cuivre. Le sel est donc décomposé par l'acide sulfhydrique ; son métal est converti en sulfure et son acide est mis en liberté.

Ce résultat doit être généralisé : toutes les fois que l'acide sulfhydrique est mis en rapport avec une dissolution saline dont le métal fournit un sulfure insoluble, la décomposition a lieu et ce sulfure se forme. Or, presque tous les métaux donnent des sulfures insolubles dans l'eau ; le potassium, le sodium, le calcium et quelques autres exceptés. On voit donc que, dans la plupart des cas, l'acide sulfhydrique doit amener la décomposition du sel. Généralement, les sulfures ainsi obtenus sont noirs. La coloration noire est tellement intense, qu'on se sert de l'acide sulfhydrique pour reconnaître dans un liquide les moindres traces d'un sel métallique. Dans un liquide dont les apparences ne peuvent rien faire soupçonner, on fait passer de l'acide sulfhydri que ; si le liquide brunit, c'est la preuve qu'il renferme des traces d'un sel dissous, sel de cuivre, de plomb, de fer, d'argent, n'importe. Réciproquement, une diss olution saline convenablement choise peut servir à reconnaître la présence du gaz sulfhydrique, alors qu'il y en a trop peu pour que l'odorat seul décide la question. Une eau qui brunit quand on y verse quelques gouttes d'acétate de plomb dissous, contient infailliblement de l'acide sulfhydrique.

Ecrivons sur du papier avec une dissolution d'acétate de plomb, dissolution aussi incolore que l'eau elle-même. Une fois secs, les caractères tracés sont absolument invisibles. Mais si le papier est plongé un instant dans une éprouvette pleine de gaz sulfhydrique, ils apparaissent en noir par la conversion du métal en sulfure. Les diseurs de bonne aventure en plein vent exploitent parfois la sottise humaine au moyen de cette réaction. Ils vous présentent un papier blanc sur lequel il n'y a rien d'écrit ; ils l'exposent avec mystère dans une boîte ; et bientôt le papier en est retiré avec une phrase écrite en noir, prédisant l'heur et le malheur du naïf qui consulte le sort. La phrase était écrite préalablement avec de l'acétate de plomb, et des émanations d'acide sulfhydrique l'ont fait apparaître en noir dans la boîte aux oracles.

La propriété qu'ont les sels métalliques, et en particulier le sulfate de fer, l'un des moins chers, d'absorber le gaz sulfhydrique pour devenir sulfures, est mise à profit pour désinfecter les fosses d'aisance, rendre inodores les vidanges et les utiliser alors comme engrais.

Les métaux sont également attaqués par l'acide sulfhydrique; ils perdent leur éclat, et se couvrent d'un voile brun dû à une couche superficielle de sulfure. Si le contact avec le gaz sulfhydrique se prolongeait assez, ils se convertiraient entièrement en sulfure. Tel est le motif qui fait brunir l'argenterie au contact des œufs qui n'ont pas une fraîcheur irréprochable et aux émanations des fosses d'aisance.

SULFURE DE CARBONE.

7. Préparation du sulfure de carbone. — Pour obtenir ce composé dans une expérience de laboratoire, on dispose dans un fourneau légèrement incliné (fig. 31) un tube en porcelaine rempli de charbon concassé. On adapte à l'extrémité supérieure de ce tube un bouchon de liège, et à l'extrémité inférieure une allonge dont le bec recourbé effleure l'eau d'un flacon servant de récipient. On chauffe, et lorsque le tube de porcelaine est devenu rouge, on y introduit de temps en temps des fragments de soufre, en ayant soin chaque fois de remettre le bouchon en place. Le

soufre en vapeurs traverse ainsi le charbon incandescent, se combine avec lui et produit du sulfure de
carbone qui apparaît goutte à goutte dans l'allonge

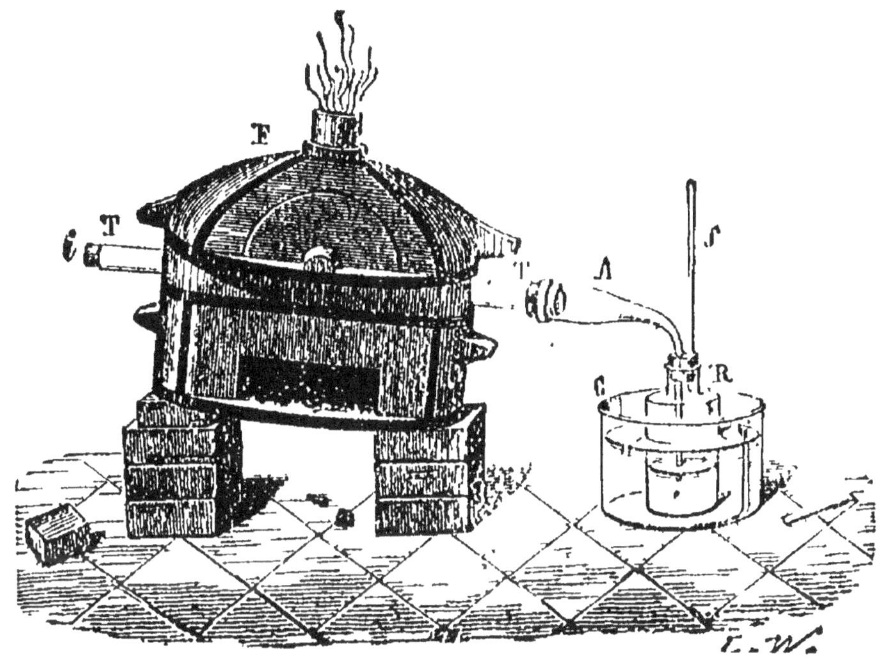

Fig. 31.

et gagne le fond de l'eau. La préparation industrielle
de ce composé important est conduite de la même
manière avec un outillage plus convenable. C'est toujours de la vapeur de soufre qui traverse une colonne de charbon porté à l'incandescence dans un appareil clos.

8. **Propriétés du sulfure de carbone.** — Le
sulfure de carbone est un liquide incolore, plus lourd
que l'eau, très-mobile, d'une odeur fétide, rappelant
celle des choux pourris quand il est impur, mais éthérée après plusieurs distillations. Il se vaporise très-
rapidement et produit un abaissement considérable
de température. Il est très-combustible et brûle avec

8.

une flamme bleue pâle en produisant de l'acide sulfureux et de l'acide carbonique. La vapeur de sulfure de carbone et l'oxygène forment un mélange qui s'enflamme avec une grande facilité et détonne violemment; aussi faut-il de minutieuses précautions dans l'emploi de ce liquide, car ces vapeurs peuvent s'enflammer au voisinage des corps allumés.

Le sulfure de carbone dissout avec facilité les diverses matières grasses, et par conséquent peut très-bien servir pour enlever sur les tissus les taches de corps gras; mais il ne faut l'employer qu'avec une extrême prudence, loin de tout corps en combustion. Il dissout avec la même facilité le caoutchouc, le phosphore, le soufre.

<hr>

QUESTIONNAIRE.

1. Comment se prépare l'acide sulfhydrique? — Expliquez les réactions qui se passent dans cette préparation. — Convient-il de recueillir ce gaz sur une cuve pneumatique doublée en plomb? — **2.** Quels sont les caractères physiques du gaz sulfhydrique? — Quels sont les produits qu'il donne en brûlant? — Pourquoi se dépose-t-il du soufre sur les parois de l'éprouvette où brûle ce gaz? — **3.** L'acide sulfhydrique est-il dangereux à respirer? — Comment appelle-t-on le gaz des fosses d'aisance? — **4.** Quelle est l'action du chlore sur le gaz sulfhydrique? — Comment peut-on désinfecter les fosses d'aisance? — Quel est le premier soin à donner aux personnes atteintes par le gaz sulfhydrique? — **5.** Qu'appelle-t-on eaux sulfureuses? — Citez-en quelques-unes? — D'où provient l'odeur d'œufs pourris des eaux d'égout, de certains ports — **6.** Que se passe-t-il quand on met une dissolution métallique en rapport avec le gaz sulfhydrique? — Comment reconnaît-on dans un liquide la présence de faibles traces d'une dissolution métallique? — Comment reconnaît-on dans un liquide la présence de faibles traces de gaz sulfhydrique? — Pourquoi le sulfate de fer désinfecte-t-il les fosses d'aisance? — D'où provient la coloration brune que prend l'argenterie au contact des œufs, aux émanations des fosses d'aisance? — 7. Comment s'obtient le sulfure de carbone? — 8. Quelles sont les propriétés physiques du sulfure de carbone? — Quels produits donne-t-il en brûlant? — Quels sont les principaux corps qu'il peut dissoudre? — Quelles précautions réclame son emploi?

———

CHAPITRE XIV

PHOSPHORE.

1. Origine du phosphore. — Beaucoup de subs tances d'origine animale ou végétale, les os, la matière cérébrale, le lait, la farine, renferment du phosphore, le plus souvent combiné avec de l'oxygène sous forme d'acide phosphorique, qui lui-même est associé à une base, soude, chaux. Les os, en particulier, sont formés d'une matière animale, la gélatine, destructible par le feu, et d'une matière minérale, mélange de carbonate et de phosphate de chaux, inaltérable par la chaleur. Si l'on calcine un os à l'air libre, la matière animale brûle et la matière minérale reste. L'os est alors blanc et friable; il ne contient plus que les deux sels de chaux dont l'un doit fournir le phosphore.

2. Préparation du phosphore. — Les os calcinés sont réduits en poudre et attaqués par l'acide sulfurique. Le carbonate de chaux et le phosphate cèdent leur base à l'acide sulfurique. Il se forme ainsi du sulfate de chaux, tandis que l'acide carbonique se dégage à l'état gazeux et que l'acide phosphorique, combiné encore avec une certaine quantité de chaux, reste dans la masse sous un état soluble. Par des lavages et des filtrations, on sépare le composé phosphorique du sulfate de chaux insoluble. La liqueur acide est évaporée jusqu'à consistance de sirop et

.Fig. 32.   ....

mélangée intimement à du charbon en poudre. Ce mélange, une fois bien sec, est introduit dans une cornue en grès dont le col communique avec un récipient en cuivre contenant de l'eau (fig. 32). A la chaleur rouge, le charbon décompose l'acide phosphorique, et s'empare de son oxygène pour devenir acide carbonique, tandis que le phosphore, mis en liberté, se volatilise et va se condenser dans l'eau du récipient. A sa sortie de la cornue, le phosphore est souillé de charbon entraîné. Pour l'en débarrasser, on le fond sous l'eau chauffée à une cinquantaine de degrés, et on le fait passer par la pression à travers une peau de chamois. On le coule ensuite dans des tubes en verre, pour le livrer au commerce sous forme de baguettes cylindriques d'un petit diamètre. De 200 kilogrammes d'os calcinés, on retire de 8 à 9 kilogrammes de phosphore.

3. Propriétés du phosphore. — Le phosphore, est solide, translucide, incolore, assez mou pour pouvoir être rayé avec l'ongle comme de la cire. Il est sans saveur, mais doué d'une odeur d'ail. Il se dissout abondamment dans le sulfure de carbone, et cristallise par une lente évaporation. Cette dissolution doit être maniée avec une extrême prudence, car le phosphore pulvérulent qu'elle abandonne prend feu de lui-même à l'air. Le phosphore fond à 44°. Cette fusion doit se faire sous l'eau pour éviter l'inflammation. L'oxygène a pour le phosphore une affinité des plus énergiques. Un morceau de phosphore exposé à l'air éprouve une combustion lente et répand des fumées blanches, lumineuses dans l'obscurité. C'est précisément de cette propriété que dérive le mot de phosphore, signifiant *porte-lumière*. On conserve le phosphore dans l'eau pour le défendre du contact de l'air et pour éviter qu'il s'enflamme. A l'air il faut éviter de le tenir avec les doigts, ou ne le tenir que très-peu de temps. S'il s'agit de le couper avec un couteau, c'est toujours sous l'eau que l'opération doit se faire, le frottement de la lame pouvant provoquer l'inflammation. Il ne faut jamais perdre de vue que le phosphore est très-facile à enflammer et que les brûlures qu'il produit sont des plus redoutables; il faut se rappeler aussi qu'il est extrêmement vénéneux.

4. Phosphore allotropique ou phosphore rouge. — Lorsqu'il est conservé dans des vases en verre exposés à la lumière directe, le phosphore devient peu à peu rouge cramoisi et change de caractères chimiques au point d'être méconnaissable. L'action prolongée de la chaleur amène les mêmes résultats. A cet effet on maintient le phosphore pendant une dizaine de jours à la température de 170° dans des vases clos. On obtient ainsi le phosphore allotropique ou phosphore rouge. Nous mettons ici en parallèle, pour mieux montrer leurs différences, les deux variétés de phosphore.

Phosphore rouge	*Phosphore ordinaire.*
Rouge cramoisi.	Incolore.
Amorphe	Cristallisable.
Insoluble dans le sulfure de carbone.	Très-soluble dans le sulfure de carbone.
Non lumineux dans l'obscurité.	Lumineux dans l'obscurité.
Difficilement inflammable.	Très-facilement inflammable.
Non vénéneux.	Très-vénéneux.
Sans odeur.	Odeur forte d'ail.

A voir l'opposition si nette et si profonde de ces divers caractères, ne dirait-on pas deux substances différentes? Et cependant, c'est toujours le même corps simple, c'est toujours du phosphore. Par un simple changement d'architecture moléculaire, la matière, tout en restant chimiquement la même, d'odorante devient inodore, de vénéneuse, inoffensive, de soluble, insoluble, de lumineuse, non lumineuse. C'est un renversement complet des propriétés, et toutefois, le phosphore reste toujours phosphore.

5. **Allumettes chimiques.** — La fabrication des allumettes consomme la majeure partie du phosphore produit. Les allumettes ordinaires sont de petites baguettes de bois blanc, tantôt en prismes grossiers, tantôt en cylindres. Elles sont d'abord trempées par une de leurs extrémités dans du soufre fondu. A cette première couche, destinée à nourrir la flamme et à

lui donner une intensité suffisante pour mettre feu au bois, est superposée la couche inflammable par frottement et composée essentiellement de phosphore. Les autres substances de cette couche sont du sable très-fin pour favoriser la friction, de la colle forte pour donner de la ténacité à la matière, enfin une poussière colorante, vermillon, ocre rouge, bleu de Prusse.

Le soufre, si désagréable par son odeur piquante lorsqu'il brûle, est remplacé dans les allumettes en cire par de l'acide stéarique, c'est-à-dire par la matière avec laquelle on fait les bougies. Mais comme l'acide stéarique est bien moins inflammable que le soufre, il faut ajouter à la pâte de phosphore un corps qui active la combustion en fournissant de l'oxygène. Ce corps est le chlorate de potasse, le même sel qu'on emploie dans les laboratoires pour obtenir l'oxygène. Les allumettes au chlorate se reconnaissent à l'explosion qu'elles font en prenant feu.

6. **Allumettes au phosphore rouge.** — Les allumettes ordinaires ont le double inconvénient de s'enflammer avec une dangereuse facilité, quelquefois même spontanément, et de mettre sous la main de chacun une matière extrêmement vénéneuse. le phosphore. De là, de fréquents incendies et des empoisonnements encore plus regrettables. Aussi, s'est-on vivement préoccupé des moyens de remplacer les allumettes au phosphore ordinaire. On y est parvenu avec le phosphore rouge, mais sans pouvoir remplir encore les conditions d'extrême bon marché que présentent les allumettes ordinaires.

L'extrémité soufrée de l'allumette reçoit une pâte composée de chlorate de potasse, de sulfure d'antimoine et de colle-forte. D'autre part, le frottoir de la boîte est recouvert d'un enduit composé de phosphore rouge, de bioxyde de manganèse et de colle-forte. Le mélange inflammable se trouve ainsi réparti en deux points différents, sur l'allumette et sur le frottoir; et il faut le concours des deux pour que l'inflammation se produise. Vient-on à frotter l'allumette autre part que sur le frottoir, elle ne prend pas feu parce que le phosphore lui manque. Le frottoir lui-même ne peut s'enflammer parce que la combustion du phosphore rouge ne se fait qu'à une température élevée. Mais si l'allumette est passée vivement sur le frottoir, elle détache une parcelle de phosphore rouge, et celui-ci, maintenant associé au chlorate, constitue avec ce sel, un mélange inflammable par friction. On évite ainsi les risques d'incendie, puisque l'allumette exige, pour prendre feu, le concours du frottoir; et l'on n'a plus à manier une matière vénéneuse, car le phosphore rouge n'a rien des **propriétés** délétères du phosphore ordinaire qui agit sur l'organisation avec une redoutable violence et amène rapidement la mort.

7. **Brûlures par le phosphore.** — Dans le maniement du phosphore, ou simplement des allumettes, on est exposé à des brûlures dont les effets sont très-graves, à cause du produit corrosif de la combustion, l'acide phosphorique, qui gagne toujours plus avant dans la plaie. On amoindrit ces effets en lavant sans cesse la brûlure, dans les premiers temps surtout, avec une eau légèrement alcaline contenant de la magnésie en suspension, ou à son défaut, de la craie, de la cendre. Ce traitement a pour but de saturer l'acide par une base.

L'inhalation des vapeurs de phosphore a cette singulière particularité, lorsqu'elle est habituelle, ainsi que cela arrive dans les fabriques d'allumettes chimiques, d'occasionner la nécrose des os maxillaires, notamment de l'os maxillaire inférieur.

ACIDE PHOSPHORIQUE.

8. Préparation et propriétés de l'acide phos phorique. — Sous une cloche dont on a eu soin de dessécher l'air par un séjour prolongé sur la chaux vive, on fait brûler du phosphore que contient un go-det de terre placé au centre d'une assiette. D'abon-dantes fumées blanches se forment et se condensent sur l'assiette et les parois de la cloche en flocons blancs ayant l'aspect de la neige. Cette substance est l'acide phosphorique.

L'acide phosphorique est inaltérable et fixe aux températures les plus élevées de nos fourneaux. Il est très-avide d'eau, et par conséquent très-déliquescent ; aussi faut-il dessécher avec soin l'air nécessaire à la combustion du phosphore, si non l'acide formé s'em-parerait de l'humidité et ne pourrait être obtenu sous forme solide. Lorsqu'on en verse dans de l'eau, il y fait le même bruit que produirait un fer rouge. Sa sa-veur est d'une acidité intolérable.

PHOSPHURE D'HYDROGÈNE.

9. Préparation du phosphure d'hydrogène. — On chauffe dans un ballon (fig. 33) une dissolution concentrée de potasse caustique et quelques fragments de phosphore. Le tube abducteur ne doit être mis en place que lorsque le liquide est en ébullition et que le goulot se couronne de flamme phosphorescente. Cette précaution est indispensable pour éviter une explosion qui surviendrait aux premières bulles de gaz dégagées, et pourrait amener la rupture de l'appareil ou au

9

moins l'absorption de l'eau de la cuve. Rien de com-

Fig. 33

blable n'est plus à craindre quand l'ébullition et le gaz déjà formé ont chassé tout l'air du ballon.

Dans cette préparation, l'eau est décomposée; son hydrogène forme du phosphure d'hydrogène avec une partie du phosphore; son oxygène, avec l'autre partie du phosphore, produit de l'acide hypophosphoreux, qui se combine avec la potasse et donne de l'hypophosphite de potasse.

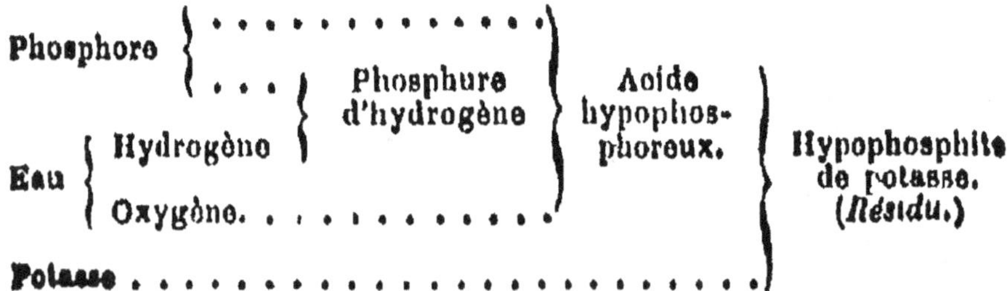

10. Propriétés du phosphure d'hydrogène. —

Ce gaz est un des produits dont les caractères attirent le plus l'attention des personnes qui commencent l'étude de la chimie, à cause de sa propriété singulière de prendre feu tout seul dès qu'il apparaît à l'air et de produire une couronne de fumée blanche, qui monte mollement dans une atmosphère tranquille en devenant toujours plus large. Cette fumée est formée de vapeur d'acide phosphorique. Le phosphure d'hydrogène a une odeur d'ail tout à fait caractéristique. On croit que ce gaz se forme parfois lors de la décomposition des matières animales enfouies dans le sol, et qu'en s'exhalant dans l'atmosphère, il s'enflamme et produit les feux follets qu'on observe particulièrement dans les cimetières humides. S'il séjourne quelque temps sur la cuve, ou s'il est agité avec de l'eau dans une éprouvette, le phosphure d'hydrogène perd la propriété de s'enflammer spontanément tout en conservant la propriété de prendre feu à l'approche d'un corps allumé.

QUESTIONNAIRE.

1. Citez quelques corps d'origine organique contenant du phosphore ? — De quelles substances les os sont-ils formés ? — Que renferment-ils après calcination ?— 2 Comment retire-t-on le phosphore des os ? — Quel est le rôle de l'acide sulfurique ? — Quel est le rôle du charbon ? — Comment se purifie le phosphore brut ? — 3. Quelles sont les propriétés physiques du phosphore ? — Que signifie le mot phosphore ? — Quels dangers présente le maniement du phosphore ? — 4. Comment obtient-on le phosphore rouge ? — Mettez en parallèle les propriétés du phosphore ordinaire et du phosphore

rouge. — 5. Quelle est la composition de la pâte inflammable des allumettes ordinaires ? — Quelle est la composition de la pâte des allumettes en cire ? — 6. Quels inconvénients présentent les allumettes ordinaires? — En quoi consistent les allumettes au phosphore rouge ? — Pourquoi ne prennent-elles feu que sur le frottoir ? — 7. Pour quel motif les brûlures par le phosphore sont-elles si graves ? — Comment doit-on traiter une brûlure par le phosphore ? — Quel danger présente l'inhalation continuée des vapeurs de phosphore ? — 8. Comment s'obtient l'acide phosphorique ? — Quelles sont ses principales propriétés ? — 9. Comment se prépare le phosphure d'hydrogène ? — Développez les réactions en jeu dans cette préparation. — Quelles sont les précautions à prendre ? — 10. Quelles sont les propriétés du phosphure d'hydrogène ? — Conserve-t-il indéfiniment la propriété de s'enflammer tout seul ? — De quoi sont composées les couronnes de fumées blanches? — Quelle est l'origine des feux follets ?

CHAPITRE XV.

CHLORE.

1. Préparation du chlore. — On chauffe modérément un mélange d'acide chlorhydrique et de bioxyde de manganèse. Quoique soluble dans l'eau, le chlore peut être recueilli sur la cuve pneumatique, comme on le fait d'habitude pour la plupart des gaz ; pour abréger, on peut encore le recueillir par déplacement, c'est-à-dire qu'on fait arriver jusqu'au fond d'un flacon F (fig. 34) le tube abducteur de la cornue C ou du ballon où s'engendre le chlore. Celui-ci étant plus lourd que l'air reste en place au fond du flacon en formant une couche d'un jaune verdâtre, qui ga-

gne peu à peu en hauteur et pousse l'air devant elle,
Le flacon est plein de chlore quand la teinte jaune
verdâtre arrive au goulot.

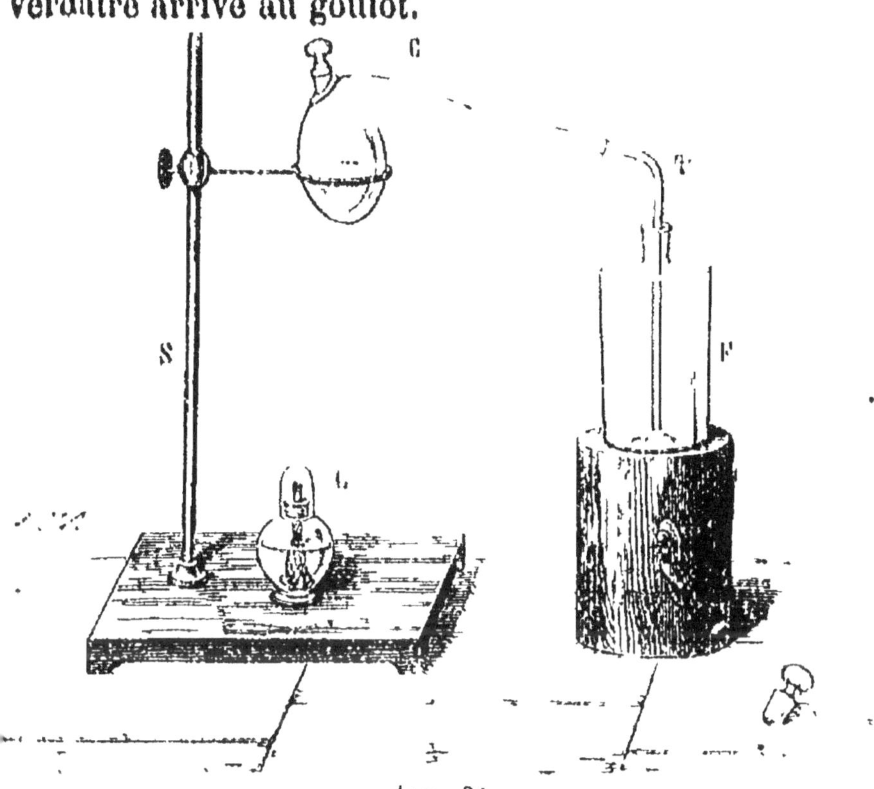

Fig. 31.

Acide chlorhydrique { Chlore { Une moitié se dégage
                                { L'autre moitié, ... }
                     { Hydrogène. . . . . }   } Chlorure de
                                          } Eau,   } manganèse
Bioxyde de { Oxygène. . . . .)   } (résidu.)
manganèse { Manganèse . . . .)

2. Propriétés du chlore. — Le chlore est un gaz
d'un jaune verdâtre. C'est précisément cette coloration qui lui a valu son nom, dérivé du mot grec *chlo-*
ros signifiant *vert*. Il a une odeur qui n'appartient
qu'à lui, odeur forte qui vous prend à la gorge, caus-

un sentiment de strangulation et détermine aussitôt une toux violente difficile à calmer. Il exerce une action désorganisatrice sur les poumons, aussi amène-t-il un crachement de sang si l'on en respire une quantité un peu forte. On peut sans danger le flairer avec précaution pour en connaître l'odeur caractéristique, mais il faut se garder de le respirer profondément. Il est de 2 à 3 fois plus lourd que l'air. Sous la pression ordinaire, l'eau peut en dissoudre trois fois son volume. Une bougie que l'on plonge allumée dans une éprouvette pleine de chlore, continue quelque temps à y brûler avec une flamme rouge peu éclairante et accompagnée de beaucoup de fumée; puis elle s'éteint.

3. Action du chlore sur les métaux. — Le chlore a pour les métaux encore plus d'affinité que l'oxygène. Divers métaux, le potassium, l'étain, l'arsenic, l'antimoine, prennent feu spontanément dans une atmosphère de chlore à la température ordinaire. Si dans un flacon plein de chlore, on jette de l'arsenic ou de l'antimoine en poudre, chaque parcelle devient incandescente dès qu'elle plonge dans le gaz, et il se produit une pluie de feu accompagnée d'épais tourbillons de vapeurs. Le résultat de cette étrange combustion qui a lieu à l'instant, sans qu'il soit nécessaire de chauffer, est un chlorure d'antimoine ou d'arsenic.

Roulons en spirale un fil de cuivre, puis chauffons ce fil légèrement à la flamme de la lampe et plongeons-le dans un flacon plein de chlore, comme pour l'expérience de la combustion du fer dans l'oxygène, aussitôt la combustion du métal se déclare avec des éclairs rougeâtres, de bruyantes décrépitations, des fumées épaisses, et le fil métallique, rapidement rongé, ruisselle de gouttes de chlorure. L'attaque a moins d'éclat que celle du fer dans l'oxygène, mais elle a quelque chose de plus violent.

4. Action du chlore sur les métalloïdes. — L'attaque de beaucoup de métalloïdes par le chlore n'est pas moins énergique. Mettons un peu de phosphore dans un godet appendu à un fil de métal, et plongeons-le dans un flacon rempli de chlore, le phosphore prend feu spontanément, ce qu'il n'aurait pas fait dans l'oxygène, et brûle avec une flamme livide. Le soufre pareillement se combine avec le chlore à la température ordinaire.

5. Action du chlore sur l'hydrogène. — La propriété fondamentale du chlore, celle qui fait de ce gaz un des corps les plus importants de la chimie, c'est sa puissante affinité pour l'hydrogène.

On introduit dans un flacon un mélange de chlore et d'hydrogène à volumes égaux. Ce mélange doit être fait à l'abri des rayons solaires, dans une demi-obscurité. Le flacon étant enveloppé d'un linge pour se garantir des suites d'une rupture si elle a lieu, on approche le goulot de la flamme d'une lampe. Le mélange s'enflamme avec détonation. Le résultat de la combinaison est de l'acide chlorhydrique.

Dans l'obscurité complète, les deux gaz, chlore et hydrogène mélangés à volumes égaux, restent indéfiniment en présence sans se combiner ; à la lumière diffuse, ils se combinent lentement et sans explosion ; mais à la lumière directe, la combustion des deux gaz est instantanée, avec une détonation violente qui fait voler le flacon en éclats. Cette expérience imprudemment faite ne serait pas sans danger. Pour ne courir aucun péril, on s'y prend comme il suit : Le flacon rempli du mélange de chlore et d'hydrogène dans une demi-obscurité, est enveloppé d'un tissu noir épais et muni d'un cordon. On va l'exposer en plein soleil, on se met à l'abri et l'on retire l'enveloppe à l'aide du cordon. A peine le soleil frappe-t-il le vase que le mélange détone et projette en tout sens les éclats du flacon. Une seconde expérience peut convaincre de la soudaineté de la combinaison. Le flacon préparé comme il vient d'être dit, mais non enveloppé d'un linge, est lancé par la fenêtre aux rayons du soleil. Avant d'atteindre le sol, il détone et lance ses débris. La combinaison est si prompte, que le vase n'a pas le temps de tomber à terre ; il éclate en l'air.

Le chlore n'agit pas seulement sur l'hydrogène libre, pour former avec lui de l'acide chlorhydrique ; il l'enlève, tant est puissante l'affinité des deux gaz, à divers corps qui le renferment en combinaison. Ainsi l'eau tenant du chlore en dissolution, cède peu à peu de l'hydrogène à celui-ci et laisse dégager de l'oxygène. La décomposition est plus prompte sous l'influence de la chaleur ou de la lumière.

6. **Action décolorante du chlore.** — Aucune matière colorante d'origine organique ne résiste à l'action du chlore. Elle est profondément modifiée, détruite pour un double motif. Remarquons d'abord que les matières organiques, animales ou végétales, se composent généralement d'oxygène, d'hydrogène et de carbone, auxquels vient parfois s'adjoindre l'azote. Si l'un de ces éléments est enlevé, la matière est détruite ou singulièrement transformée. En faisant agir du chlore en présence de l'eau sur une matière colorante, deux réactions se produisent dont les effets s'ajoutent. D'abord le chlore peut enlever l'hydrogène, du moins en partie, à la matière colorante, et déterminer une transformation profonde qui anéan-

tit la couleur. En second lieu, en décomposant l'eau, le chlore met en liberté de l'oxygène, qui attaque la matière colorante par une lente combustion.

Si l'on fait arriver du chlore dans une dissolution d'indigo, matière colorante bleue fournie par une plante, l'indigotier, la teinte primitive disparait rapidement et fait place à une teinte brunâtre. La teinture de tournesol, la teinture de violettes, passent du bleu au rougeâtre faible. La décoction de campêche, d'un bleu rouge violet, prend une nuance d'un jaune pâle. Et ainsi de suite des autres matières colorantes d'origine végétale.

Des expériences que l'on peut faire, une des plus remarquables est celle-ci : Dans un flacon plein de chlore, on verse le contenu d'un encrier et l'on agite. L'encre, d'abord d'un noir intense, se décolore rapidement et devient d'un jaune pâle. Ou bien encore, on plonge dans un flacon de chlore du papier écrit qu'on a soin d'humecter. Les caractères tracés avec l'encre disparaissent comme par enchantement ; le papier est retiré du flacon aussi blanc que s'il n'avait jamais servi. Au contraire, l'encre d'imprimerie n'éprouve pas d'altération dans le chlore. Si l'on soumet à l'action du chlore une feuille imprimée, toute maculée d'encre à écrire, ce qui est encre d'imprimerie reste, ce qui est encre ordinaire disparaît ; et la feuille, nettoyée des taches qui la rendaient illisible reprend sa netteté première. L'encre à écrire renferme une matière végétale, soit du campêche, soit de la noix de galle. En enlevant son hydrogène à cette matière végétale, le chlore détruit l'encre ordinaire. Mais l'encre d'imprimerie est formée d'un corps simple, de charbon à l'état de noir de fumée, délayé dans un corps gras. Le chlore est sans action aucune sur le charbon et par conséquent sur l'encre des imprimeurs.

7. **Action désinfectante du chlore.** — Les matières animales et végétales en décomposition laissent dégager des exhalaisons putrides, repoussantes par leur infection et surtout malsaines. Le chlore détruit ces exhalaisons en leur enlevant l'hydrogène qu'elles renferment. Pour préciser les idées au moyen d'un exemple, rappelons la manière dont le chlore agit sur l'acide sulfhydrique, ce gaz nauséabond et si vénéneux, produit constant de la pourriture. Dès qu'il apparaît dans une atmosphère de ce gaz, le chlore se combine avec l'hydrogène et met le soufre en liberté. Immédiatement l'infection cesse, le gaz mortel n'existe plus. Le chlore assainit donc et désinfecte en enlevant leur hydrogène aux émanations putrides, notamment au gaz sulfhydrique.

8. **Usages du chlore.** — Le chlore est industriellement employé au blanchiment des tissus de chanvre, de coton, de lin et de la pâte de chiffons servant à faire le papier. On ne se sert pas directement du chlore, il est vrai, mais de l'un de ses composés, vulgairement *chlorure de chaux*, qui dégage son chlore avec une grande facilité.

9. **Préparation de l'acide chlorhydrique.** — Le sel marin ou sel de cuisine est une combinaison de chlore et de sodium; d'après les règles de la nomenclature, il devrait porter le nom de *chlorure de sodium*. C'est la principale source du chlore et de l'acide chlorhydrique.

On met dans un ballon du sel marin et de l'acide sulfurique, contenant toujours de l'eau. Le tube abducteur doit se rendre sous une éprouvette pleine de mercure, car le gaz acide chlorhydrique est très souble dans l'eau et ne pourrait aucunement être recueilli sur ce liquide. On peut encore le recueillir par déplacement, en faisant plonger le tube abducteur dans un flacon plein d'air, comme cela se pratique au sujet du chlore. Dès que l'acide sulfurique arrive sur le sel marin, il se produit une vive effervescence et il se dégage d'abondantes fumées d'une odeur piquante insupportable. Quand le dégagement se ralentit, on chauffe légèrement.

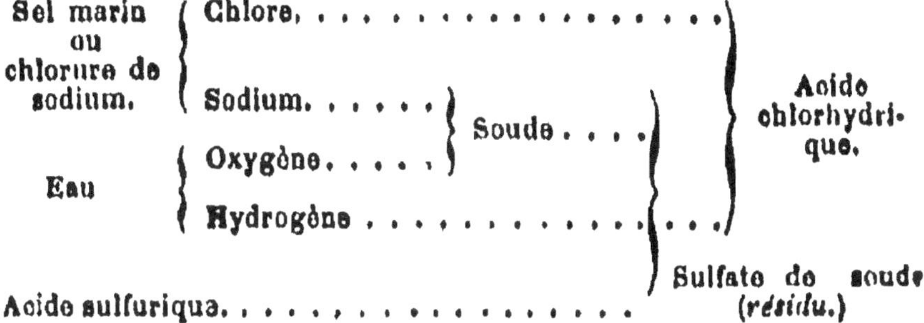

10. Propriétés de l'acide chlorhydrique. — C'est un gaz incolore, à saveur aigre, à odeur très-piquante, plus lourd que l'air. Il répand à l'air libre des fumées blanches parce qu'il se combine avec l'humidité atmosphérique et se condense ainsi sous forme de brouillard. Dans l'air parfaitement sec, ces fumées n'auraient pas lieu, l'acide resterait gaz invisible. Il est très-soluble dans l'eau. Un volume de ce liquide dissout 500 volumes de gaz chlorhydrique. Rien ne prouve mieux l'avidité de ce gaz pour l'eau que l'expérience suivante. On plonge dans de l'eau une éprouvette pleine de gaz chlorhydrique et reposant sur du mercure contenu dans une soucoupe. On soulève un peu l'éprouvette de manière à mettre le gaz en rapport avec l'eau. A l'instant le gaz se dissout et l'eau se précipite dans l'éprouvette avec une violence capable de la briser. Le choc équivaut presque à celui d'un marteau. Le gaz ammoniac nous a présenté un fait pareil. La présence d'un peu d'air dans l'éprouvette ralentit l'ascension de l'eau et amortit le choc.

C'est généralement à l'état de dissolution dans l'eau que l'acide chlorhydrique est employé. Cette dissolution est incolore, d'une saveur aigre très-forte, d'une odeur piquante insupportable. Telle qu'on la trouve dans le commerce, sous le nom d'*acide chlorhydrique*, d'*acide muriatique*, elle est plus ou moins colorée en jaune à cause de la présence d'une petite quantité de chlorure de fer, provenant des vases en fonte dans lesquels s'opère industriellement la réaction de l'acide sulfurique sur le sel marin.

11. Action de l'acide chlorhydrique sur les métaux. — L'acide chlorhydrique est en général sans action sur les métalloïdes, mais il attaque énergiquement quelques métaux, tels que le zinc, le fer, l'aluminium. Mettons, par exemple, du zinc dans de l'acide chlorhydrique (dissolution du gaz acide chlorhydrique dans l'eau); une réaction violente a lieu à l'instant sans l'intervention d'un foyer de chaleur. Le mélange s'échauffe, entre dans une tumultueuse ébullition et dégage de l'hydrogène, tandis que le métal se dissout et passe à l'état de chlorure de zinc. L'acide chlorhydrique est décomposé par le métal; son hydrogène est mis en liberté, son chlore se combine avec le zinc. Cette réaction, si prompte et si nette, peut être utilisée pour obtenir de l'hydrogène.

12. Eau régale. — Certains métaux, tels que l'or et la platine, sont inattaquables par l'acide azotique et par l'acide chlorhydrique séparément, même à l'ébullition. On chauffe dans un ballon de verre de l'acide azotique contenant une de ces minces feuilles d'or qui servent à la dorure. La délicate pellicule métallique se conserve sans la moindre altération dans l'acide bouillant. Dans un second ballon, on chauffe une pareille feuille en présence de l'acide chlorhydrique. Elle n'éprouve rien non plus. Mais si l'on mélange le contenu des deux ballons, en un instant l'or disparaît, transformé en chlorure dissous dans le liquide. Le mélange d'acide azotique et d'acide chlorhydrique peut donc dissoudre l'or, sur lequel chacun des deux acides employé séparément n'a pas d'action. Aussi donne-t-on à ce mélange le nom d'*eau régale*, c'est-à-dire royale, parce qu'il peut dissoudre l'or, appelé roi des métaux dans le langage emblématique des anciens chimistes. L'eau régale est un mélange de 3 à 4 parties d'acide chlorhydrique et de 1 partie d'acide azotique. Un métal attaqué par l'eau régale est converti en chlorure.

QUESTIONNAIRE.

1. Comment prépare-t-on le chlore? — Comment le recueille-t-on par déplacement? — Quelles sont les réactions qui se passent dans cette préparation? — 2. Quelles sont les propriétés physiques du chlore? — 3. Quels sont les métaux qui prennent feu spontanément dans le chlore? — Quelle est l'action du chlore sur le cuivre? — 4. Quelle est l'action du chlore sur le phosphore? — 5. Quel est le caractère chimique fondamental du chlore? — Comment se fait la combinaison du chlore et de l'hydrogène sous l'influence de la chaleur, sous l'influence de la lumière? — Que devient une dissolution aqueuse de chlore exposée à la lumière? — Le chlore enlève-t-il l'hydrogène aux corps qui en contiennent en combinaison? — 6. Citez quelques exem-

ples de l'action décolorante du chlore. — Quelle est la cause de la décoloration? — Pourquoi le chlore détruit-il l'encre ordinaire et laisse-t-il intacte l'encre d'imprimerie?— Pourquoi le chlore agit-il comme désinfectant? — 8 Quels sont les principaux emplois du chlore? — D'où retire-t-on le chlore pour les besoins de l'industrie? — 9. Comment s'obtient l'acide chlorhydrique? — Que se passe-t-il dans l'action de l'acide sulfurique sur le sel marin? — 10. Quelles sont les propriétés de l'acide chlorhydrique? —Comment démontre-t-on sa grande solubilité dans l'eau? — Qu'est-ce que l'acide chlorhydrique usuel? — Pourquoi est-il généralement coloré en jaune? — 11. Quelle est l'action de l'acide chlorhydrique sur quelques métaux, notamment le zinc? — Comment peut-on obtenir de l'hydrogène par la décomposition de l'acide chlorhydrique? — 12. L'acide azotique et l'acide chlorhydrique agissent-ils séparément sur l'or? — Qu'appelle-t-on eau régale?— D'où provient ce nom?—Que devient un métal traité par l'eau régale?

CHAPITRE XVI

BROME. — IODE. — FLUOR. — CYANOGÈNE.

1. **Brôme.** — Le chlore, le brôme et l'iode ont entre eux une étroite analogie. C'est principalement dans les eaux de la mer qu'ils sont répandus, à l'état de chlorure, de brômure et d'iodure de sodium et de potassium. Une odeur forte, caractéristique, leur appartient en commun, plus exaltée dans le brôme, moyenne dans le chlore, plus faible dans l'iode. Tous les trois ont une haute affinité pour les métaux, tous les trois forment des hydracides avec l'hydro-

gône, tous les trois ont peu d'affinité pour l'oxygène.

Le brôme s'extrait des eaux-mères des salines, c'est-à-dire des eaux qui restent dans les bassins d'évaporation après la cristallisation du sel marin. C'est un liquide d'un rouge foncé, d'une odeur forte jusqu'à étourdir et cautériser les fosses nasales. Son nom de brôme, signifiant odeur désagréable, fait allusion à cette propriété. Il décolore l'encre ordinaire, l'indigo, à la manière du chlore. Le brôme est utilisé en médecine et en photographie.

2. Iode. — L'iode est en paillettes noires, douées d'un éclat métallique. Sa vapeur est d'un magnifique violet. Pour l'expérimenter, on chauffe légèrement dans un ballon quelques parcelles d'iode ; le ballon s'emplit d'une fumée violette. Cette coloration des vapeurs a valu au métalloïde le nom d'iode, signifiant violet. L'iode tache la peau et le papier en brun orangé. L'eau le dissout en petite quantité ; l'alcool le dissout abondamment. En se combinant avec certains corps, l'iode donne naissance à des composés doués d'une couleur éclatante. En voici trois exemples.

Dans une dissolution d'acétate de plomb, on verse une dissolution d'iodure de potassium. Les deux liquides parfaitement incolores produisent, en se mélangeant, un composé solide, d'un jaune superbe, qui est de l'iodure de plomb. — On verse une dissolution d'iodure de potassium dans une dissolution de sublimé corrosif ou bichlorure de mercure, composé très-vénéneux, dont il faut se méfier avec soin. Les deux liquides, aussi clairs que de l'eau tant qu'ils sont séparés, donnent naissance par leur mélange à une substance d'un rouge vermillon très-vif, bi-iodure de mercure. — On chauffe de l'amidon dans de l'eau pour le réduire en empois. Avec une goutte de dissolution alcoolique d'iode, cet empois devient d'un bleu intense.

L'iode se retire des cendres des plantes marines. Il est fréquemment employé en médecine.

3. **Fluor.** — Avec le chlore, le brôme et l'iode se classe le fluor, dont les affinités sont tellement énergiques, qu'il attaque tous les corps avec lesquels il se trouve en contact. Ni le verre, ni les métaux, pas même le platine, ne résistent à son action. Aussi, à l'état isolé, le fluor est-il très difficultueux à obtenir, faute d'appareils pour pouvoir le recueillir non combiné avec d'autres corps. On sait seulement que c'est un gaz incolore, odorant, décomposant l'eau, même à froid et dans l'obscurité.

4. **Préparation de l'acide fluorhydrique.** — Le fluor a surtout de l'importance à cause de son composé avec l'hydrogène, l'acide fluorhydrique. On obtient cet acide en attaquant, dans une cornue de plomb, le fluorure de calcium par l'acide sulfurique. Le fluorure de calcium, en minéralogie *Spath fluor*, est une roche assez commune, accompagnant surtout les minerais de plomb. Rarement il est incolore; le plus souvent il présente des couleurs vives, jaune, rose, verte, violette. Traité par l'acide sulfurique, il produit de l'acide fluorhydrique, comme le sel marin ou chlorure de sodium donne de l'acide chlorhydrique. L'hydrogène est fourni par l'eau, accompagnant toujours l'acide sulfurique.

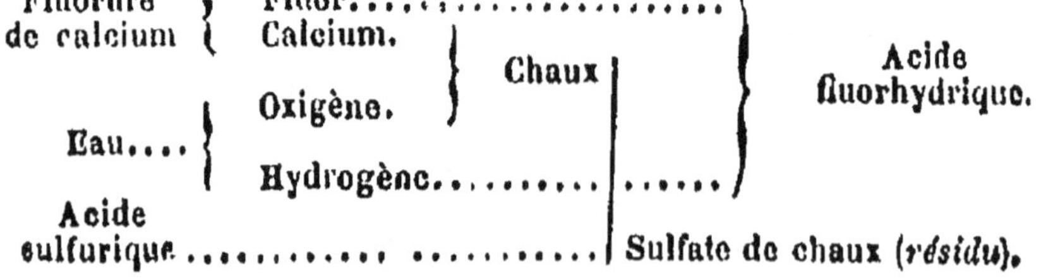

<pre>
Fluorure   { Fluor.....................................)
de calcium { Calcium.)   } Acide
                      } Chaux | } fluorhydrique.
             Oxigène.) |)
Eau.... { |
             Hydrogène...........|.......)
Acide
sulfurique ....| Sulfate de chaux (résidu).
</pre>

5. Propriétés de l'acide fluorhydrique.—L'acide fluorhydrique est un liquide très-acide, répandant à l'air humide des fumées blanches. Son affinité pour l'eau est si grande que, lorsqu'on en verse dans ce liquide, chaque goutte produit le bruissement d'un er rouge. Cet acide attaque la plupart des corps, et particulièrement le verre : aussi faut-il le conserver dans des flacons de plomb, de platine, d'argent ou de gutta-percha. La moindre goutte de ce liquide produit sur la peau une ampoule très-douloureuse et difficile à guérir. Une fois étendu d'eau, l'acide fluorhydrique cesse de fumer et perd ses propriétés redoutables ; il ne présente plus alors de danger sérieux.

6. Gravure sur verre. — On met à profit la propriété corrosive de l'acide fluorhydrique pour graver et dessiner sur verre. On couvre le verre d'un vernis formé de cire jaune et d'essence de térébenthine. Avec une pointe, on trace sur ce vernis, de manière à mettre le verre à découvert, le dessin que l'on veut graver ; et sur l'objet ainsi préparé, on verse de l'acide fluorhydrique étendu d'eau. Le verre est rongé par l'acide partout où le vernis ne le protége pas, et le ssin se trouve gravé en sillons transparents. On peut également graver par la vapeur d'acide fluorhydrique. On se sert, à cet effet, d'une petite caisse en plomb, dans laquelle on fait le mélange d'acide sulfurique et de fluorure de calcium. On recouvre la caisse avec le verre préparé, et l'on excite le dégagement de la vapeur acide par une légère chaleur. Par ce procédé, le dessin est gravé en traits opaques.

7. Cyanogène. Sa préparation. — Le cyanogène est un corps composé d'azote et de carbone. Dans ses fonctions chimiques, il fait office de corps simple, aussi bien que le chlore, le brôme et l'iode, à côté desquels ses propriétés le placent. On peut le considérer comme un métalloïde composé.

Le mot cyanogène signifie générateur du bleu; en effet, ce corps entre dans la composition du bleu de Prusse. Prenons une dissolution d'un sel vulgairement connu sous le nom de prussiate jaune de potasse, sel qui renferme du cyanogène dans sa constitution; versons-en un peu dans une dissolution d'un sel de sesquioxyde de fer, par exemple, dans la liqueur couleur de rouille que l'on obtient en dissolvant du fer dans de l'acide azotique ; à l'instant des caillots de bleu de Prusse se forment par une certaine association de cyanogène et de fer.

On obtient le cyanogène en chauffant dans un petit ballon du *cyanure de mercure*. Celui-ci se dédouble en mercure, qui se dépose en enduit miroitant sur les flancs du ballon, et en cyanogène, qui se dégage.

8. Propriétés du cyanogène. — Le cyanogène est un gaz incolore, d'une odeur vive et pénétrante qui rappelle, mais avec exagération, celle du kirsch ou des amandes amères. Il brûle avec une flamme purpurine qui lui est caractéristique, et se transforme en azote et en acide carbonique. Le cyanogène libre est sans application; mais à l'état de combinaison, surtout avec les métaux, il forme des composés d'un haut intérêt et généralement très-vénéneux, dont le plus remarquable est l'acide cyanhydrique ou acide prussique.

9. Acide cyanhydrique. — C'est un composé de cyanogène et d'hydrogène ; il renferme par conséquent de l'azote, de l'hydrogène et du carbone. L'acide cyanhydrique existe tout formé dans les feuilles, les fleurs, les amandes de divers végétaux. Les feuilles et les fleurs du pêcher, du laurier-cerise

et du laurier-rose; les amandes du pêcher, du ceri-
sier, de l'abricotier, en renferment et lui doivent leur
odeur et leurs propriétés toxiques. C'est un liquide
incolore, très-volatil, d'une odeur étourdissante, qui
ne devient supportable qu'autant qu'elle est affaiblie
par une grande masse d'air; elle est alors pareille à
celle des amandes amères.

La chimie ne connaît pas de substance dont les
effets sur l'organisation soient plus redoutables; c'est
un poison foudroyant. Parmi les expériences faites à
ce sujet, nous signalerons les suivantes, dues à Ma-
gendie. L'extrémité d'un tube de verre, trempé légèrement dans un flacon contenant quelques gouttes
d'acide prussique pur, fut transporté immédiatement
dans la gueule d'un chien vigoureux. A peine le tube
avait-il touché la langue, que l'animal fit deux ou trois
inspirations précipitées, et tomba roide mort. Dans
une autre expérience, quelques atomes d'acide ayant
été appliqués sur l'œil d'un chien, les effets furent
presque aussi soudains. Une goutte d'acide étendue de
quatre gouttes d'alcool, fut introduite dans les veines
d'un troisième chien; l'animal à l'instant même tomba mort, comme s'il eût été frappé par la foudre.

Bien avant que la science eût retiré le terrible liquide
du bleu de Prusse, le crime savait s'adresser aux végétaux qui en contiennent, comme le prouvent les empoisonnements subits, si communs dans les annales de
l'Italie. Le coupable talent de Locuste, la célèbre em-
poisonneuse, au service de Néron, obtenait apparemment le breuvage destiné à Britannicus avec des extraits de laurier-rose ou de fleurs de pêcher. Il est heu
reux que ce terrible composé soit très-éphémère.
Quoique renfermé dans des tubes en verre, scellés à
la lampe, l'acide prussique brunit, s'altère et se trans-

forme en une matière noire. Sa dissolution aqueuse ne se conserve pas mieux. La médecine utilise, dans les maladies de poitrine, l'acide cyanhydrique très-étendu d'eau.

QUESTIONNAIRE.

1. Où se trouvent naturellement le chlore, le brôme et l'iode ? — D'où retire-t-on le brôme ? — Quels sont ses caractères ? — Que signifie le mot de brôme ? — Quels sont les usages du brôme ? — 2. Quels sont les caractères de l'iode ? — Que signifie le mot iode ? — A quoi ce mot fait-il allusion ? — Citez quelques composés colorés de l'iode. — Comment obtient-on l'iodure de plomb, l'iodure de mercure, l'iodure d'amidon ? — D'où retire-t-on l'iode ? — 3. Quels sont les caractères du fluor ? — Pourquoi ce corps est-il si peu connu ? — 4. Qu'est-ce que le fluorure de calcium ? — Où le trouve-t-on ? — Comment s'obtient l'acide fluorhydrique ? — 5. Quelles sont les propriétés de l'acide fluorhydrique ? — Que présente de dangereux son maniement ? — Est-il aussi dangereux une fois étendu d'eau ? — 6. Comment se pratique la gravure sur verre ? — 7. Qu'est-ce que le cyanogène ? — De quelle façon se comporte-t-il dans ses fonctions chimiques ? — Que signifie le mot cyanogène ? — Comment s'obtient le bleu de Prusse ? — Quelle est la composition de ce corps ? — Comment prépare-t-on le cyanogène ? — 8. Quelles sont les propriétés caractéristiques du cyanogène ? — Les cyanures sont-ils dangereux ? — 9. Qu'est-ce que l'acide cyanhydrique ? — Comment l'appelle-t-on encore ? — Quels sont ses effets sur l'organisation ? — Quels sont les principaux végétaux qui en contiennent ?

DEUXIÈME PARTIE

MÉTAUX

CHAPITRE PREMIER

POTASSIUM.

1. Découverte du potassium. — Au commencement de ce siècle, en 1807, le chimiste anglais Humphry Davy ouvrit à la chimie une voie inattendue et riche d'avenir en démontrant que la potasse, la soude, la chaux, la magnésie, la baryte, l'alumine, considérées jusque-là comme des corps simples, étaient en réalité des métaux oxydés. En sa mémorable découverte, Davy eut recours à la pile, qui depuis peu mettait ses forces électriques au service de la science.

Le fil positif d'une puissante pile était terminé par une lame de platine sur laquelle reposait un godet en potasse (fig. 35). La cavité du godet était remplie de mercure, où plongeait le fil négatif ter-

Fig. 35.

miné par un bout de platine. Sous l'influence du courant, la potasse fut décomposée ; l'oxygène se porta sur la lame de platine, et le métal sur le mercure, qui devint un amalgame consistant. Chauffé dans une cornue, l'amalgame se dédoubla en vapeurs de mercure, chassées par la distillation, et en un métal nouveau, le potassium, qui resta au fond de la cornue.

Les moyens électriques employés par Davy, fort peu productifs et très-dispendieux, sont abandonnés aujourd'hui ; on retire le potassium d'un mélange de carbonate de potasse et de charbon chauffé à une haute température.

2. Propriétés du potassium. — Le potassium fraîchement coupé a la couleur et l'éclat de l'argent, mais il se ternit avec la plus grande rapidité. Il est mou presque comme la cire et se laisse aisément couper au couteau. Il est plus léger que l'eau. Il fond à 58° et bout à la température du rouge sombre en répandant des fumées d'un vert magnifique. C'est le plus oxydable de tous les métaux. A l'air libre, il se couvre rapidement d'une couche de potasse, oxyde de potassium. Mis en rapport avec l'eau, il la décompose à l'instant ; il se combine avec l'oxygène, et met en liberté l'hydrogène, qui prend feu et brûle avec une flamme purpurine. Pour faire cette magnifique expérience, on projette un globule de potassium sur l'eau contenue dans un vase profond. Le globule métallique va et vient, tournoie à la surface du liquide et s'enveloppe d'une flamme pourpre. Un bruit strident accompagné d'éclaboussures termine la réaction. Ces éclaboussures sont à craindre ; pour les éviter, on emploie un vase profond ne contenant que peu d'eau. Les bords, élevés au-dessus du niveau du liquide, arrêtent la matière projetée. L'eau qui a servi à faire l'expérience possède les propriétés alcalines, propriétés qu'elle doit à la potasse provenant du métal oxydé; elle a une odeur de lessive, une saveur caustique et ramène au bleu le tournesol rougi par un acide.

La facilité avec laquelle le potassium s'oxyde nécessite de minutieuses précautions pour la conservation de ce métal. On le tient dans des flacons au sein d'un liquide appelé *huile de naphte*, qui ne contient pas d'oxygène dans sa composition.

3. **Potasse.** — L'oxyde de potassium se nomme *potasse* ou vulgairement *potasse caustique*. C'est une matière solide sous forme de plaques blanches, onctueuse au toucher. Sa saveur, très-caustique, produit sur la langue l'impression d'une vive brûlure. Elle est très-soluble dans l'eau; la dissolution est accompagnée d'un dégagement de chaleur considérable. Abandonnée à l'air, elle en absorbe rapidement l'humidité et se liquéfie; plus tard, elle se convertit en carbonate en se combinant avec le gaz carbonique de l'atmosphère. Sa dissolution concentrée est tellement corrosive, qu'aucune matière organisée ne lui résiste. La peau, la laine, la soie, par exemple, sont rapidement attaquées en développant une odeur de lessive. Aussi la médecine l'emploie-t-elle pour cautériser, c'est-à-dire pour désorganiser les tissus en des points déterminés. A cause de cet usage, la potasse caustique est désignée par le nom médical de pierre à cautère.

On prépare la potasse caustique en chauffant une dissolution de carbonate de potasse avec de la chaux vive. Celle-ci s'empare de l'acide carbonique et devient carbonate de chaux insoluble, tandis que la potasse reste en dissolution. Le liquide filtré et évaporé se concentre et finit par prendre l'aspect huileux. On le coule alors sur des plaques de cuivre, où il se fige immédiatement en une plaque blanche.

4. Origine du carbonate de potasse. — A l'état métallique, le potassium et le sodium n'ont qu'un rôle bien secondaire; mais à l'état salin les deux métaux ont une importance de premier ordre, autant dans la nature que dans l'industrie. On les trouve dans les eaux de la mer, principalement sous forme de chlorure; on les trouve dans les roches granitiques, à l'état de silicates; dans la terre, en combinaisons salines diverses ; dans la plante, qui les puise dans le sol ou dans la mer; dans l'animal, qui directement ou indirectement les emprunte à la plante. Leur présence paraît être indispensable à l'exercice de la vie, du moins ils font partie de tout être vivant, à tel point qu'on pourrait par excellence les appeler les métaux de l'organisation. Les plantes marines contiennent surtout de la soude, puisée dans le milieu où elles vivent; les plantes du littoral et des terrains salés en contiennent aussi. Les végétaux terrestres ont pour eux la potasse, que les racines récoltent atome par atome dans le sol. A notre tour, pour les besoins de notre industrie, nous profitons de ce labeur lent et minutieux de la plante, et nous retirons la potasse de ses cendres. Tous les végétaux renferment dans leurs cendres des carbonates alcalins. Si les plantes sont terrestres, le carbonate de potasse y domine; si elles sont marines, ou du moins si elles ont vécu dans le voisinage de la mer, c'est le carbonate de soude qui s'y trouve en plus grande abondance.

5. Fabrication des potasses commerciales — l'incinération des végétaux, dans l'unique but d'extraire le carbonate de potasse se pratique surtout dans l'Amérique du Nord, en Russie, en Allemagne, en Suède. Le défrichement d'immenses forêts devant la civilisation qui pénètre plus avant dans les terres vierges, alimente en Amérique les ateliers à potasse; en Russie ce sont les herbages des steppes, dans nos Vosges, on brûle les brindilles et les broussailles provenant de l'exploitation des forêts. Les cendres obtenues sont mises dans des cuviers en bois que l'on achève de remplir d'eau. Le liquide traverse la couche de cendres, entraînant les sels solubles, notamment le carbonate de potasse. Le liquide obtenu est concentré par l'évaporation et le résidu est chauffé à une haute température. Le produit brut ainsi obtenu se nomme *salin*. Par une énergique calcination, le salin devient finalement un carbonate impur que le commerce nomme improprement *potasse*. C'est une matière blanche, à petits grains, d'une saveur âcre, d'une réaction très-alcaline, déliquescente au contact de l'air, très-soluble dans l'eau. Elle est employée pour la verrerie fine, la cristallerie, la fabrication des savons et beaucoup d'autres industries.

6. Chlorate de potasse. — Ce sel, source aussi commode qu'abondante d'oxygène, a la forme de lamelles cristallines incolores. On l'obtient en faisant arriver un courant de chlore dans une dissolution concentrée de potasse. Il se forme en même temps du chlorure de potassium ; mais bien moins soluble que ce dernier, le chlorate se sépare et se dépose.

Potasse { Une partie. . . . . }
        { L'autre partie. { Oxygène. . . . . } } Chlorate
        {   { Potassium { Chlorure } Acide { de
        {   {   { de potassium } } { potasse.
Chlore { Une partie. . . . . } chlorique }
       { L'autre partie. . . . . }

7. Azotate de potasse. — Ce sel, connu aussi sous le nom de *nitre, salpêtre, nitrate de potasse, sel de nitre*, est extrêmement répandu dans la nature. Dans certaines régions, aux Indes, en Egypte, à Ceylan, en Espagne, il couvre le sol d'efflorescences blanches rappelant une mince couche de neige. Au Pérou, à un millier de mètres d'altitude, se trouvent des gisements intarissables de salpêtre. Ce sont d'épaisses couches formées d'un mélange naturel de sable, d'argile et de salpêtre. On trouve le même sel dans les platras provenant des caves, des étables, des écuries. Les délicates houppes blanches qui recouvrent les murs humides d'une espèce de moisissure neigeuse, sont formées d'azotate de chaux, qu'il est facile de transformer en azotate de potasse.

L'azotate de potasse est en gros cristaux incolores, d'une saveur d'abord fraîche, ensuite piquante et amère; jeté sur des charbons ardents, il se décompose et fournit de l'oxygène, qui active la combustion et produit une vive déflagration. Son principal emploi est dans la fabrication de la poudre.

8. Poudre. — La poudre des armes à feu est un mélange intime d'azotate de potasse, de soufre et de charbon. Dans la poudre de guerre les proportions sont: salpêtre 75, charbon 12,5, soufre 12,5. Les effets explosifs de la poudre résultent de la formation instantanée d'un énorme volume de gaz portés à une haute température. Les principaux gaz produits sont l'azote, l'oxyde de carbone et l'acide carbonique. A la température ordinaire, ils occuperaient environ 300 fois le volume de la poudre elle-même; mais à cause de la haute température développée par la combustion, ils occupent en réalité un volume au moins quintuple; ce qui porte à 1500 litres environ le volume des pro-

duits gazeux provenant de l'inflammation de 1 litre
de poudre. Les gaz, instantanément formés dans une
enceinte trop étroite pour eux, agissent donc sur les
parois de l'arme et sur le projectile avec une force
expansive de 1500 atmosphères. Telle est la cause des
énormes effets balistiques de la poudre.

QUESTIONNAIRE.

1. A qui doit-on la découverte du potassium? — Comment Davy obtint-il le potassium? — Comment le prépare-t-on aujourd'hui? — 2. Quelles sont les propriétés physiques du potassium? — Quel est son principal caractère chimique? — Quelle expérience fait-on au sujet de la décomposition de l'eau par le potassium? — En quoi le potassium est-il alors converti? — D'où provient la flamme purpurine qui l'enveloppe? — Dans quel liquide conserve-t-on le potassium? — 3. Comment nomme-t-on l'oxyde de potassium? — Comment s'obtient la potasse? — Quelles sont ses propriétés? — 4. Quels sont les principaux métaux qui se trouvent dans l'organisation? — Où trouve-t-on le carbonate de potasse? — 5. Comment obtient-on le salin? — Comment le salin est-il converti en ce qu'on nomme potasse commerciale? — Quelle est la composition de ce corps? — A quoi sert-il? — 6. Comment obtient-on le chlorate de potasse? — Pourquoi se forme-t-il en même temps du chlorure de potassium? — 7. D'où retire-t-on l'azotate de potasse? — Quels sont les divers noms de ce sel? — Quels sont ses caractères? — Pourquoi déflagre-t-il sur les charbons ardents? — Quel est son principal emploi? — 8. Quelle est la composition de la poudre des armes à feu? — Quels gaz prennent naissance lors de l'inflammation de la poudre? — Quel volume occupent ces gaz

en tenant compte de l'élévation de température ? — D'où provient la puissance balistique de la poudre ?

CHAPITRE II

SODIUM. — AMMONIUM.

1. Préparation et propriétés du sodium. — Le sodium s'extrait du carbonate de soude, décomposé par le charbon à une haute température. Ses propriétés sont à peu près les mêmes que celles du potassium. Il a l'éclat de l'argent, il est mou et ductile comme de la cire ; il est plus léger que l'eau. Comme le potassium, le sodium enlève l'oxygène à la plupart des corps qui en contiennent, surtout sous l'influence d'une température élevée. Il décompose l'eau à froid, avec dégagement d'hydrogène, qui prend feu et brûle avec une flamme jaune, si le globule métallique reste fixé à la même place, ce que l'on obtient avec un liquide très-visqueux. Mais si le sodium se meut à la surface de l'eau, la température ne s'élève pas assez pour amener l'inflammation de l'hydrogène.

2. Soude. — L'oxyde de sodium porte le nom de soude. C'est une matière blanche, onctueuse au toucher, excessivement caustique, ayant avec la potasse la plus étroite ressemblance. On l'obtient en traitant, à l'ébullition, une dissolution de carbonate de soude par la chaux vive.

3. Sel marin, ou chlorure de sodium. — Le sel vulgaire, ou sel marin, en chimie, chlorure de sodium, est employé comme assaisonnement de la nourriture de l'homme depuis les temps les plus reculés

Sa saveur est franchement salée sans aucun arrière goût métallique. Il cristallise en cubes. A la chaleu rouge, le peu d'eau contenue entre ces lamelles cris tallisées, se réduit en vapeur et le fait éclater avec dé crépitation. C'est un des corps les plus abondants. Les trois quarts environ de la surface de la Terre sont occupés par la mer, dont les eaux sont une dissolution de chlorure de sodium ; le sol en renferme des bancs d'une puissance énorme ; de nombreuses sources sont plus ou moins salées.

4. **Sel gemme.** — On nomme *sel gemme* le chlorure de sodium qui se trouve à l'état solide dans les assises de la Terre. Il y forme des couches immenses, colorées en jaune ou en rougeâtre, plus rarement en bleu, en vert, en violet. Les principales exploitations de sel gemme se trouvent en Espagne et en Pologne. Ces dernières s'étendent des environs de Cracovie jusqu'au pied septentrional des monts Carpathes. Leur superficie est de 33,000 kilomètres carrés. On les exploite à une profondeur de 400 mètres. La France possède quelques gisements de sel gemme : dans la Meurthe, la Moselle, le Jura, la Haute-Saône.

5. **Marais salants.** — On appelle *marais salants* les emplacements destinés à l'évaporation de l'eau de mer, pour en retirer le sel qu'elle tient en dissolution. La France en a sur les côtes de l'Océan et sur celles de la Méditerranée. Ce sont des bassins de peu de profondeur mais d'une très-grande superficie, où l'on fait entrer l'eau de la mer pour l'abandonner ensuite à l'évaporation spontanée pendant les chaleurs de l'été. Le sel se dépose en cristaux quand le liquide a atteint un degré suffisant de concentration. Les eaux de la Méditerranée contiennent envi

ron 27 kilogrammes de sel marin par mètre cube, et celles de l'Océan, 25.

6. **Soude naturelle.** — Diverses plantes du littoral méditerranéen, les *soudes*, les *salicornes*, puisent dans le sol du sel marin, et, par le travail de l'organisation, le transforment en divers sels à acide organique et à base de soude. La dénomination commune de soude, appliquée au produit chimique et à la plante qui le fournit en grande partie, rappelle l'origine la plus anciennement connue de cet alcali. Soumises à l'incinération, ces plantes littorales gonflées de sels sodiques, laissent un résidu considérable, principalement formé de carbonate de soude, qui provient de la décomposition ignée de divers sels organiques à base de soude. La combustion se fait dans des fosses, où les cendres subissent une demi-fusion par l'effet de la haute température développée, et s'agglomèrent en une masse compacte, d'aspect plus ou moins vitreux, de contexture cellulaire, de couleur cendrée ou noirâtre. Ce produit brut est la *soude naturelle*, dont la plus estimée, celle d'Espagne, contient à peu près le quart de son poids de carbonate de soude.

7. **Soude artificielle.** — Jusque vers le commencement de ce siècle, la soude naturelle a suffi aux besoins de l'industrie ; aujourd'hui ce mode de préparation est très-secondaire. La soude artificielle, retirée du sel marin, a remplacé presque partout la soude naturelle, retirée des végétaux.

Le sel marin est d'abord traité par l'acide sulfurique. On obtient ainsi du sulfate de soude et de l'acide chlorhydrique. Le sulfate de soude, mélangé avec du carbonate de chaux et du charbon en poudre, est chauffé, à une haute température, dans des fours spéciaux dits *fours à soude*. Le produit de cette calcination est lessivé. Le liquide obtenu renferme en dissolution du carbonate de soude, qui cristallise par le repos.

8. Carbonate de soude. — Le carbonate de soude pur est sous la forme de gros cristaux incolores et transparents. Sa saveur est âcre et légèrement caustique. Exposé longtemps à l'air, il s'effleurit, c'est-à-dire tombe en poussière. La chaux lui enlève l'acide carbonique en présence de l'eau et l'amène à l'état de soude caustique. Traité à la chaleur rouge par le charbon, il donne du sodium et de l'oxyde de carbone.

La *soude brute* (carbonate de soude impur) est employée à la fabrication des verreries grossières, des bouteilles en particulier ; rendue caustique par la chaux, elle sert à la fabrication du savon. Les *cristaux de soude* (carbonate de soude pur) ont de nombreuses applications dans la teinture.

9. Azotate de soude. — Sous le nom de salpêtre du Chili, on trouve dans le commerce de l'azotate de soude naturel, dont le gisement le plus considérable est au Pérou. Ce sel est incolore, d'une saveur fraîche et piquante. Il est un peu déliquescent, ce qui le rend impropre à la fabrication de la poudre. Ses propriétés chimiques sont à peu près les mêmes que celles de l'azotate de potasse. On l'emploie principalement pour la fabrication de l'acide azotique.

10. Ammonium, métal théorique. — Nous avons vu le cyanogène, corps composé d'azote et de charbon, faire office de corps simple et se comporter chimiquement à la manière du chlore, de l'iode, du brôme, à côté desquels ses propriétés le classent. Il y a pareillement des corps composés faisant office de métal dans leurs fonctions chimiques. Le plus important est l'*ammonium*, qui diffère du gaz ammoniac par une plus forte proportion d'hydrogène. Quand il se dissout dans l'eau, le gaz ammoniac s'associe avec les éléments de celle-ci, hydrogène et oxygène ; avec ce supplément d'hydrogène, il devient ammonium, et ce dernier avec l'oxygène forme l'oxyde d'ammonium. La dissolution du gaz ammoniac dans l'eau peut donc être considérée comme l'oxyde d'un métal théorique composé d'azote et d'hydrogène, et voisin par ses propriétés chimiques du sodium et du potassium. L'oxyde de ce métal (gaz ammoniac dissous dans l'eau, ammoniaque) possède à un haut degré les propriétés caractéristiques des alcalis, potasse et soude. Il verdit le sirop de violettes ; il ramène au bleu le tournesol rougi ; il a une saveur caustique ; il se combine avec les acides pour former des sels.

11. Amalgame d'ammonium. — A-t-on obtenu à l'état isolé ce métal théorique dont on admet l'existence dans les composés ammoniacaux ? Connait-on l'ammonium en tant que métal ? — Nullement. Les efforts des chimistes ont jusqu'ici échoué devant des difficultés de préparation qui toutefois n'infirment en rien la théorie admise. Et, en effet, si l'on n'a pu encore obtenir l'ammonium isolé, on l'obtient toutefois à l'état d'alliage avec le mercure, à l'état d'amalgame ; et, chose bien remarquable, cet amalgame a tous les caractères métalliques, absolument comme si au mercure se trouvait associé un métal ordinaire.

On introduit dans un tube un peu de mercure et un fragment de potassium ; et l'on chauffe les deux métaux sur la flamme d'une lampe à alcool. Une décrépitation annonce le moment où l'alliage s'effectue. Le tube étant refroidi, on y verse une dissolution saturée de chlorure d'ammonium (sel ammoniac) ; on le bouche avec le doigt et l'on agite. A l'instant, le mercure, qui occupait dans le tube une paire le centimètres d'épaisseur, monte en un long cylindre de pâte métallique ayant la consistance du beurre. Si le tube n'a qu'un décimètre ou deux de longueur, sa capacité peut se trouver trop étroite pour le contenu, et la pâte se déverse comme une matière plastique refoulée avec force dans un canal ouvert. Il n'y a qu'un métal qui puisse ainsi épaissir le mercure, le solidifier, tout en lui conservant l'aspect métallique. Ce métal, c'est l'ammonium. L'amalgame d'ammonium n'a qu'une existence très-éphémère. Abandonné à lui-même, il diminue assez rapidement de volume, en dégageant du gaz ammoniac et de l'hydrogène, tandis que le mercure primitif reste pour résidu. L'ammonium se dédouble donc en hydrogène et en gaz ammoniac.

12. Chlorure d'ammonium. — Ce composé porte encore les noms de *chlorhydrate d'ammoniaque* et de *sel ammoniac*. On le prépare en faisant agir l'acide chlorhydrique sur le carbonate d'ammoniaque, fourni par trois sources principales, savoir : la distillation des matières animales, les urines provenant des vidanges, les eaux de condensation des usines à gaz.

Les produits gazeux de la décomposition de la houille passent dans des appareils laveurs à moitié pleins d'eau, où le gaz de l'éclairage est débarrassé de divers corps solubles qui nuiraient à sa combustion et à son pouvoir éclairant. Au nombre de ces corps se trouvent abondamment des composés ammoniacaux. Les liquides retirés des appareils laveurs sont ce qu'on appelle les *eaux de condensation*. On les distille et les vapeurs ammoniacales sont reçues dans de l'eau acidulée avec de l'acide chlorhydrique. Le résultat est du sel ammoniac.

Le sel ammoniac se trouve dans le commerce sous la forme de masses blanches, translucides, à cassure fibreuse, douées d'une certaine flexibilité et difficiles à réduire en poudre. Sa saveur est piquante, son odeur nulle. La présence du sel ammoniac est indispensable dans l'étamage pour faire disparaître les oxydes qui peuvent se former pendant l'opération et empêcheraient l'étain d'adhérer au cuivre. Le principal emploi de ce sel consiste dans la préparation du gaz ammoniac.

13. Sels ammoniacaux. — Si les vapeurs ammoniacales provenant des eaux de condensation des usines à gaz, sont reçues dans de l'eau acidulée avec de l'acide sulfurique, le produit obtenu est du sulfate d'ammoniaque, substance fertilisante d'un grand emploi en agriculture.

Le carbonate d'ammoniaque est une matière d'abord translucide et cristalline, qui, exposée à l'air, devient opaque et pulvérulente en répandant une odeur fortement ammoniacale.

L'azotate d'ammoniaque est en cristaux incolores. Sa saveur est fraîche et piquante. Vers 200° il entre en fusion, et bientôt se dédouble en eau et en protoxyde d'azote. La préparation de ce dernier gaz est basée sur cette propriété.

Tous les sels ammoniacaux broyés avec de la chaux vive et un peu d'eau, laissent dégager du gaz ammoniac, si facilement reconnaissable à son odeur.

QUESTIONNAIRE.

1. Comment s'obtient le sodium ? — Quelles sont ses propriétés ? — 2. Comment se prépare la soude ? — Quelles sont ses propriétés? — 3. Quels sont les caractères du sel marin ?—4. Qu'est-ce que le sel gemme ?— Quels sont les principaux gisements de sel gemme ?— 5. Comment extrait-on le sel des eaux de la mer ? — 6. Quelles sont les principales plantes d'où l'on extrait la soude ? — Comment se fait cette extraction ? — Qu'appelle-t-on soude naturelle ? — 7. Qu'appelle-t-on soude artificielle ? — Comment la prépare-t-on ? — 8. Quels sont les caractères du carbonate de soude ?— Quels sont les usages du carbonate de soude impur ou soude brute ? — Quels sont les usages du carbonate de soude pur ou cristaux de soude ? — 9. D'où extrait-on l'azotate de soude?—Quels sont ses usages?— 10. Qu'est-ce que l'ammonium ?—Comment doit être considérée la dissolution du gaz ammoniac dans l'eau ou l'ammoniaque ? — Quelles sont les propriétés de cette dissolution? — 11. Comment obtient-on l'amalgame d'ammonium ?— Ce composé est-il stable ? — En quoi se décompose-t-il? — 12. Quels sont les noms vulgaires du chlorure d'ammonium ?— Comment obtient-on ce corps ? — Quels sont ses caractères et ses usages ? — 13. Comment obtient-on le sulfate d'ammoniaque ? — Qu'est-ce que le carbonate d'ammoniaque ? — Quelle est la propriété caractéristique de l'azotate d'ammoniaque ? — A quel caractère se reconnaissent les sels ammoniacaux ?

CHAPITRE III.

CALCIUM.

1. Propriétés du calcium. — Le calcium est un métal d'un blanc jaune, possédant à un haut degré l'éclat métallique lorsqu'il est récemment coupé. Il conserve son éclat dans l'air sec ; mais à l'air humide, il s'oxyde en décomposant l'eau, et se couvre rapidement d'une couche grisâtre. Il décompose l'eau froide, s'échauffe et donne lieu à un dégagement tumultueux d'hydrogène. De la limaille de calcium projetée dans la flamme d'une lampe à alcool, y brûle en formant de magnifiques étincelles étoilées. A l'état isolé, ce métal est sans usages.

2. Chaux ou protoxyde de calcium. — Cet oxyde ne se trouve jamais isolé dans la nature, mais il est très-abondant combiné avec les acides. En combinaison avec l'acide sulfurique, il forme la pierre à plâtre ou gypse ; en combinaison avec l'acide carbonique, il constitue la pierre calcaire, la craie, le marbre ; associé à l'acide phosphorique et à l'acide carbonique, il entre dans la composition des os des animaux ; combiné avec l'acide silicique, il fait partie d'un grand nombre de roches.

La chaux pure est une matière blanche, amorphe, d'une saveur brûlante, infusible aux températures les plus élevées, désorganisant avec rapidité les matières animales ou végétales. Exposée à l'air, elle en attire l'humidité, augmente de volume et tombe en poussière ; puis elle se combine avec l'acide carbonique de l'atmosphère et devient carbonate. Si l'on verse un peu d'eau sur de la chaux, la matière s'échauffe jusque vers 300°, se fendille avec des sifflements dus au dégagement des vapeurs, augmente de volume, ou, comme on dit, foisonne, et finalement se réduit en poudre. La chaux prend alors le nom de *chaux éteinte* ; elle est combinée avec l'eau et constitue ce qu'on appelle *hydrate de chaux*. La chaux éteinte ou hydratée, additionnée d'assez d'eau pour faire une bouillie très-claire, prend le nom de *lait de chaux*. Un litre d'eau peut dissoudre 1 gr. 3 environ de chaux à la température ordinaire. Cette dissolution se nomme eau de chaux. C'est un liquide limpide, caustique, qui se trouble au contact de l'air en absorbant l'acide carbonique et produisant un carbonate insoluble.

3. Fabrication de la chaux. — La chaux, dont les usages sont si nombreux et si importants, s'obtient en calcinant au rouge, dans des fours dits *fours à chaux*, le carbonate de chaux naturel ou *pierre calcaire*. A cette température, le carbonate se décompose : la chaux reste et l'acide carbonique se dégage dans l'atmosphère.

Pour charger un four à chaux (fig. 36), on construit, au-dessus de la grille sur laquelle on brûle le combustible, une espèce de voûte avec de grosses pierres calcaires, voûte qui doit supporter le poids du contenu. On brûle au-dessous des fagots, des broussailles, de la tourbe. On peut encore disposer par couches alternatives le combustible et la pierre calcaire.

4. Classification des chaux. — On appelle *chaux grasse* la chaux qui, mise en contact avec l'eau, s'échauffe, foisonne beaucoup et donne une pâte forte et liante. On appelle *chaux maigre*, celle qui, dans les mêmes circonstances, s'échauffe peu, se délite lente-

ment, augmente à peine de volume et forme une pâte
sèche et courte. Le calcaire qui produit la première
est presque pur ; celui qui donne la seconde renferme de la magnésie. de l'oxyde de fer, du sable

Fig. 30.

Les pâtes de la chaux grasse et de la chaux maigre
ont la propriété de durcir par une longue exposition
à l'air, surtout quand elles sont mélangées avec du
sable. Cette propriété fait appeler les deux espèces
de chaux : *chaux aériennes*.

Il existe une troisième qualité de chaux qui est
douée de la remarquable propriété de durcir sous
l'eau, et qui, pour cette raison, prend le nom de
chaux hydraulique. Le calcaire qui la fournit ren-

ferme de l'argile ou silicate d'alumine. S'il en contient le quart de son poids, la chaux hydraulique qu'il fournit durcit sous l'eau en trois ou quatre jours.

On donne le nom de *ciment* à une variété de chaux hydraulique qui acquiert une grande dureté après un contact de quelques heures avec de l'eau, et provient d'un calcaire renfermant près de la moitié de son poids d'argile. Le ciment est *gâché* par petites portions et employé immédiatement à la manière du plâtre. Les calcaires à ciment se trouvent en divers points de la France, par exemple à Vassy dans la Haute-Marne ; on peut, d'ailleurs, obtenir des ciments artificiels en calcinant du calcaire mélangé avec 40 centièmes d'argile.

5. Mortiers. — La chaux est principalement employée à unir entre eux, à souder en quelque sorte les matériaux de nos constructions, de manière à donner à l'ensemble la solidité désirable. Mais seule la chaux ne remplirait pas le but proposé ; il faut qu'elle soit associée à d'autres corps. De cette association résultent les *mortiers*.

Le *mortier ordinaire* est un mélange de sable et de chaux éteinte. Il durcit à l'air, et fait solidement adhérer les pierres qu'il empâte ; mais il résiste mal à l'action de l'eau.

Le *mortier hydraulique* est un mélange de chaux hydraulique et de sable. Sa propriété de durcir au contact de l'eau le fait employer pour les maçonneries des ponts, des canaux, des citernes, des fondations des caves.

Le *béton* est un mélange de chaux hydraulique et de pierres concassées. On le coule en assises pour servir de base aux constructions dans un sol humide ;

pour supporter, par exemple, les piles d'un pont. On en fait de grands blocs rectangulaires, énormes pierres artificielles employées pour les digues.

Les mortiers aériens durcissent parce que la chaux se combine avec l'acide carbonique de l'air et devient carbonate. Mais en se carbonatant seule, la chaux se rendille et reste friable. Pour la rendre compacte et dure, il faut multiplier les faces de contact avec des corps étrangers où elle adhère fortement; tel est le rôle du sable réparti dans sa masse.

Les calcaires à chaux hydraulique contiennent de l'argile, composé de silice et d'alumine. Pendant la calcination, il se produit du silicate et de l'aluminate de chaux, substances qui, au contact de l'eau, se combinent avec celle-ci ou s'hydratent et produisent un composé insoluble très-cohérent. La prise sous l'eau des mortiers hydrauliques a donc pour cause l'hydratation du silicate et de l'aluminate de chaux, qui ne préexistaient pas dans la pierre calcaire, mais ont été formés pendant la cuisson.

6. **Emploi de la chaux en agriculture. Chaulage.** — L'agriculture emploie la chaux pour améliorer les sols qui naturellement ne renferment que peu ou point de calcaire, l'un des principes essentiels des terres arables. Les sols argileux, schisteux, granitiques, tourbeux, sont ceux où la chaux produit d'excellents effets. L'opération du *chaulage* consiste à déposer la chaux dans les champs, par petits lots séparés. Quand la chaux est éteinte par l'action de l'air humide, la masse de chaque tas est répandue sur le sol.

7. **Carbonate de chaux.** — Le carbonate de chaux forme la majeure partie de l'écorce terrestre. Il constitue les *calcaires*, dont qeulques variétés nous

donnent la chaux par la calcination, et quelques autres la pierre à bâtir ; les *marnes*, mélanges à proportions variables de carbonate de chaux et d'argile ; la *pierre lithographique*, à contexture fine, compacte, susceptible du poli qu'exige le crayon du lithographe ; les *tufs*, dépôts pierreux abandonnés par les eaux de certaines sources ; les *marbres*, à texture cristalline confuse, aptes à recevoir un beau poli et recherchés pour la décoration des édifices et la statuaire ; la *craie*, matière blanche et très-friable ; l'*albâtre*, translucide, à texture cristalline, employé pour l'ornementation.

8. Carbonate de chaux dissous dans l'eau. — En présence de l'acide carbonique, l'eau dissout une assez forte proportion de carbonate de chaux. Faisons passer un courant de gaz carbonique dans de l'eau de chaux, l'effet des premières bulles est de rendre le liquide laiteux par suite de la formation du carbonate de chaux. Mais, si l'acide carbonique continue d'arriver quelque temps, la craie formée se dissout et le liquide redevient limpide. A la faveur du gaz carbonique dissous dans l'eau, le carbonate de chaux se dissout donc aisément. Si la dissolution reste quelque temps exposée à l'air, ou bien si elle est soumise à l'action de la chaleur, le gaz carbonique se dégage et le liquide se trouble, parce que le carbonate cesse d'être dissous. L'exposition à l'air est toutefois insuffisante à déterminer l'expulsion de l'acide carbonique, lorsque la proportion de ce dernier est très-faible. Aussi trouve-t-on du carbonate de chaux dans presque toutes les eaux des sols calcaires. Quant à l'acide carbonique nécessaire aux eaux naturelles pour tenir du carbonate de chaux en dissolution, il provient en majeure partie de l'atmosphère. En balayant l'air, où l'acide carbonique se trouve toujours dans la proportion moyenne de un demi-millième, les eaux pluviales s'imprègnent de ce gaz et sont désormais aptes à dissoudre du carbonate de chaux en lavant des terrains calcaires.

Dans certaines grottes, l'eau calcaire arrive goutte à goutte et suinte à travers la voûte. L'acide carbonique se dissipe, et les gouttes d'eau se succédant avec lenteur en des points déterminés, produisent peu à peu un dépôt de carbonate cristallisé en forme de mamelon conique dont la pointe est en bas. Là où les gouttes atteignent le sol de la grotte, un autre dépôt conique se forme la pointe en haut. Le premier prend le nom de *stalactite*; le second, le nom de *stalagmite*. Tôt ou tard les deux dépôts, dont les pointes se rapprochent toujours, se rejoignent, se soudent et constituent une colonne irrégulière.

La solubilité du carbonate de chaux dans l'eau à la faveur de l'acide carbonique, explique comment l'organisation animale renferme des quantités assez considérables de ce sel. Les os, privés de leur matière organique, en renferment un cinquième de leur poids ; le test des mollusques, les coquilles des œufs d'oiseaux, la carapace des crustacés, en sont presque entièrement formés. Enfin, toutes les plantes donnent des cendres riches en chaux. Évidemment, c'est dans les eaux que les êtres vivants puissent la majeure partie de la chaux nécessaire à leur organisation. Avec l'eau calcaire, nous buvons l'un des principes minéraux des os.

9. **Sulfate de chaux, gypse, plâtre.** — Le gypse ou pierre à plâtre est du sulfate de chaux. On le trouve dans la nature en amas considérables, tantôt sous forme de roches compactes blanches ou

souillées par des oxydes, tantôt sous forme de masses fibreuses d'un blanc soyeux, ou bien de masses lenticulaires, facilement divisibles en minces lames incolores et transparentes. Outre le sulfate de chaux, le gypse contient de l'eau associée chimiquement et dont la proportion est de 21 pour 100 du poids total. Par l'action de la chaleur, cette eau se dégage et le gypse devient anhydre. Ce qu'on obtient ainsi s'appelle *plâtre*. Le plâtre a la propriété de se combiner de nouveau avec l'eau quand on le met en contact avec ce liquide, et de faire prise, c'est-à-dire de se convertir en une masse cohérente. Pour transformer le gypse en plâtre, il suffit donc de chasser l'eau de combinaison à l'aide d'une chaleur modérée. A cet effet, on construit, au moyen de gros blocs de pierre à plâtre, de petites voûtes peu larges que l'on charge avec des fragments moindres. On cuit en brûlant des fagots sous les voûtes. Au sortir des fours, le plâtre est broyé sous des meules verticales et la poudre obtenue est soumise au tamisage. Cette poudre doit être conservée dans un local sec, car elle attire aisément l'humidité de l'air, s'hydrate en partie, et n'est plus apte à faire prise avec l'eau. Pour employer le plâtre, on le *gâche* par petites portions avec de l'eau au moment de s'en servir. Le sulfate de chaux anhydre reprend l'eau que la cuisson lui a fait perdre ; il redevient sulfate de chaux hydraté. Il y a là véritable combinaison ; aussi la matière s'échauffe-t-elle. L'eau se trouve ainsi solidifiée, c'est-à-dire associée au sulfate de chaux pour former un tout qui durcit promptement. Ce retour à l'état hydraté est accompagné d'une augmentation de volume, circonstance qui permet au plâtre des mouleurs de pénétrer dans les moindres recoins d'un moule et d'en reproduire les plus fins détails.

10. Emploi du plâtre en agriculture. — L'action fertilisante du plâtre sur les légumineuses est un des faits agricoles les mieux avérés. Répandu sur les prairies artificielles à l'époque où les plantes ont acquis un certain développement, le plâtre, pour peu que l'épandage soit suivi d'une pluie légère, procure un rapide développement aux légumineuses, trèfle et luzerne, base de ces prairies. On recommande enfin, avec raison, de saupoudrer de plâtre les tas de fumier en fermentation, pour empêcher la déperdition de l'ammoniaque, l'un des agents les plus précieux des engrais. Le sulfate de chaux convertit le carbonate d'ammoniaque volatil en sulfate d'ammoniaque non volatil.

11. Phosphate de chaux. Son emploi en agriculture. — Le phosphate de chaux associé au carbonate de chaux constitue la matière minérale des os. En diverses contrées, il forme en outre des gisements considérables. L'importance du phosphate de chaux n'est pas moins grande en agriculture qu'en industrie. L'acide phosphorique, sous diverses combinaisons salines, entre dans l'organisation des plantes. Tous nos végétaux cultivés contiennent des phosphates dans leurs cendres ; 1000 kilogrammes de blé renferment 11 kilogrammes d'acide phosphorique, correspondant à 24 kilogrammes de phosphate de chaux. Chaque récolte enlève ainsi au sol une proportion plus ou moins forte de sels phosphatés, que l'agriculteur doit renouveler au moyen des engrais, sous peine de voir rapidement les terres frappées de stérilité faute de l'un des principes indispensables à la végétation. On donne au sol l'acide phosphorique que réclament nos récoltes par l'un ou l'autre des moyens suivants. Le fumier d'étable, employé en quantité suffisante, restitue au sol l'acide phosphorique de la précédente récolte. Le noir animal, après avoir servi comme décolorant dans les raffineries, est employé comme engrais et joue un grand rôle agricole, car il contient plus de la moitié de son poids de phosphate de chaux. Sans être convertis d'abord en noir animal, les os, réduits en poudre, sont associés aux engrais. Enfin on emploie les phosphates de chaux naturels. Quelle que soit son origine, le phosphate de chaux se dissout peu à peu dans l'eau imprégnée d'acide carbonique. En cet état, il est absorbé par les racines des plantes.

12. Chlorure de chaux. — Ce qu'on nomme ainsi dans l'industrie est un mélange de chlorure de calcium et d'hypo-chlorite de chaux. On l'obtient en faisant arriver du chlore sur de la chaux éteinte disposée en couches minces sur des tablettes superposées. Le chlorure de chaux est une matière blanche, amorphe, pulvérulente, répandant une odeur de chlore. Il est décomposé par les acides même les plus faibles avec dégagement de chlore. Sous l'action de l'acide carbonique, ce dégagement se fait avec lenteur, et telle est la cause pour laquelle le chlorure de chaux exposé à l'air se décompose peu à peu et répand longtemps une faible odeur de chlore. L'acide carbonique de l'air provoque cette lente décomposition. Mais avec les acides puissants, la décomposition est instantanée et le dégagement de chlore considérable. Cette réaction nous explique le rôle industriel du chlorure de chaux. Ce composé est en quelque sorte du chlore condensé sous un petit volume d'un transport facile ; c'est un réservoir à chlore, qui, par l'action d'un acide, abandonne rapidement et en abondance ce gaz si précieux pour la décoloration, le blanchiment, l'assainissement. Il contient 200 fois environ son volume de chlore.

Toutes les fois que l'industrie doit faire intervenir l'action du chlore, c'est au chlorure de chaux qu'elle s'adresse. Elle l'emploie en particulier pour blanchir la pâte de chiffons destinée à faire du papier. On en fait usage pour assainir l'atmosphère des hôpitaux, des prisons, des ateliers malsains, des fosses d'aisances, enfin de tous les points infectés par des émanations miasmatiques. Dans ces différents cas, l'emploi du chlorure de chaux est préférable au dégagement direct du chlore : l'action est plus lente, plus continue, et, sans rien perdre de son efficacité antiputride, est loin d'irriter autant les organes respiratoires.

QUESTIONNAIRE.

1. Quels sont les caractères du calcium ? — 2. Qu'est-que la chaux ? - Quelles sont ses propriétés ? —Qu'appelle-t-on chaux vive, chaux éteinte, lait de chaux, eau de chaux ? — Que se passe-t-il quand on met la chaux en contact avec l'eau ? — 3. Comment se fabrique la chaux ? — 4. Qu'appelle-t-on chaux grasse et chaux maigre ?--Quel est le calcaire qui fournit la première et quel est le calcaire qui fournit la seconde ? — Qu'est-ce que la chaux hydraulique ? — Quel est le calcaire qui la fournit ? — Qu'est-ce que le ciment ? — Comment obtient-on des ciments artificiels ? — 5. En quoi consiste le mortier ordinaire ? — En quoi consiste le mortier hydraulique ? — Qu'est-ce que le béton ? — Comment le mortier ordinaire durcit-il ? — Quel est le rôle du sable ?—Pourquoi le mortier hydraulique durcit-il sous l'eau ? —

Pour quelles constructions emploie-t-on le mortier ordinaire ? — Pour quelles constructions emploie-t-on le mortier hydraulique ? — Comment s'obtiennent les blocs de pierre artificiels ? — 6. En quoi consiste le chaulage en agriculture ? — Comment se pratique-t-il ? — Quels sont les terrains où le chaulage est avantageux ? — 7. Qu'est-ce que le carbonate de chaux ? — Quelles sont ses principales variétés ? — 8. Comment démontre-t-on que l'eau imprégnée d'acide carbonique est apte à dissoudre du carbonate de chaux ? — Comment le carbonate dissous peut-il plus tard se déposer ? — Qu'appelle-t-on stalactites et stalagmites ? — D'où provient le carbonate de chaux des êtres vivants ? — 9. Qu'est-ce que le gypse ? — Sous quelles formes se présente-t-il ? — Comment s'obtient le plâtre ? — Pourquoi le plâtre fait-il prise quand on le gâche avec de l'eau ? — Que se passe-t-il au moment de la combinaison de l'eau avec le plâtre ? — 10. A quels usages l'agriculture emploie-t-elle le plâtre ? — Pourquoi le plâtre est-il favorable à la préparation des fumiers ? — 11. Où trouve-t-on le phosphate de chaux ? — Ce composé est-il important en agriculture ? — Combien y a-t-il d'acide phosphorique dans 100 kilogrammes de blé ? — Quels sont les différents moyens employés pour restituer au sol l'acide phosphorique enlevé par les récoltes ? — Comment le phosphate de chaux est-il absorbé par les plantes ? — 12. Qu'est-ce que le chlorure de chaux ? — Comment l'obtient-on ? — Quels sont ses caractères ? — Quelle est l'action des acides sur le chlorure de chaux ? — Pourquoi ce composé répand-il à l'air une odeur de chlore ? — Quels sont les principaux emplois du chlorure de chaux ?

CHAPITRE IV

ALUMINIUM

1. Préparation et propriétés de l'aluminium.
— On obtient ce métal en décomposant, à la chaleur rouge, le chlorure d'aluminium par le sodium. Quant au chlorure d'aluminium, c'est le produit de la réaction à chaud du chlore sur l'alumine, l'un des principes constituants de l'argile.

L'aluminium est un métal d'un très-beau blanc, légèrement bleuâtre lorsqu'il est poli. Il est inaltérable et ductile, presque aussi tenace et aussi dur que l'argent. C'est le plus léger des métaux usuels. Sa densité est de 2,56, c'est-à-dire à peu près celle de la porcelaine et du verre. Il est très-sonore. Suspendu à un fil, un lingot d'aluminium rend, par le choc, un son pareil à celui d'une cloche de verre.

L'air et l'acide sulfhydrique n'ont aucune action sur l'aluminium, même à la température rouge. Sous ce rapport, il est comparable à l'or, et bien supérieur à l'argent, qui se ternit avec tant de rapidité au contact de l'acide sulfhydrique.

L'acide azotique et l'acide sulfurique n'attaquent pas l'aluminium, mais l'acide chlorhydrique le dissout très-énergiquement.

Les dissolutions aqueuses alcalines et même l'ammoniaque attaquent rapidement l'aluminium ; l'acide acétique ou vinaigre, surtout s'il est mêlé avec du sel marin, le dissout lentement

L'aluminium s'allie à divers métaux. Il donne en particulier avec le cuivre, un bronze d'un beau jaune

d'or aussi tenace que le fer et beaucoup moins altérable que le bronze ordinaire.

La légèreté de ce métal, sa malléabilité, son inaltérabilité, sont des qualités trop précieuses pour que
l'usage de l'aluminium ne se vulgarise à mesure que
baissera le prix de revient. Pour le moment, l'aluminium est employé dans la bijouterie, la marquete-
rie, la coutellerie. La facilité avec laquelle il se laisse
mouler, ciseler, estamper, lui permet de servir à la
fabrication d'une multitude d'objets d'ornementation.

2. **Alumine.** — L'oxyde d'aluminium prend le
nom d'alumine. Ce composé fait partie des argiles.
Pour l'obtenir à l'état de pureté, on verse une dissolution de carbonate de soude dans une dissolution
d'alun. Il se dégage de l'acide carbonique et il se dépose une matière blanche, d'apparence gélatineuse,
qui est de l'alumine hydratée.

L'alumine anhydre est une poudre blanche, amorphe, indécomposable par la chaleur, insoluble dans
les acides et les alcalis, d'une fusibilité très-difficul-
tueuse. L'alumine communique son infusibilité aux
argiles ; aussi emploie-t-on les argiles très-alumineu-
ses pour la fabrication des fourneaux et des creusets.

L'alumine hydratée est une substance gélatineuse,
ayant l'aspect de l'empois. Elle est soluble dans les
acides, ainsi que dans la potasse et la soude.

3. **Usages de l'alumine.** — La propriété qui
donne à l'alumine son emploi industriel le plus fréquent est celle de se combiner avec les matières colorantes. Portons à l'ébullition une dissolution d'alun
dans laquelle on a mis une pincée de cochenille. Le
liquide dissout la matière colorante et prend une
teinte rouge. On filtre, et dans le liquide clair on

verse une dissolution de carbonate de soude pour précipiter l'alumine. Celle-ci se dépose, colorée en carmin par le principe tinctorial de la cochenille.

On donne le nom de *laques* aux combinaisons de l'alumine avec les matières colorantes. Les laques sont d'un usage continuel en peinture. C'est également à l'état de laques formées sur le tissu même, que diverses matières colorantes entrent dans la teinture. Ainsi un tissu de coton pourrait indéfiniment rester en contact avec une décoction chaude de garance sans se teindre. Mais s'il est préalablement imprégné d'alumine, il se teint en beau rouge, puisque l'alumine forme une laque de cette couleur avec la matière tinctoriale. L'alumine appliquée sur les tissus en vue de la teinture porte le nom de *mordant*.

4. Gemmes aluminiques. — A l'état cristallisé, les matières les plus triviales peuvent acquérir un prix excessif. Nous en avons déjà vu un exemple au sujet du diamant, la somptueuse gemme chimiquement identique avec un fragment de charbon. D'autres pierres précieuses, qui parfois rivalisent avec le diamant, ont une origine commune avec l'argile grossière, dont le potier fait une écuelle, une tuile. Le principe essentiel de l'argile est, en effet, une combinaison de silice et d'alumine ; et d'autre part, l'alumine cristallisée se trouve disséminée dans certaines roches, particulièrement dans les granits, et constitue l'espèce minéralogique nommée *corindon*. Les cristaux de corindon sont de l'alumine pure. Leur aspect est celui du verre le plus limpide. Ils sont inflexibles et durs au point de rayer tous les corps autres que le diamant. S'il entre dans le corindon quelques traces de divers oxydes métalliques, la coloration change ainsi que le nom de la gemme.

Le *rubis* est la variété rouge. S'il est d'une limpidité parfaite et d'une belle teinte de feu, le rubis dépasse en valeur le diamant lui-même. Le *saphir* est la variété bleue ; l'*émeraude orientale*, la variété verte ; la *topaze*, la variété jaune ; l'*améthyste*, la variété violette.

Les cristaux grossiers de corindon sont recnerchés pour être réduits en poudre et constituer l'*émeri*, avec lequel on taille et polit les pierres précieuses. Mais dans le commerce, on donne souvent le nom d'émeri à des matières dures tout à fait différentes.

5. Alun. — L'alun est un sulfate double, c'est-à-dire un sel dans la composition duquel entrent deux sulfates différents. L'un d'eux est toujours le sulfate d'alumine, l'autre est tantôt le sulfate de potasse, tantôt le sulfate d'ammoniaque. Si l'on attaque à chaud une argile très-pure par l'acide sulfurique, le résultat est du sulfate d'alumine. Une dissolution de ce sel mélangée à une dissolution soit de sulfate de potasse soit de sulfate d'ammoniaque, donne par l'évaporation des cristaux d'alun.

L'alun est un sel incolore, d'une saveur astringente et amère. La teinture l'utilise à raison des laques que l'alumine forme avec les matières colorantes. Le tannage des cuirs, l'encollage du papier à écrire, la clarification des suifs, le mettent en œuvre. La médecine emploie l'alun comme astringent ; calciné, elle l'utilise comme caustique dans le traitement des ulcères.

QUESTIONNAIRE.

1. Comment obtient-on l'aluminium ? — Quels sont les caractères physiques de ce métal ? — Quels sont ses caractères chimiques ? — Quels sont ses usages ?—Qu'est-ce que le bronze d'aluminium ? — **2.** Comment appelle-t-on l'oxyde d'aluminium ?— De quelle manière peut-on obtenir l'aluminium ? — Quels sont les caractères de l'alumine hydratée et de l'alumine anhydre ? — A quel corps les argiles doivent-elles leur infusibilité ?— **3.** Quelle est la propriété la plus employée de l'alumine ? — Comment s'obtient la laque de cochenille ? — Qu'appelle-t-on laques ? — Comment fait-on adhérer certaines matières colorantes aux tissus ?—Qu'appelle-t-on mordant ? **4.** Quel est le nom de l'alumine pure cristallisée ?— Où trouve-t-on le corindon ? — Qu'est-ce que le rubis, le saphir, la topaze, l'émeraude orientale, l'améthyste ? — Qu'appelle-t-on émeri ?—**5.** Qu'est-ce que l'alun ? —Comment l'obtient-on ? — Quels sont ses usages ?

CHAPITRE V

FER.

1. État naturel du fer. — A une époque dont l'archéologie commence à discuter aujourd'hui la haute antiquité, l'homme ne possédait pour armes offensives que des silex grossièrement taillés en éclats. Avec sa hache de pierre emmanchée au bout d'un bâton, peut-être affrontait-il l'ours des cavernes et le mammouth, dont les races n'existent plus depuis bien avant les temps historiques. La hache en silex poli fut un notable progrès dans ces premiers essais de l'industrie humaine. Le métal vint après, non le fer, mais le bronze, d'un travail plus facile. Enfin le fer, si tenace, si dur, si résistant au choc, devint entre les mains de l'homme, la matière par excellence de l'arme et de l'outil. Trois grandes étapes sont ainsi à distinguer dans les voies progressives de l'industrie humaine : l'âge de la pierre ou du silex, l'âge du bronze et l'âge du fer.

Cette succession résulte de la force même des choses. Le silex est l'arme directement offerte par la nature : il suffit de le casser pour lui faire acquérir une arête tranchante. Les premières tentatives métallurgiques se sont faites nécessairement sur les métaux qui, pour être isolés, n'exigent pas de manipulations préalables, enfin sur les métaux natifs. Le cuivre, l'un des éléments du bronze, est dans ce cas ; et l'étain, l'autre élément, est d'une extraction des plus faciles. Quant au fer, presque toujours engagé dans des combinaisons d'un traitement difficultueux, il est le dernier en date, parce que son extraction suppose des connaissances métallurgiques très-avancées. Et, en effet, lorsque les Européens pénétrèrent dans le Nouveau-Monde, les Mexicains et les Péruviens étaient déjà en possession du cuivre et de l'or, qui se trouvent en veines métalliques dans la roche native ; mais ils n'avaient pas la moindre idée du fer, qu'ils voyaient pour la première fois dans les mains de leurs futurs conquérants.

L'emploi tardif du fer a pour cause la difficulté métallurgique du minerai et non sa rareté ; aucun métal, en effet, n'est aussi commun que le fer. Presque toutes les roches, toutes les terres en contiennent, si nou comme élément essentiel, du moins comme élément accessoire. Toutefois les seuls minerais exploitables sont les oxydes et le carbonate de fer.

L'oxyde de fer magnétique, composé de protoxyde et de sesquioxyde de fer, constitue des masses inépuisables, des montagnes entières, dans les Alpes scandinaves, et donne un fer très-pur et très-estimé. Les variétés compactes et douées d'éclat métallique se nomment *pierre d'aimant* ou *aimant naturel*. Elles jouissent de la propriété d'attirer le fer.

Le sesquioxyde de fer anhydre se trouve en superbes cristaux irisés dans les mines de l'île d'Elbe. On lui donne alors le nom de *fer oligiste*. A l'état amorphe, il constitue des masses compactes rougeâtres, nommées *hématites*, ou des matières terreuses appelées *ocres rouges*.

Le sesquioxyde de fer hydraté, ou *limonite*, n'a jamais l'éclat métallique. On le trouve en masses compactes jaunes, en feuillets schisteux, en globules arrondis plus ou moins gros, qui lui valent le nom de *fer oolithique*, ou de fer en grains ; on le trouve encore en stalactites, en rognons, et enfin en amas terreux d'*ocre jaune*.

Le carbonate de fer, ou *fer spathique* des minéralogistes, est tantôt sous forme de masses compactes, d'amas terreux ; tantôt sous forme de filons, de veines lamellaires.

2. Fer natif météorique.— Le fer naturellement dégagé de toute combinaison, le fer *natif* comme on dit, ne paraît pas faire partie des matériaux de l'écorce terrestre ; mais, fait bien remarquable, les pierres tombées du ciel, les aérolithes, en contiennent fréquemment. Il nous arrive des espaces planétaires, tantôt des poussières de fer, tantôt des blocs volumineux où ce métal est disséminé en grains isolés, tantôt des masses énormes composées presque en entier de fer pur. Dans ces derniers temps, le muséum de Paris a reçu du Mexique un bloc de ce fer céleste, du poids de 780 kilogrammes. Le bloc météorique mexicain fait le pendant à un autre, de 625 kilogrammes, et provenant des Alpes-Maritimes. On cite des masses de fer d'origine extra-terrestre bien plus considérables ; ainsi, près de Thorn, en Pologne, il s'en trouverait une pesant au moins 20000 quintaux métriques.

3. Notions sur la métallurgie du fer. Fondants. — Les minerais de fer, les oxydes généralement, contiennent des matières étrangères, dont il convient de les débarrasser en majeure partie. Ces matières étrangères portent le nom de *gangue*. Au sortir de la mine, les minerais sont concassés et triés ; s'ils sont terreux, on les lave dans un courant d'eau pour entraîner l'excès de gangue. Malgré ces traitements, des matières étrangères restent toujours Deux cas principaux peuvent se présenter : la gangue est silicouse, ou bien elle est calcaire. Par gangue siliceuse, il faut entendre le quartz ou silice, et l'argile ou silicate d'alumine. Seuls ces corps sont infusibles ; mais ils le deviennent par la combinaison avec certaines bases, l'oxyde de fer et la chaux en particulier. Aux minerais siliceux on ajoute donc du carbonate de chaux ou *castine*, suivant l'expression usitée en métallurgie. La castine fournit de la chaux, le minerai fournit de l'oxyde de fer, de l'acide silicique et de l'alumine. Il se forme donc des silicates de fer et de chaux, des silicates doubles d'alumine et de fer, d'alumine et de chaux, composés qui sont tous plus ou moins fusibles.

Si le minerai est calcaire, on fait l'inverse : on

ajoute des matières siliceuses, ou, comme on dit, de *l'erbue*, pour donner naissance aux mêmes silicates fusibles.

4. Hauts fourneaux. — Le traitement des minerais de fer se fait dans des appareils spéciaux, nommés *hauts fourneaux*, dont la hauteur est d'environ 10 mètres lorsqu'ils sont chauffés avec le charbon de bois, et de 20 mètres lorsque le coke sert de combustible. En G (fig. 37) est le *gueulard*, ou l'ouverture du fourneau par laquelle on jette le combustible et le minerai mélangé avec le fondant. Il est surmonté d'une courte cheminée H, où est pratiquée une porte pour le service du gueulard. En V le fourneau se renfle ; cette région porte le nom de *ventre*. Le cône supérieur VG constitue la *cuve* ; le cône inférieur VE constitue les *étalages*. Au dessous des étalages se trouve un espace O, appelé *l'ouvrage*. Il s'étend jusqu'à la *tuyère t*. La partie *c*, placée au-dessous de la tuyère, porte le nom de *creuset*. La paroi antérieure du creuset est formée par une pierre prismatique *d*, appelée *dame*, et qui se trouve un peu en avant de la paroi *p* de l'ouvrage, paroi qu'on nomme *tympe*. En dehors du fourneau, un plan incliné fait suite à la dame.

5. Réactions chimiques des hauts fourneaux. — Par le gueulard, on introduit peu à peu, de manière que le fourneau reste toujours plein, du minerai, du charbon et du fondant de la gangue. L'air incessamment injecté par de fortes machines soufflantes, arrive par la tuyère *t*, brûle le charbon, forme de l'acide carbonique, et produit une haute température. L'acide carbonique, à mesure qu'il s'élève dans "ouvrage et dans les étalages, traverse une couche de charbon incandescent, qui le fait passer à l'état d'oxyde de carrone en doublant la proportion de charbon combiné

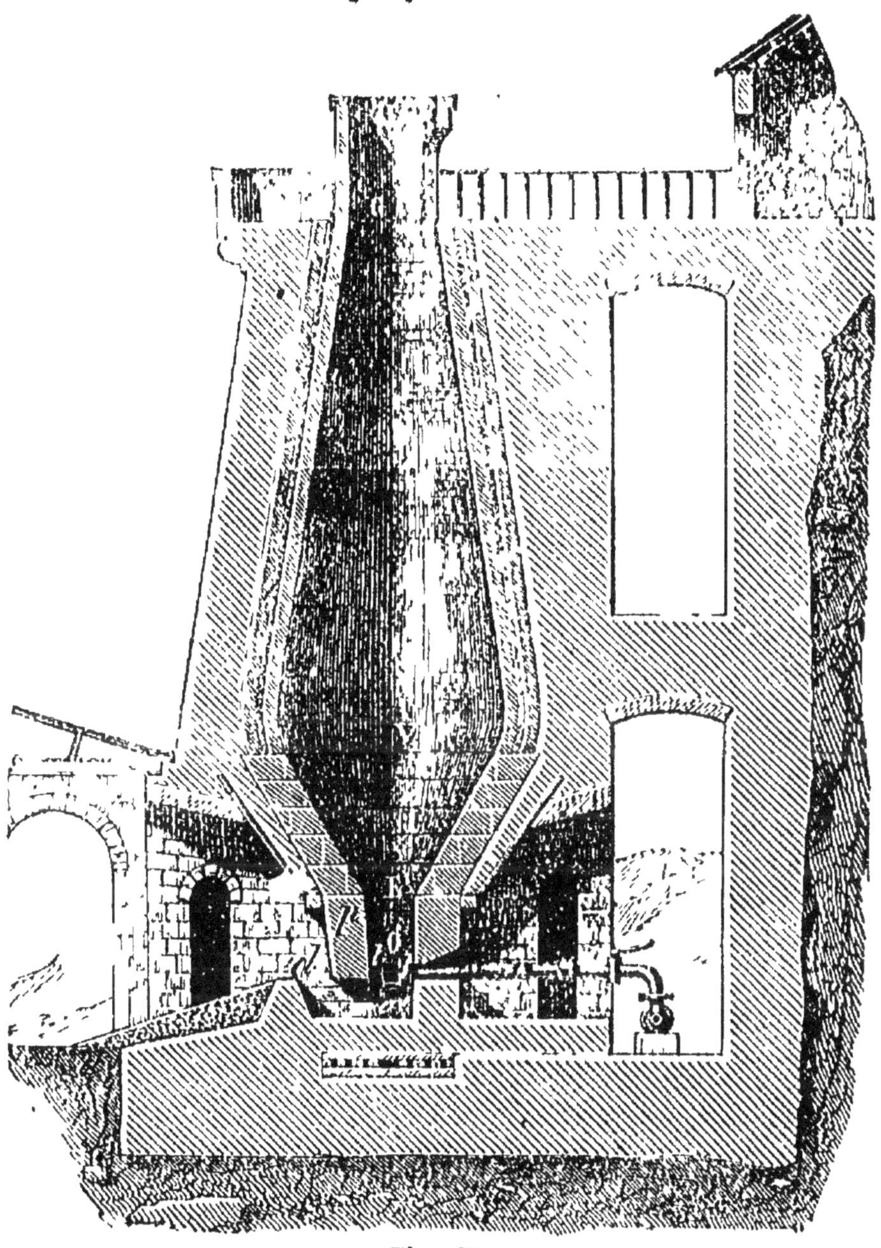

Fig. 37.

avec l'oxygène. L'oxyde de carbone rencontre à son tour de l'oxyde de fer très-chaud, qui lui cède son oxygène et devient fer métallique, tandis que l'oxyde de carbone se transforme en acide carbonique. Le charbon remplit donc ici un double rôle : par sa combustion, il donne la haute température nécessaire à la fusion ; par l'un de ses composés gazeux oxygénés, l'oxyde de carbone, il *réduit* l'oxyde de fer, c'est-à-dire lui enlève l'oxygène et le ramène à l'état métallique. Fer réduit, gangue, chaux et charbon descendent ensemble et atteignent les étalages, où règne une température élevée. C'est alors que la chaux réagit sur la gangue pour former des silicates fusibles ; c'est alors aussi que le fer très-fortement chauffé, se combine avec du carbone et un peu de silicium, et se convertit en fonte. Dans l'ouvrage, où la température acquiert toute son intensité, le mélange achève de se fluidifier et tombe dans le creuset dans un état de liquidité parfaite. La fonte, plus lourde, gagne le fond du creuset ; les silicates, plus légers, ou le *laitier*, surnagent, préservent la fonte de l'oxydation en la mettant à l'abri de l'air lancé par la tuyère, et s'écoulent en débordant la *dame* à mesure que leur quantité augmente. Au bas du creuset est une ouverture qui, pendant l'opération, est fermée avec un tampon d'argile ; elle porte le nom de *trou de coulée*. Lorsque le creuset est plein, on retire le tampon, et la fonte coule dans des rigoles creusées dans le sable, où elle prend, en se solidifiant, la forme de lingots nommés *gueuses*.

6. **Fonte.** — Le produit des hauts fourneaux n'est pas du fer pur mais bien de la *fonte*, c'est-à-dire du fer combiné avec une faible proportion de carbone et de silicium. La fonte est plus fusible que le fer, plus dure et plus cassante. On l'emploie au coulage, soit directement à l'usine même du haut fourneau, soit après une seconde fusion dans des ateliers spéciaux

de fonderie. C'est avec la fonte que l'on fabrique les tuyaux de conduite des eaux, les poêles, les marmites, les grilles, etc.

7. **Conversion de la fonte en fer.**— Pour *affiner* la fonte ou la convertir en fer, on la chauffe sous un courant d'air dans des fours nommés *fours de finerie*. Le carbone brûle et se dégage en acide carbonique ; le silicium devient acide silicique, qui se combine avec une faible proportion de fer converti en oxyde, et donne un silicate imprégnant la masse métallique. Un énergique martelage expulse ce silicate.

8. **Propriétés physiques du fer.** — Débarrassé, autant que le permet l'opération de l'affinage, des corps étrangers auxquels il est associé à l'issue du haut fourneau, le fer prend dans le commerce le nom de *fer doux*. Sa couleur est d'un gris bleuâtre. Il est le plus tenace des métaux. Il entre en fusion à 1500° environ, c'est-à-dire à la plus haute température que puisse produire un bon fourneau à vent. La fusibilité augmente quand le fer est associé au carbone. Aussi la fonte est-elle plus fusible que le fer doux. Bien avant de se fondre, le fer se ramollit. Il peut alors être façonné sous le marteau, se souder à lui-même et prendre telle forme que l'on veut. Le fer est magnétique. Sous l'influence d'un aimant ou d'un courant, il s'aimante et se désaimante tour à tour avec d'autant plus de facilité qu'il est plus pur. Mais s'il est combiné avec du carbone, il conserve l'aimantation une fois acquise. A la chaleur rouge, ses propriétés magnétiques disparaissent.

9. **Propriétés chimiques du fer.** — L'air sec est sans action sur le fer à la température ordinaire ; mais l'action de l'air humide est très-prompte. Le résultat de cette action est de l'hydrate de sesquioxyde

de fer ou *rouille*. On préserve le fer de l'oxydation en le recouvrant d'une mince couche d'étain, *fer étamé*, ou d'une mince couche de zinc, *fer galvanisé*. On emploie encore la peinture à l'huile, les vernis.

L'air sec agit sur le fer à une température élevée. A la chaleur rouge, l'oxydation est rapide, et le fer donne des écailles oxydées ou *battitures*, qui s'en détachent en étincelles quand il est battu sur l'enclume. Chauffé au blanc, le fer brûle avec vivacité.

Le fer décompose l'eau à froid en présence de l'acide sulfurique; il se dégage de l'hydrogène et il se produit du sulfate de fer. L'acide azotique faible l'attaque rapidement; l'acide chlorhydrique le dissout, à froid.

10. Acier. — L'association du carbone au fer, dans la proportion de 1 à 2 centièmes environ, modifie profondément les propriétés de celui-ci, et constitue l'*acier*. Ce qui distingue principalement l'acier du fer, c'est la faculté de devenir très-dur par la *trempe*. Cette opération se fait en portant l'acier à une température élevée et en le plongeant brusquement dans de l'eau froide. L'acier non trempé n'est guère plus dur que le fer; après la trempe, il a une dureté qui lui permet de limer, raboter, scier le fer et même des corps plus durs. La dureté acquise est d'autant plus forte que la trempe est plus énergique, c'est-à-dire que la température à laquelle l'acier a été porté est plus élevée et que le refroidissement est plus subit, plus vif. L'acier bien trempé est très-dur; mais par contre il est très-fragile. Certains instruments de chirurgie, les lancettes, qui exigent une forte trempe pour acquérir un tranchant supérieur à celui de nos instruments ordinaires, se brisent avec la facilité du verre. A un moindre degré, nos canifs, nos rasoirs, présentent quelque chose de pareil. Lorsqu'on le chauffe et qu'on le laisse après refroidir lentement, l'acier perd sa dureté et redevient ductile et malléable, en un mot il se détrempe. On obtient l'acier en chauffant du fer d'excellente qualité entouré de charbon en poudre dans des caisses de briques réfractaires. Ce traitement se nomme *cémentation*.

11. Sesquioxyde de fer. — Le plus important des oxydes de fer est le sesquioxyde, très-répandu dans la nature minérale. Il constitue les principaux minerais de fer. Anhydre, il forme le *fer oligiste* ou l'*hématite rouge*, suivant qu'il est cristallisé ou amorphe ; hydraté, il forme la *limonite*. A l'état anhydre, il donne sa couleur rouge aux argiles, aux ocres rouges, à la sanguine ; à l'état hydraté, il est jaune et donne sa coloration aux ocres et aux argiles jaunes.

On l'obtient artificiellement à l'état anhydre en décomposant par la chaleur, dans une cornue de terre, du sulfate de fer. Le résidu est une poudre d'un brun rouge, nommée *colchotar*, employée pour polir les métaux et le verre. On lui donne encore les noms de *rouge d'Angleterre, rouge à polir*.

Le sesquioxyde de fer, tantôt anhydre, tantôt hydraté, fournit à la peinture diverses couleurs. Les ocres jaunes et les ocres rouges, le rouge de mars, le brun rouge, la terre d'ombre, la terre de Sienne, sont autant de variétés de ce corps.

12. Bisulfure de fer ou pyrite. — Le bisulfure de fer, en minéralogie pyrite, est un produit naturel très-abondamment répandu. Ce composé est d'un beau jaune d'or et d'un superbe éclat métallique, cause de fréquentes illusions chez les personnes non familiarisées avec ces apparences trompeuses. La nom vulgaire *d'or des ânes* fait allusion à ce riche aspect d'une matière sans valeur.

Grillées au contact de l'air, les pyrites dégagent de l'acide sulfureux. C'est ainsi que l'on obtient économiquement, aujourd'hui, l'acide sulfureux nécessaire à la fabrication de l'acide sulfurique. Enfin exposées à l'action prolongée de l'air humide, les pyrites donnent une grande partie du sulfate de fer du commerce.

13. **Prussiate jaune de potasse. Bleu de Prusse.** — Si l'on calcine au rouge un mélange de matières très azotées, comme chair desséchée, rognures de cuir, avec de la limaille de fer et du carbonate de potasse, on obtient une matière qui, traitée par l'eau bouillante, fournit du prussiate jaune de potasse, se déposant en cristaux par le refroidissement. Ce sel est en cristaux aplatis, d'un jaune citron, d'un goût d'abord sucré, puis amer et salé. Il renferme dans sa composition du cyanogène, du fer et du potassium.

Si dans une dissolution saline de sesquioxyde de fer, par exemple dans la liqueur qu'on obtient en traitant du fer par de l'acide azotique, on verse une dissolution de prussiate jaune, il se produit à l'instant un précipité d'une magnifique matière bleue. C'est le *bleu de Prusse.*

14. **Sulfate de fer.** — Le sulfate de fer est connu dans le commerce sous le nom de *couperose verte, vitriol vert.* Ce produit important est industriellement obtenu de deux manières : par l'action de l'acide sulfurique sur le fer, et par la transformation que les pyrites éprouvent au contact de l'air humide.

Ce sel est d'un vert clair, d'une saveur astringente, métallique. Exposé à l'air, il perd sa transparence et prend l'aspect ocreux par suite d'une suroxydation qui donne naissance à du sulfate de sesquioxyde. C'est principalement dans la teinture que le sulfate de fer trouve une importante application. Avec le concours de la noix de galle et autres matières végétales riches en acide tannique, il teint les étoffes en noir. L'encre ordinaire résulte également d'une réaction de l'acide tannique sur le sulfate de fer. On la prépare en faisant bouillir une partie de noix de galle dans quinze parties d'eau ; on filtre la liqueur et l'on y ajoute une demi partie de sulfate de fer et autant de gomme. Le mélange est abandonné à l'air jusqu'à ce qu'il ait pris une teinte noir foncé.

QUESTIONNAIRE.

1. De quelles armes l'homme faisait-il usage avant la connaissance du fer ? — Pourquoi l'emploi du fer est-il venu si tardivement ?— Quels sont les principaux minerais de fer ? — 2. Qu'appelle-t-on fer météorique ?— Citez quelques exemples de masses de fer météoriques. — 3. Qu'appelle-t-on fondants dans la métallurgie du fer ? — Que désigne-t-on par les mots de castine et d'erbue ? — 4. Quelle est la forme d'un haut fourneau? — Quelles sont ses principales parties ? — 5. Quel est le rôle du charbon et de ses dérivés oxygénés dans la métallurgie du fer ?—Qu'est-ce que le laitier ?— Qu'appelle-t-on gueuses ? — 6. Obtient-on du fer directement avec les hauts fourneaux ? — Quelle différence chimique y a-t-il entre la fonte et le fer? — Quelles sont les propriétés de la fonte ?— Quels sont ses usages? — 7. Comment la fonte est-elle convertie en fer ? — Qu'appelle-t-on fours de finerie ? — 8. Quelles sont les propriétés physiques du fer ? — Qu'appelle-t-on fer doux ? —

9. Quelles sont les propriétés chimiques du fer? — Qu'est-ce que la rouille? — Comment préserve-t-on le fer de la rouille? — 10. Qu'est-ce que l'acier? — En quoi consiste la trempe? — Quelles propriétés la trempe communique-t-elle à l'acier? — Comment détrempe-t-on l'acier? — Comment se prépare l'acier par cémentation? — 11. Qu'est-ce que le sesquioxyde de fer? — Quels composés naturels forme-t-il? — Qu'est-ce que le colchotar? — Comment l'obtient-on? — A quoi sert-il? — Quelles couleurs le sesquioxide de fer fournit-il à la peinture? — 12. Qu'appelle-t-on pyrite? — Pourquoi lui donne-t-on le nom d'or des ânes? — Quel est le principal emploi des pyrites? — 13. Comment obtient-on le prussiate jaune de potasse? — Quels sont ses caractères physiques? — Comment s'obtient le bleu de Prusse? — 14. Comment se prépare le sulfate de fer? — Quels sont les noms vulgaires de ce sel? — Quels sont ses caractères physiques? — A quoi sert-il? — Comment se prépare l'encre ordinaire?

CHAPITRE VI

ZINC. ÉTAIN.

1. Minerais de zinc. — Le zinc, dont l'emploi comme métal d'un usage vulgaire date seulement de ce siècle, s'extrait de la *calamine* et de la *blende*. La calamine est un carbonate de zinc et la blende un sulfure. La première est une matière amorphe, blanchâtre ou jaunâtre; la seconde est cristalline, jaunâtre, translucide, à cassure tantôt lamelleuse, tantôt fibreuse. Les deux minerais sont d'abord soumis au grillage, c'est-à-dire fortement chauffés en présence de l'air. La calamine perd son acide carbonique, la blende perd son soufre et s'oxyde, et toutes les deux laissent pour résidu de l'oxyde de zinc. Ramenés de cette manière à l'état d'oxyde, les deux minerais sont chauffés avec du charbon qui les réduit, c'est-à-dire leur enlève leur oxygène. Le zinc métallique et l'oxyde de carbone sont les produits de cette réaction.

2. **Propriétés physiques du zinc.** — Le zinc est d'un blanc bleuâtre et d'une texture lamelleuse. Il est peu flexible quoique mou ; il s'attache à la lime et la *graisse*, comme le font, à un plus haut degré, l'étain et le plomb. Chauffé, il devient très-cassant ; à 200°, il peut être pulvérisé dans un mortier. C'est le plus dilatable des métaux, aussi une feuille de ce métal clouée sur son contour est-elle exposée à se déchirer par suite des variations de température. Il entre en fusion à 500° ; au rouge blanc, il se réduit en vapeurs et distille.

3. **Propriétés chimiques du zinc.** — Au-dessus du point de fusion, le zinc brûle en répandant une lumière blanche éclatante. L'air humide oxyde lentement le zinc. Il se forme ainsi une couche oxydée imperméable à l'air, qui protège désormais le métal contre l'oxydation. Le zinc décompose rapidement l'eau en présence de l'acide sulfurique. La préparation habituelle de l'hydrogène est basée sur cette propriété.

4. **Usages du zinc.** — Les usages du zinc sont fort nombreux. A l'état de feuilles, ce métal sert pour les toitures, les gouttières, les baignoires, les arrosoirs, etc. On en fait des objets d'art moulés ou repoussés ; mais il ne peut entrer dans les ustensiles de cuisine, parce qu'il est facilement attaquable par les acides et produit avec eux des composés vénéneux.

Enfin, il **constitue** l'élément oxydable des piles voltaïques.

En dehors de ces applications directes, le zinc en a d'autres tout aussi importantes. Il fait partie du *laiton ou cuivre jaune*, du *bronze monétaire*, du *fer galvanisé*. On entend par fer galvanisé du fer recouvert d'une couche de zinc, qui le préserve de l'oxydation. Le laiton est un alliage de cuivre et de zinc ; et le bronze monétaire un alliage de cuivre, d'étain et de zinc.

5. Oxyde de zinc. — Pour une expérience de laboratoire, on fond du zinc dans un creuset. A la chaleur rouge, les vapeurs métalliques s'enflamment au contact de l'air et brûlent avec une éblouissante lumière blanche. En remuant la masse pour renouveler les parties en rapport avec l'air, on donne plus d'éclat encore à cette splendide combustion. En même temps, du sein de la flamme, s'élèvent, entraînés par l'air, des flocons aussi blancs que la neige, aussi légers que le plus fin duvet. Frappés de sa blancheur et de sa délicatesse, les anciens chimistes avaient donné à ce duvet métallique les noms de *fleurs de zinc*, de *laine philosophique*. Ces flocons neigeux sont du zinc brûlé, de l'oxyde de zinc.

Le principal emploi de l'oxyde de zinc est dans la peinture, où il est connu sous le nom de *blanc de zinc*. Il remplace le *blanc de plomb* ou *céruse*, composé très-vénéneux, comme le sont en général les composés plombiques, et de plus, noircissant peu à peu à l'air sous l'influence des émanations sulfhydriques. Le blanc de zinc est inoffensif, et ne brunit point à l'air.

6. Sulfate de zinc. — Ce sel porte dans le commerce les noms de *couperose blanche* et de *vitriol blanc*

On l'obtient en dissolvant des rognures de zinc dans de l'acide sulfurique étendu d'eau. C'est le résidu de la préparation de l'hydrogène dans les laboratoires. Le sulfate de zinc est incolore, d'une saveur amère et astringente. Il s'effleurit à l'air. On l'emploie dans les ateliers d'indiennerie ; la médecine l'utilise comme caustique, en particulier dans les ophtalmies.

ÉTAIN.

7. Minerai d'étain.—Le bioxyde d'étain ou la *cassitérite* est le seul minerai que l'on exploite pour obtenir ce métal. Les principaux gisements sont dans le comté de Cornouailles en Angleterre, et aux Indes dans la presqu'île de Malacca. C'est une matière brune, quelquefois blanche, qu'il suffit de chauffer avec du charbon pour lui enlever son oxygène et obtenir le métal. Aussi l'étain est-il connu depuis très-longtemps. Le bronze, alliage d'étain et de cuivre, a fourni à l'homme ses premiers outils métalliques.

8. Propriétés physiques de l'étain. — L'étain est d'un blanc argentin à reflet jaunâtre. Frotté entre les mains, il dégage une odeur désagréable. Il n'est pas sonore parce qu'il est dépourvu d'élasticité. Il est très-flexible, et lorsqu'on le plie, il fait entendre un bruit qui annonce un déchirement. On appelle ce bruit le *cri de l'étain*. Il est très-malléable ; on peut le réduire par le battage en feuilles très-minces. Son point de fusion est à 228°, température insuffisante pour amener la destruction du papier. Aussi une mince feuille d'étain peut être fondue sur une feuille de´ papier placée sur un poêle modérément chaud.

9. **Propriétés chimiques de l'étain.** — L'air froid ne l'altère pas, mais il s'oxyde facilement au contact de l'air chaud : aussi toutes les fois que l'on maintient l'étain en fusion, sa surface se voile d'une pellicule grisâtre d'oxyde. L'acide azotique attaque l'étain avec une extrême violence ; le résultat est une matière pulvérulente blanche, qu'on nomme bioxyde d'étain ou acide stannique.

10. **Usages de l'étain.** — Les sels d'étain en petite quantité sont inoffensifs ; d'ailleurs ce métal est peu altérable à l'air et sous l'influence des diverses préparations alimentaires. Aussi l'étain est-il employé pour la fabrication des mesures de capacité des liquides, des vases et ustensiles le ménage. Réduit en minces feuilles, il sert à envelopper et à préserver de l'air et de l'humidité diverses substances destinées à l'alimentation, saucisson, chocolat, thé, etc. Allié au cuivre, il constitue le bronze ; allié au plomb, il forme la soudure des plombiers ; associé au mercure, il donne l'étamage des glaces. Enfin l'étain sert à étamer les métaux, notamment le cuivre et le fer.

11. **Etamage.** — On se propose, par l'étamage, de recouvrir un métal oxydable et parfois vénéneux d'un métal inoxydable et inoffensif. L'étamage le plus vulgaire est celui des ustensiles de cuivre. A cet effet, de l'étain fondu est promené avec un tampon d'étoupe sur la surface chaude et bien nette du cuivre ; il se forme ainsi un mince dépôt d'étain, qui préserve le cuivre du contact de l'air et des matières alimentaires, et prévient la formation de composés toxiques.

Ce qu'on nomme *fer-blanc* est du fer étamé. Des feuilles de fer passées au laminoir et bien nettoyées sont plongées quelques instants dans un bain d'étain fondu. Au sortir du bain métallique, la feuille est lavée, brossée et nettoyée avec du son pour enlever l'excès d'étain.

12. Bisulfure d'étain. — Ce composé, appelé aussi *or mussif*, est une matière écailleuse, à lamelles micacées, grasses au toucher, d'une couleur jaune d'or. Il est employé dans les arts pour bronzer les objets en plâtre et les poteries, pour donner à la peinture les reflets du bronze, pour frotter les coussins des machines électriques.

13. Chlorures d'étain. — Le protochlorure est le *sel d'étain* du commerce. C'est une matière blanche, cristalline, d'une odeur désagréable et d'une saveur styptique. Le bichlorure porte l'ancienne dénomination de *liqueur fumante de Libavius*. C'est un liquide incolore, très-lourd, d'une odeur insupportable, répandant à l'air des fumées très-intenses. Versé dans de l'eau, il produit un frémissement semblable à celui d un fer rouge et dégage beaucoup de chaleur. Les deux chlorures d'étain sont employés en teinture comme *mordants*, c'est-à-dire comme substances aptes à fixer certaines matières colorantes sur les tissus.

QUESTIONNAIRE.

1. Quels sont les minerais de zinc? — Qu'est-ce que la calamine? — Qu'est-ce que la blende? — Comment retire-t-on le zinc de ces minerais? — 2. Quelles sont les propriétés physiques du zinc? — 3. Quelles sont ses principales propriétés chimiques? — 4. A quels usages ce métal est-il employé? — Quelle est la composition du

laiton, du bronze monétaire ? — Qu'est-ce que le fer galvanisé ? — 5. Comment se fait l'expérience de la combustion du zinc ? — Que désigne-t-on par les expressions de fleurs de zinc, laine philosophique ? — Qu'est-ce que le blanc de zinc ? — A quoi sert-il ? — Quels avantages présente-t-il sur le blanc de plomb ? — 6. Comment s'obtient le sulfate de zinc ? — Quels sont ses caractères physiques ? — A quoi sert-il ? — 7. Quel est le minerai d'étain ? — Où le trouve-t-on ? — Comment obtient-on le métal avec ce minerai ? — Pourquoi l'étain a-t-il été connu dès la plus haute antiquité ? — 8. Quelles sont les propriétés physiques de l'étain ? — 9. Quelles sont ses propriétés chimiques ? — 10. A quels usages sert l'étain ? — Pourquoi ce métal peut-il entrer dans la fabrication des ustensiles de ménage ? — Quelle est la composition du bronze et de la soudure des plombiers ? — 11. Pourquoi étame-t-on le cuivre ? — Comment se pratique l'étamage ? — Qu'est-ce que le fer-blanc ? — Comment le fabrique-t-on ? — 12. Quels sont les caractères du bisulfure d'étain ? — Quels sont ses usages ? — 13. Quels sont les caractères des deux chlorures d'étain ? — A quoi servent-ils ?

CHAPITRE VII

CUIVRE.

1. Mineral de cuivre. — Seul ou associé à l'étain, le cuivre est le premier métal que l'homme ait su mettre à son service. Bien avant de connaître le fer, l'antiquité façonnait ses outils et ses armes en bronze, progrès immense sur la hache en silex des temps primitifs. Cependant aujourd'hui la métallurgie du cuivre est une' opération difficultueuse, qui sans nul doute dépasse les connaissances de l'âge du bronze. Chauffer et marteler, c'était là apparemment l'unique ressource de l'art naissant des métaux. Les minerais de cuivre que l'on exploite de nos jours résisteraient à ce traitement élémentaire. Il faut donc que le cuivre se soit présenté à l'homme à l'état natif et en abondance. C'est d'autant plus probable, qu'il s'en trouve encore des amas considérables, en particulier sur les rives méridionales du lac Supérieur aux Etats-Unis. Dans ce gisement cuprifère, il s'est trouvé des masses de cuivre pur pesant de 20 à 30 tonnes. Si l'Europe et l'Asie, à l'époque des armes de bronze, ont présenté des amas pareils, maintenant épuisés, l'apparition du cuivre, devançant celle des autres métaux, s'explique d'une manière très-naturelle.

Le principal minerai de cuivre exploité aujourd'hui est un sulfure double de cuivre et de fer ou *chalkopyrite*, *pyrite cuivreuse*, contenant 35 de cuivre, 30 de fer et 35 de soufre. C'est une substance d'aspect métallique, d'un jaune de bronze, constituant des masses compactes, très-brillantes dans leur cassure fraiche. Les principaux gisements se trouvent en Angleterre, en Russie, en Suède, au Mexique, au Chili.

Le traitement des pyrites cuivreuses est une opération métallurgique très-complexe qui se partage en deux phases. Dans la première, le fer plus oxydable que le cuivre est éliminé à l'état de scories ou de silicate de fer ; les *mattes*, mélange de cuivre et de sulfure de cuivre, sont le résultat de ce traitement préliminaire. Pendant la seconde phase, le soufre devient acide sulfureux, et le cuivre est mis en liberté.

2. Propriétés physiques du cuivre. — Le cuivre est d'une belle couleur rouge. Frotté entre les doigts, il dégage une odeur désagréable. Il fond à la chaleur rouge. A une température plus élevée, il répand des vapeurs qui brûlent à l'air avec une flamme verte. C'est le plus tenace des métaux après le fer.

3. Propriétés chimiques du cuivre. — L'air sec et froid n'altère pas le cuivre ; l'air chaud l'oxyde. Quelque élevée que soit la température, l'oxydation du cuivre se fait sans incandescence ; aussi, par le choc, ce métal ne produit jamais d'étincelles. On utilise cette propriété dans les fabriques de poudre, en se servant d'ustensiles de cuivre au lieu d'ustensiles de fer, dont une simple étincelle pourrait occasionner de si graves accidents.

L'air humide attaque le cuivre et forme ce qu'on appelle le *vert-de-gris*. Comme cette substance est un carbonate de cuivre hydraté, elle provient évidemment de l'action simultanée de l'acide carbonique, de l'oxygène et de l'eau. Le vert-de-gris joue le rôle de vernis relativement au métal dont il recouvre la surface, et le protège contre toute oxydation ultérieure. Il constitue, sur les statues en bronze et les médailles antiques, ce que l'on nomme la *patine* en terme d'art. Sous ce vernis imperméable à l'air, les bronzes de la numismatique et de la statuaire antiques ont pu parvenir jusqu'à nous.

Sous l'influence des acides, même les plus faibles, acide du vinaigre, acides des fruits, des corps gras, le cuivre absorbe rapidement l'oxygène de l'air et produit des combinaisons salines. Il suffit d'humecter de la tournure de cuivre avec un liquide acidulé pour déterminer en peu de temps la formation d'un sel, reconnaissable à sa couleur verte ou bleue. Les alcalis, et principalement l'ammoniaque, provoquent aisément encore l'oxydation du cuivre en présence de l'air.

Cette facile altération du cuivre, même sous l'influence de substances peu actives, comme celles qui entrent dans notre alimentation, démontre combien il est dangereux de négliger les soins de propreté qu'on doit aux ustensiles de cuivre destinés aux usages culinaires. Tous les composés de cuivre sont en effet, très-vénéneux. L'étamage et surtout une extrême circonspection, nous prémunissent contre les effets redoutables des sels cuivriques. Le contre-poison, dans le cas d'une intoxication par le cuivre, est l'albumine ou blanc d'œuf, qui forme un composé insoluble avec l'oxyde cuivrique et l'empêche de la sorte d'être absorbé par l'organisation.

4. Usages du cuivre. — Employé seul, le cuivre sert à la fabrication des chaudières, des alambics, des ustensiles de cuisine. En lames, il sert au doublage des navires pour préserver le bois des tarets, qui le perforent, et des végétations sous-marines, qui le surchargent.

Allié au zinc, il constitue le *laiton* ou *cuivre jaune*, avec lequel on fabrique certains instruments de physique et de musique, les boutons, les épingles, la bijouterie fausse, les jouets d'enfants, et mille ustensiles, lampes, flambeaux, garnitures de meubles etc.

Le *bronze* est un alliage de cuivre et d'étain. C'est avec le bronze que se fabriquent les canons, les cloches, les médailles, les objets d'art.

5. Sulfate de cuivre. — Ce sel porte dans le commerce les noms de *vitriol bleu* ou de *couperose bleue*

On l'obtient soit en attaquant par l'acide sulfurique es rognures et planures de cuivre provenant des ateliers de tournage et de laminage de ce métal, soit en grillant au contact de l'air les pyrites cuivreuses que l'on abandonne après à l'action de l'atmosphère humide. Sa saveur est métallique, styptique, très-désagréable. Il est vénéneux, propriété qu'il partage du reste avec les autres sels cuivriques. Le principal emploi du sulfate de cuivre est dans la teinture, pour teindre la laine et la soie en noir, en lilas, en violet.

6. Couleurs dérivées du cuivre. — On obtient avec le cuivre diverses couleurs utilisées en peinture. — Les cendres bleues résultent de la décomposition du sulfate de cuivre par la chaux. Elles sont formées d'un mélange d'hydrate bleu d'oxyde de cuivre, de sulfate de chaux et de chaux. — Le *vert minéral* est un carbonate de cuivre associé à de l'hydrate de cuivre. On l'obtient en versant une dissolution de carbonate de soude dans une dissolution de sulfate de cuivre. Il se forme un précipité volumineux et bleuâtre, que la chaleur verdit et resserre. Sa composition est la même que celle de la *malachite*, exploitée en Sibérie comme minerai de cuivre. Les blocs compactes de malachite sont débités en feuilles minces, et utilisés comme pièces de placage d'une rare beauté pour socles de pendule, tables, chambranles de cheminée. — Le *vert de Scheele* est un arsénite de cuivre, que l'on prépare en versant une dissolution d'arsénite de potasse dans une dissolution bouillante de sulfate de cuivre. — Le *vert de Schweinfurt* est encore une préparation arsénicale de cuivre. — Toutes les couleurs dérivées du cuivre sont vénéneuses, et au plus haut degré le vert de Scheele et le vert de Schweinfurt, qui aux propriétés toxiques du cuivre ajoutent celles de l'arsenic.

7. Caractère des sels cuivriques. — Le fer, ainsi que le zinc, plongé dans une dissolution de sel de cuivre, se substitue à ce métal et le précipite de la dissolution en poudre rougeâtre, ou pour le moins en pellicule de cuivre métallique adhérant au métal précipitant. Une aiguille, plongée dans une liqueur contenant la moindre trace d'un sel cuivrique, se recouvre, plus ou moins rapidement, d'une pellicule de cuivre, reconnaissable à sa couleur rouge.

QUESTIONNAIRE.

1. Quel est le premier métal que l'homme ait connu ? — Pourquoi la connaissance du cuivre a-t-elle précédé celle des autres métaux ? — Où trouve-t-on encore du cuivre natif ? — Quel est le principal minerai de cuivre exploité aujourd'hui ? —Quelle est la composition de la pyrite cuivreuse ? — Quel est son aspect ? — Comment en retire-t-on le cuivre ? — 2. Quelles sont les propriétés physiques du cuivre ? — 3. Le cuivre s'oxyde-t-il avec incandescence ? — Donne-t-il des étincelles par le choc ? — Quelle utilité retire-t-on de cette propriété ? — Qu'est-ce que le vert-de-gris ? — Que nomme-t-on patine ? — Dans quelles circonstances le cuivre produit-il des combinaisons salines ?— Quelles précautions faut-il prendre au sujet des ustensiles de cuisine en cuivre ? — Quel est le contre-poison dans le cas d'une intoxication par le cuivre?—4. A quels usages sert le cuivre seul ? — Qu'est-ce que le laiton ? —Qu'est-ce que le bronze —? 5. Quels sont les noms vulgaires du sulfate de cuivre?— Comment obtient-on ce sel ? — Quels sont ses caractères physiques ? — A quoi sert-il ? — 6. Qu'appelle-t-on cendres bleues, vert minéral, malachite, vert de Scheele, vert de Schweinfurt? — Les couleurs dérivées

du cuivre sont-elles dangereuses?—Quelles sont les plus vénéneuses? — 7. Comment reconnaît-on la présence du cuivre dans un liquide ?

CHAPITRE VIII

PLOMB.

1. Minerai de plomb. — Le minerai de plomb le plus répandu et le plus important est le sulfure, vulgairement *galène*, matière d'aspect métallique, d'un gris brillant, cristallisant en cubes, faciles à pulvériser. L'Angleterre, l'Espagne, l'Algérie, l'Italie, en possèdent des gisements considérables. Nos exploitations les plus importantes se trouvent en Bretagne.

Pour obtenir le métal, on grille d'abord la galène, c'est-à-dire qu'on la chauffe en présence de l'air. Il y a absorption d'oxygène, et le résultat est un mélange d'oxyde, de sulfate et de sulfure de plomb. Si l'on continue l'action de la chaleur sur ce mélange, mais cette fois à l'abri de l'air, l'oxygène absorbé pendant la première partie de l'opération forme avec le soufre de l'acide sulfureux, qui se dégage, tandis que le plomb est mis en liberté.

2. Propriétés physiques du plomb. — Le plomb est blanc bleuâtre et très-éclatant sur une coupure fraîche. Il est le plus mou des métaux usuels, et se prête par conséquent à des usages pour lesquels il ne peut être remplacé par aucun autre. On peut le plier sous les doigts, le rayer avec l'ongle, le couper au couteau. Sa mollesse lui permet de laisser une trace d'un gris bleuâtre sur le papier contre lequel on le frotte. Il est peu tenace, aussi ne donne-t-il à la filière que des fils non comparables pour la finesse à ceux du cuivre, du fer, du zinc. Il fond à 335°. Au rouge clair, il répand des vapeurs.

3. **Propriétés chimiques du plomb.** — L'air sec et froid est sans action sur le plomb; il l'oxyde, au contraire, très-rapidement si l'on fait intervenir la chaleur. Dans ces circonstances, une masse considérable de plomb peut passer en très-peu de temps à l'état d'oxyde, si l'on enlève ce dernier à mesure qu'il se forme, afin que le métal soit toujours en rapport avec l'air.

Au contact de l'air humide, le plomb se ternit rapidement; mais l'altération s'arrête à la surface, car l'oxyde formé constitue un vernis imperméable, qui protège les couches profondes.

L'acide azotique dissout le plomb avec facilité; l'acide chlorhydrique et l'acide sulfurique n'ont pas d'action sur lui à froid.

4. **Usages du plomb.** — La flexibilité de ce métal, qui lui permet de céder sous la main, de se plier sans gerçures et de se prêter à toute configuration, le rend très-précieux dans une foule de cas. Réduit en feuilles, le plomb sert à recouvrir les toits, à tapisser les cuves. Les jardiniers l'emploient en minces feuilles pour étiquettes, où un poinçon imprime aisément un numéro d'ordre; pour lier les plantes à leurs tuteurs, ils se servent de fils de plomb, moins altérables que les fils de fer et d'un emploi plus facile à cause de leur souplesse. Avec le plomb se fabriquent les tuyaux de conduite pour le gaz de l'éclairage et pour l'eau. On obtient le plomb de chasse en versant le métal liquide associé à une faible quantité d'arsenic, dans des

passoires en tôle percées de trous ronds. Le métal franchit .es trous sous forme de pluie que l'on reçoit dans l'eau d'un bassin. En se figeant, chaque goutte devient un grain rond. La présence de l'arsenic facilite cette configuration ronde. La passoire doit se trouver au-dessus du bassin à une hauteur d'autant plus élevée que le diamètre des grains doit être plus grand. Une hauteur d'environ 50 mètres est nécessaire pour les grains les plus forts. Les vieilles tours, les puits des usines sont utilisés pour cette fabrication.

5. **Alliages du plomb.** — L'alliage des ferblantiers, ou *soudure des plombiers*, est formé de plomb et d'étain. Il est plus fusible que chacun de ses métaux constitutifs, ce qui le rend d'un emploi facile pour la soudure.

L'alliage de plomb et d'antimoine sert à la fabrication des caractères d'imprimerie et des clichés. Il est assez dur pour ne pas se déformer sous l'action de la presse, et en même temps assez mou pour ne pas déchirer le papier. D'autre part, la facilité de sa fusion et sa parfaite fluidité lui permettent de reproduire avec précision la forme des moules.

Le plomb, l'étain et le bismuth entrent dans l'alliage de Darcet, remarquable par sa grande fusibilité. Ainsi trois parties de plomb fusible à 335°, deux parties d'étain fusible à 228° et cinq parties de bismuth fusible à 264°, donnent un alliage qui fond à 91°, et par conséquent dans de l'eau non encore arrivée à l'ébullition.

6. **Oxydes de plomb.** — Calciné dans des fours spéciaux en présence de l'air, le plomb se convertit en protoxyde. Si la température ne s'élève pas jusqu'à le fondre, cet oxyde est une poudre jaunâtre, qui

prend le nom vulgaire de *massicot*. Si la fusion a lieu, l'oxyde de plomb cristallise en petites lamelles par le refroidissement, et porte le nom de *litharge*. Ce produit a des aspects très-variés : il y en a de blanc, de jaune, de rouge, de rose.

Le protoxyde de plomb sert à la fabrication de la céruse et de l'acétate de plomb ou *sel de saturne*. Il rend siccative l'huile de lin. Certaines poudres et liqueurs, qui servent à noircir les cheveux, doivent leur efficacité à l'oxyde de plomb combiné avec un alcali. L'oxyde métallique agit sur le soufre, qui est un des éléments des cheveux, et produit du sulfure de plomb, cause de la coloration noire.

Si l'on continue sur le protoxyde de plomb l'action de la chaleur en présence de l'air toujours renouvelé, le métal s'oxyde davantage et se convertit en une poudre d'un rouge brillant légèrement orangé, nommée *minium*. Il se fait une grande consommation de minium dans la fabrication du cristal, qui lui doit sa limpidité, son pouvoir réfringent, sa fusibilité. On l'emploie pour colorer les papiers de tenture, la cire à cacheter ; on l'applique en peinture sur le fer pour garantir celui-ci de l'oxydation. Réduit en pâte avec de l'huile siccative, il sert pour luter les orifices des chaudières, les cylindres des machines à vapeur, les jointures des tuyaux métalliques boulonnés.

7. **Vernis des poteries communes.** — Sous le nom d'*alquifoux*, les potiers emploient le sulfure de plomb ou galène pour vernir les poteries communes. A cet effet la galène est réduite en poudre très-fine et enfin mise en suspension dans de l'eau. Les poteries, qui n'ont encore éprouvé qu'une simple dessiccation à l'air, sont enduites de ce liquide par une courte immersion. Elles sortent du bain avec une mince couche

de sulfure de plomb. En cet état, elles sont soumises à la cuisson dans un four. La chaleur et l'air transforment.le sulfure de plomb en oxyde ; celui-ci se combine avec la silice de l'argile et produit un verre d'un jaune de miel ou silicate de plomb, qui forme vernis. On peut varier la coloration avec un second oxyde. L'addition d'un peu d'oxyde de cuivre donne du vert ; l'oxyde de manganèse donne du brun.

Le vernis céramique à l'oxyde de plomb a l'inconvénient d'être attaquable par les acides, même par le vinaigre, et de produire ainsi des sels plombiques, tous très-vénéneux. Il serait donc dangereux de conserver des matières alimentaires acides dans des poteries vernissées au plomb.

8. **Céruse.** — Le céruse est une association de carbonate de plomb et d'hydrate d'oxyde de plomb. On l'obtient en dissolvant de la litharge dans l'acide acétique (acide du vinaigre), et en faisant passer après un courant d'acide carbonique au sein de la liqueur, qui blanchit et laisse déposer de la céruse.

La céruse, désignée aussi sous les noms de *blanc de plomb*, *blanc d'argent*, est le corps le plus fréquemment employé en peinture. Seule elle donne un blanc très-pur et très-opaque, qui *couvre* très-bien, c'est-à-dire voile parfaitement l'objet peint quoique sous une faible épaisseur. On l'utilise aussi en mélange ; les peintres n'appliquent presque pas de couleur qui n'en contienne. Le motif de cet emploi, c'est que la céruse détermine la dessiccation de l'huile et masque sa teinte désagréable. Malheureusement la peinture à la céruse noircit par l'acide sulfhydrique en produisant du sulfure de plomb. Tel est le motif qui fait brunir les tableaux à l'huile, inévitablement exposés, dans nos habitations, à des exhalaisons sulfhydriques. Les diverses couleurs qui recouvrent la toile contiennent presque toutes plus ou moins de céruse, cause de l'altération des teintes subies avec le temps.

Broyée, pétrie avec une petite quantité d'huile siccative, la céruse constitue le *mastic des vitriers*. Calcinée avec précaution au contact de l'air, elle dégage de l'eau, de l'acide carbonique, et laisse un résidu de minium d'un orangé vif, appelé *mine orange*. Ainsi que le sulfate de plomb, on emploie la céruse pour donner au papier le blanc satiné et le brillant de la porcelaine. Il suffit de brûler une carte de visite pour constater la nature plombique de son vernis. Sur le liséré noir accompagnant la flamme, on voit apparaître de menus globules de plomb, provenant de la réduction de l'oxyde par le charbon.

9. **Action toxique des sels de plomb.** — Tous les sels de plomb sont vénéneux. Les poussières plombifères produisent, chez les personnes exposées à les respirer, de graves accidents connus sous les noms de *coliques saturnines, coliques des peintres*. Dans les fabriques de céruse, les précautions les plus grandes doivent être prises pour éviter tout contact des ouvriers avec les produits vénéneux, et pour remplacer le travail manuel par un travail mécanique dans un espace clos. Les peintres, dans le broiement des couleurs à la céruse, ne sauraient être trop prudents. Il faut enfin éviter, avec un soin extrême, de laisser en contact avec du plomb les matières alimentaires, surtout quand elles sont acides.

QUESTIONNAIRE.

1. Quel est le principal minerai de plomb ? — Où se trouvent en France les exploitations de plomb les plus importantes ? — Comment retire-t-on le métal de son sulfure ? — Quels sont les caractères de la galène ? — 2. Quelles sont les propriétés physiques du plomb ? — 3. Quelles sont ses principales propriétés chimiques ?— 4. A quels usages emploie-t-on le plomb ? — Comment se fabrique le plomb de chasse ? — 5. Quelle est la composition de la soudure des plombiers ? — Avec quoi fait-on les caractères d'imprimerie ? — Quelle est la composition de l'alliage de Darcet ? — Que présente de remarquable cet alliage? — 6. Quels noms donne-t-on dans l'industrie au protoxyde de plomb ? — Comment s'obtiennent le massicot et la litharge ?— A quoi sert le protoxyde de plomb ? — Comment agissent les liqueurs aptes à noircir les cheveux ? — Comment s'obtient le minium ?—Quels sont les usages du minium? — Quel est le corps nommé alquifoux par les potiers ? —7. Comment s'obtient le vernis au plomb des poteries communes ? Quelle est la composition de ce vernis ? — Quels inconvénients présente-t-il ? — 8. Qu'est-ce que la céruse ?— Comment la fabrique-t-on ?— Quels sont les emplois de la céruse en peinture ? — Pourquoi les tableaux à l'huile brunissent-ils avec le temps ? — Quelle est la composition du mastic des vitriers ? — Qu'est-ce que la mine orange ? — 9. Les sels de plomb sont-ils dangereux ? — Qu'appelle-t-on coliques saturnines ? — Quelles précautions faut-il prendre dans la fabrication de la céruse et dans son maniement ? — Pourquoi est-il dangereux de laisser du plomb en contact avec des matières alimentaires ?

CHAPITRE IX

MERCURE. — ARGENT.

1. Minerais de mercure. — Le mercure se trouve à l'état natif, c'est-à-dire en globules métalliques disséminés dans la gangue ; mais la masse principale de ses dépôts est constituée par le sulfure ou *cinabre*. C'est une substance lourde, sans éclat métallique, rouge ou brune, à poussière d'un beau rouge, rarement en cristaux, le plus souvent en masses terreuses colorant les argiles qui l'accompagnent. Les principaux gisements sont ceux d'Almaden, en Espagne, d'Idria, au fond du golfe Adriatique, du Pérou, du Mexique, de la Californie.

Le traitement métallurgique du cinabre est extrêmement simple. Il consiste en un grillage du minerai sous l'influence d'un courant d'air. Le soufre brûle et passe à l'état d'acide sulfureux, tandis que le mercure est ramené à l'état métallique, et, en outre, volatilisé par la chaleur. L'ensemble des produits gazeux est amené dans des appareils de condensation ; les vapeurs mercurielles s'y résolvent en mercure liquide, et le gaz sulfureux s'écoule dans l'atmosphère. Quant à la gangue, elle reste dans le four.

2. Propriétés du mercure. — Ce métal est liquide à la température ordinaire, et d'un blanc brillant pareil à celui de l'argent. Sa fluidité et son apparence argentine lui ont fait donner le nom vulgaire d'*argent-vif*. Il se solidifie à la température de 40° au-dessous de zéro ; il prend rang alors entre l'étain et le plomb pour la tenacité, la ductilité, la malléabilité. Il entre en ébullition à 350°. On peut le distiller dans une cornue en verre, pour le débarrasser des métaux étrangers qui parfois l'accompagnent

Le mercure est un poison violent. Les personnes qui le manient ou en respirent habituellement les émanations, sont exposées à une maladie qui débute par une salivation abondante et se continue par un tremblement dit *tremblement mercuriel*

Le mercure dissout certains métaux, notamment l'étain, le cuivre, l'or, l'argent.

3. Usages du mercure. Etamage des glaces. — Le mercure entre dans la construction des thermomètres, des baromètres, des manomètres. Il sert en chimie pour recueillir les gaz solubles dans l'eau. Allié à l'étain, il sert à l'étamage des glaces, c'est-à-dire à recouvrir la lame du verre d'une pellicule métallique brillante, cause de la réflexion de la lumière.

Pour étamer une glace, on commence par étendre sur une plaque parfaitement horizontale une mince feuille d'étain de la même dimension que la glace à étamer. Puis on imbibe cette feuille de mercure, qu'on promène sur sa surface, par petites quantités, à l'aide d'une patte de lièvre. Finalement, on fait glisser la glace sur la feuille métallique, de manière à chasser l'excès du métal liquide. Lorsque les deux surfaces coïncident parfaitement dans toute leur étendue, on les abandonne à elles-mêmes sous une certaine pression. L'amalgame d'étain adhère alors au verre. Cet amalgame ou *tain des glaces*, contient moyennement 4 parties d'étain pour 1 partie de mercure.

4. Vermillon. — Le *vermillon* est une variété de sulfure de mercure ou cinabre, remarquable par sa magnifique coloration rouge et sa résistance à l'action prolongée de la lumière. Les Chinois excellent dans sa fabrication. On l'emploie en peinture.

5. Chlorures de mercure. — Le mercure fournit deux chlorures, connus sous les noms vulgaires de *calomel* et de *sublimé corrosif*.

Le *calomel* ou proto-chlorure de mercure est une substance cristalline, transparente et incolore, qui noircit peu à peu sous l'action de la lumière. La médecine l'utilise comme vermifuge et comme purgatif.

Le *sublimé corrosif* ou bichlorure de mercure, est une matière blanche dont l'aspect général rappelle celui du sucre. Il a une saveur métallique des plus désagréables, qui longtemps excite la salivation. C'est un poison des plus énergiques. On l'emploie pour la conservation des pièces anatomiques, qu'il durcit et rend imputrescibles. Pour préserver les herbiers des ravages des insectes, on passe sur les plantes sèche une dissolution alcoolique de sublimé corrosif.

ARGENT.

6. Minerais d'argent. — Comme le cuivre, l'argent se trouve dans la nature à l'état natif, tantôt sous forme de cristaux, tantôt sous forme de filaments, qui, parfois ramifiés, présentent la configuration de délicats arbustes métalliques, et prennent pour ce motif le nom de *dendrites*. Mais il est bien plus abondamment répandu à l'état de sulfure, tantôt isolé, tantôt associé en petite quantité au sulfure de plomb, qui prend alors le nom de *galène argentifère*. L'extraction du métal se fait principalement au moyen du mercure, qui dissout aisément l'argent.

7. Propriétés de l'argent. — L'argent est le plus blanc des métaux ; après l'or, c'est le plus malléable et le plus ductile. Par le martelage, il peut être réduit en feuilles dont il faut environ 500 pour faire l'épaisseur d'un millimètre ; 1 gramme d'argent peut donner un fil de 2640 mètres de longueur. Il entre en fusion vers 1000°.

L'argent est inoxydable dans l'air à toute température, qualité qui lui fait prendre rang parmi les métaux précieux et lui donne sa valeur dans les transactions sociales. L'acide azotique, même dilué, l'attaque aisément ; l'acide sulfhydrique le noircit à la superficie par la formation d'un sulfure. La teinte brune que prend l'argenterie des ménages et celle des magasins éclairés au gaz mal purifié, doit être attribuée à cette dernière cause. Il y a, en effet, dans nos habitations, des exhalaisons sulfhydriques, spécialement lorsqu'on vide les fosses d'aisance ; et, d'autre part, le gaz impur de l'éclairage en renferme aussi des traces. Les œufs qui ne sont pas d'une fraîcheur irréprochable en contiennent encore ; aussi brunissent-ils l'argenterie.

8. Alliages d'argent. — L'argent n'est pas employé seul, mais bien allié à du cuivre, qui lui donne plus de dureté. La monnaie d'argent n'est qu'un alliage de cette nature. Si la monnaie était formée d'argent pur, elle s'userait vite, elle perdrait par le frottement la finesse de ses empreintes. L'addition du cuivre a donc pour but de donner plus de dureté à l'argent, plus de résistance à l'altération par le frottement.

Les principaux alliages usités en France sont les suivants :

	Argent	Cuivre
Monnaies	900	100
Médailles	950	50
Vaisselle et		
argenterie	950	50
Bijouterie	800	200

La fabrication de ces alliages est soumise à un contrôle de l'Etat ; leur titre est vérifié dans les bureaux de *garantie* et ne doit pas s'écarter, soit en plus, soit en moins, du titre légal.

9. **Azotate d'argent.** — On obtient ce sel en dissolvant de l'argent dans de l'acide azotique et abandonnant le liquide à la cristallisation. L'azotate d'argent cristallise en lames transparentes, incolores. Il est très-soluble dans l'eau. Il fond sans altération au rouge sombre. Fondu et coulé en baguettes cylindriques, il constitue la *pierre infernale*, dont les chirurgiens font usage pour cautériser les plaies et ronger les chairs baveuses. L'azotate d'argent est facilement décomposé par les substances organiques. Vient-on à mouiller le doigt avec une dissolution de ce sel, il se produit bientôt une tache d'un noir ardoisé, provenant de l'argent métallique réduit. Quant à l'acide azotique abandonné par le sel décomposé, il agit sur la peau par ses propres énergies et la corrode lentement. Tel est le mode d'action de la pierre infernale.

QUESTIONNAIRE.

1. Sous quels états le mercure se trouve-t-il principalement dans la nature ? — Qu'est-ce que le cinabre ? — Comment traite-t-on le cinabre pour obtenir ce métal ? — Quels sont les principaux gisements mercuriels ? —

2. Pourquoi le mercure est-il appelé argent-vif? — A quelle température devient-il solide? — A quels métaux est-il comparable quand il est solidifié? — A quelle température peut-il être distillé? — Le mercure est-il dangereux? — Qu'est-ce que le tremblement mercuriel? — Quels sont les métaux que le mercure dissout? — 3. A quels usages sert le mercure? — Qu'appelle-t-on tain des glaces?—Comment se pratique l'étamage des glaces? — 4. Qu'est-ce que le vermillon?— A quoi sert-il? — — 5. Qu'est-ce que le calomel? — Quels sont ses caractères? — A quoi sert-il? — Qu'est-ce que le sublimé corrosif? — Ce corps est-il dangereux? — A quoi sert-il? — 6. Quels sont les principaux minerais d'argent? — Qu'appelle-t-on dendrites?—Quel est le métal employé dans l'extraction de l'argent? — 7. Quelles sont les propriétés de l'argent? — Pourquoi ce métal est-il qualifié de précieux? — Quel est l'acide qui le dissout aisément? — Quelle est l'action de l'acide sulfhydrique sur l'argent? — Pourquoi l'argenterie brunit-elle au contact des œufs? — 8. Pourquoi allie-t-on du cuivre à l'argent dans les monnaies? — Quels sont les titres des principaux alliages d'argent? — 9. Comment s'obtient l'azotate d'argent? — Qu'appelle-t-on pierre infernale? — A quels usages sert-elle? — Pourquoi l'azotate d'argent noircit-il la peau? — Quel est le mode d'action de la pierre infernale

---

CHAPITRE X

OR. — PLATINE.

1. Minerais d'or. — Les métaux engagés dans des combinaisons chimiques, qui dissimulent leurs propriétés, ont nécessairement longtemps échappé à l'attention de l'homme; et lorsqu'enfin une industrie

naissante s'est exercée sur ces combinaisons, les difficultés d'extraction ont dû bientôt arrêter les premiers métallurgistes. En général, la date de l'apparition
d'un métal dans l'industrie humaine est d'autant plus
reculée, que l'exploitation du minerai est moins difficultueuse. Tel est le cas de l'or, disséminé en tous les
points du globe, presque toujours à l'état métallique.
Le fer excepté, l'or est le métal dont la diffusion est
la plus grande . on le trouve pour ainsi dire partout,
même à la surface du sol, mais le plus souvent en
quantités excessivement faibles. Son éclat, son poids,
son inaltérabilité, sa facile extraction, devaient donc
de bonne heure appeler les recherches de l'homme,
d'autant plus que son peu d'abondance et sa diffusion
en font une matière précieuse, éminemment propre
aux échanges. L'or, en effet, est connu et hautement
apprécié dès la plus haute antiquité.

Les filons de quartz blanc, injectés dans les roches
granitiques, sont le gisement naturel de l'or. On l'y
trouve disséminé en paillettes, en petits cristaux, en
filaments ramifiés. Les fragments d'or d'un volume un
peu considérable prennent le nom de *pépites*. Leur
poids, habituellement, est de quelques grammes ; mais
on signale, comme très-exceptionnelles d'ailleurs
des pépites de 12 et de 50 kilogrammes.

Désagrégées en sables par les agents atmosphériques, et entraînées en cet état par les eaux courantes,
les roches aurifères ont produit des terrains d'alluvion
où les paillettes d'or se trouvent disséminées. C'est
dans ces sables que se fait habituellement la recher-
che de l'or. Divers fleuves de la France, le Rhône,
le Rhin, la Garonne, l'Hérault, l'Ariège, roulent
dans leurs sables des parcelles du métal précieux,
mais en trop petite quantité pour dédommager du

travail de la récolte. Les gisements aurifères les plus riches se trouvent en Australie, en Californie, au Mexique, au Brésil, au Pérou, en Sibérie.

2. Extraction de l'or. — La méthode la plus ancienne et la plus simple consiste à laver les sables au-

Fig. 38.

rifères dans une sébile en bois, ou mieux dans le vase conique en tôle de la figure 38. On met dans ce vase quelques poignées de sable aurifère et on le plonge dans l'eau en lui imprimant un mouvement de rotation. A la faveur de ce mouvement et de l'eau, les matières se séparent dans l'ordre de leur densité ; les paillettes d'or, plus lourdes, gagnent le fond du vase, tandis que les parties non métalliques, plus légères, tournoient encore dans le liquide. En inclinant le récipient, on fait écouler le sable stérile, et l'or reste au fond, mais souillé de matières étrangères.

Pour épurer la poudre d'or ainsi obtenue et séparer le métal du sable qui l'accompagne encore, on la pétrit avec du mercure. L'or se dissout et les impuretés viennent nager à la surface de l'amalgame liquide. Celui-ci est exprimé dans une toile serrée pour séparer l'excès de mercure ; enfin la partie solide qui reste est soumise à la distillation, qui chasse le mercure à l'état de vapeurs et laisse l'or sous forme spongieuse. Finalement ce dernier est fondu et coulé en lingots.

3. Propriétés de l'or. — L'or est d'une belle cou-

leur jaune. Sa densité est 19,5. Il entre en fusion vers
1200°. Il est le plus ductile et le plus malléable des
métaux. Avec 1 gramme d'or, on peut faire un fil de
3000 mètres de longueur. Par le martelage, il se réduit en feuilles tellement minces, qu'il en faut 10000
pour faire l'épaisseur de 1 millimètre. Ces feuilles sont
perméables à la lumière, qui, en les traversant prend
une teinte verte.

Dans aucun cas, l'or ne s'oxyde à l'air. Les médailles antiques faites avec ce métal nous parviennent
avec tout leur premier éclat, malgré un séjour plusieurs fois séculaire dans le sol, au milieu de circonstances qui auraient rendu méconnaissables les autres
métaux. De tous les métalloïdes, il n'y a que le chlore et le brome qui l'attaquent à froid. Les alcalis n'ont
pas d'action sur lui ; les acides pareillement. Seule
l'eau régale, mélange d'acide azotique et d'acide chlorhydrique, le dissout en le transformant en chlorure.
Le mercure le dissout aussi à toute température. En
somme, l'or est remarquable entre tous les métaux
par sa grande résistance à l'action chimique. Il doit
à cette résistance son inaltérabilité et son prix.

4. **Alliages d'or.** — Les alliages les plus importants sont ceux de cuivre et d'or. Le premier de ces
deux métaux rehausse la couleur du second et lui
donne de la dureté. Ces alliages sont réglés par la
loi, comme ceux d'argent ; leur titre est variable suivant leur destination. Voici les titres employés :

	Or	Cuivre
Monnaies	900 millièmes	100 millièmes
Médailles	916 »	84 »
	920 »	80 »
	840 »	160 »
	750 »	250 »

5. Chlorure d'or. — Le seul sel important de l'or est le chlorure, obtenu en dissolvant le métal dans l'eau régale. C'est une matière jaune, déliquescente, très-soluble dans l'eau et dans l'alcool, tachant la peau en violet. Versée dans une dissolution de chlorure d'or, l'ammoniaque donne un précipité jaune qui renferme du chlore, de l'hydrogène, de l'azote, de l'oxygène et de l'or. Ce composé détone avec violence lorsqu'on le chauffe. On lui donne le nom d'*or fulminant*. Si l'on plonge quelques lames d'étain dans une dissolution de chlorure d'or, on obtient un dépôt floconneux violet appelé *pourpre de Cassius*. Cette matière est employée pour obtenir par vitrification sur porcelaine une magnifique couleur carminée.

PLATINE.

6. Minéral de platine. — Connu depuis long-temps par les mineurs d'Amérique, qui le nommaient *platina*, ou petit argent, à cause de sa coloration qui rappelle celle de ce dernier métal, le platine fut introduit en Europe vers la moitié du dix-huitième siècle. Depuis cette époque, beaucoup de chimistes s'en sont occupés, et grâce à leurs efforts, ce métal, un des derniers en date, est un puissant auxiliaire de l'industrie à cause de son extrême résistance aux altérations chimiques. Malheureusement son prix est encore très-élevé et presque comparable à celui de l'or.

Le platine se trouve à l'état natif, rarement sous forme de masses un peu volumineuses ou *pépites*, plus fréquemment sous forme de petits grains, lourds et blancs, disséminés dans des sables alluviens, qui ont la plus grande analogie avec les sables aurifères. Les gisements les plus riches sont dans les monts Ourals, au Brésil, en Colombie. On extrait ces grains des sables platinifères par des lavages identiques avec ceux qu'on emploie pour l'extraction de l'or. Le produit de ces lavages renferme du platine associé à d'autres métaux, dont les plus importants sont l'iridium et le rhodium.

7. Fusion du minerai de platine. — L'extrême difficulté de la fusion du platine, a arrêté longtemps les efforts des métallurgistes. On y parvient aujourd'hui comme il suit : Le fourneau destiné à cette fusion est en entier formé de fragments de chaux vive : toute autre substance serait ramollie, fondue, pendant l'opération. Le fourneau, en forme de cylindre fermé de toutes parts, sauf quelques petites ouvertures, contient au centre un creuset de chaux vive, renfermant la matière à fondre et surmonté d'un couvercle en forme de cône, également en chaux vive. Un canal, à double enveloppe en platine, arrive par la partie supérieure du fourneau et déverse sur le creuset un courant d'oxygène par le conduit central, et un courant d'hydrogène par l'intervalle annulaire. Les deux courants sont réglés de manière que l'hydrogène arrive en volume double de celui de l'oxygène. Les produits de la combustion s'échappent par quelques orifices pratiqués dans la partie inférieure du fourneau. Une fois le jet gazeux allumé, le creuset se trouve enveloppé d'un rideau de flamme dont la température est la plus élevée que nous sachions produire par la combustion. Le minerai entre en fusion, et tous les métaux étrangers, à l'exception du rhodium et de l'iridium, sont rapidement oxydés. On arrive ainsi à liquéfier en quelques heures une centaine de kilogrammes de platine. La vue de cett masse liquide éblouissante est un des spectacles les plus frappants de la physique industrielle. Sous l'action de cet irrésistible engin de chaleur, le platine est tellement fluide, qu'il prend parfaitement l'empreinte du moule où il est versé; mais aussi, la température est si forte que, pour éviter la fusion du moule en fer forgé, il faut doubler celui-ci d'une feuille de platine qui supporte le premier contact du métal fondu. Le résultat de ce traitement du minerai n'est pas du platine pur, mais un alliage de ce métal avec le rhodium et l'iridium, alliage dont les qualités sont supérieures à celles du platine seul.

8. Propriétés du platine. — Le platine est d'un blanc gris. C'est le plus lourd de tous les corps connus. Sa densité est 21,50. Il occupe le cinquième rang parmi les métaux malléables, et le troisième parmi les métaux ductiles. Chauffé u rouge blanc, il se ramollit et peut alors se forger, se souder à lui-même comme le fer, le cuivre, l'or, l'argent. Il est infusible dans nos fourneaux ordinaires les plus énergiques. L'air et l'eau sont sans action sur le platine à toute température. Aucun acide ı e l'attaque, si ce n'est l'eau régale, qui le convertit en chlorure.

Le platine possède à un haut degré la propriété d'absorber et de condenser les gaz, et de s'échauffer par l'effet de cette condensation. Cette propriété est d'autant plus prononcée que le métal est plus poreux, plus divisé. Voici quelques-unes des plus simples expériences que l'on puisse faire à ce sujet.

Au-dessus d'une lampe à alcool, on suspend un fil de platine roulé en spirale (fig. 39). On allume la lampe et on la laisse brûler jusqu'à ce que le fil métallique soit incandescent. On souffle alors la flamme. Malgré l'extinction de la lampe, la spirale de platine se maintient incandescente et lumineuse. Les vapeurs d'alcool et l'oxygène de l'air se combinent en se condensant dans le métal, et de cette combustion résulte assez de chaleur pour maintenir l'incandescence du fil. On peut encore, par l'intermédiaire d'une rondelle de carton servant de couvercle, suspendre une spirale de platine dans un verre contenant un peu d'éther.

Fig. 39.

Préalablement rougie à la lampe et plongée en cet état dans l'atmosphère de vapeur dégagée par l'éther, la spirale se conserve rouge de feu tant qu'il y a de l'air dans le verre.

9. **Usages du platine.** — L'inaltérabilité du platine par les acides fait employer ce métal pour la construction des alambics où l'on concentre l'acide sulfurique, des capsules et des creusets où doivent se passer des réactions énergiques à haute température Il est à regretter que le prix élevé de ce métal, 900 francs le kilogramme, empêche de l'employer plus fréquemment en industrie, où il rendrait les plus grands services par son excessive résistance à la chaleur et à l'action chimique.

QUESTIONNAIRE.

1. L'or est-il connu depuis bien longtemps ? — Pourquoi ce métal a-t-il été un des premiers connus? — Quel est le gîsement naturel de l'or ? — Qu'appelle-t-on pépites ? — D'où proviennent les sables aurifères ? — Quels sont les fleuves de la France dont les sables sont plus ou moins aurifères ? — Où se trouvent les gisements aurifères les plus riches? — 2. Comment exploite-t-on les sables aurifères ? — Quel rôle remplit le mercure dans cette exploitation? — 3. Quels sont les principales propriétés physiques de l'or? — Que présentent de remarquable les fils et les feuilles d'or ? — Quelle est la propriété chimique qui donne son prix à l'or? — Quel est l'acide qui peut dissoudre l'or? — 4. Quels sont les principaux alliages d'or? — Quel rôle remplit le cuivre dans ces alliages? — 5. Comment s'obtient le chlorure d'or? —Quelles sont ses propriétés?—Qu'est-ce que l'or fulminant?— Qu'est-ce que la pourpre de Cassius ? — 6. Que signifie le mot platine ? — En quoi consiste le minerai de platine ? — Comment se fait l'exploitation de ce minerai? — Quels sont les principaux métaux qui accompagnent le platine? — Où se trouvent les gisements platinifères les plus riches ? — 7. Comment s'obtient la fusion du platine? — 8. Quelles sont les propriétés physiques les plus importantes du platine ?— Quel est le plus lourd de tous les corps connus ? — Le platine est-il d'une fusion difficile ? — Est-il attaquable par les acides ? — Quelles expériences peut-on faire au sujet de la condensation des gaz par le platine? — 9. A quels usages sert le platine? — Quel est le prix de ce métal? — Quelles sont les qualités qui le rendent précieux dans l'industrie?

CHAPITRE XI

POTERIES.

1. Acide silicique ou silice. — Ce composé de silicium et d'oxygène est le principe dominant de la famille des silicates, la plus nombreuse du règne minéral. Il constitue la majeure partie des quartz, des agates, des silex, des grès, des cailloux, des sables, si abondamment répandus partout. Il entre dans la composition des roches d'origine ignée, granits, porphyres, basaltes, laves, qui se partagent l'écorce terrestre avec les roches de sédiment, calcaires, marnes, argiles, déposés par les eaux.

Le cristal de roche est de l'acide silicique pur. C'est une matière incolore, transparente et d'aspect vitreux, cristallisant d'ordinaire en colonnes à six faces terminées par des pyramides hexagonales. Le cristal de roche est assez dur pour rayer le verre ; il est infusible au feu de forge le plus violent que nous sachions produire. Le courant d'une puissante pile et le chalumeau à gaz oxy-hydrogène peuvent seuls en fondre des parcelles. Cette résistance à la chaleur se retrouve dans l'acide silicique impur, quartz, silex. Les acides les plus énergiques sont également sans action sur cette substance, à l'exception de l'acide fluorhydrique qui l'attaque facilement. Les alcalis puissants, potasse et soude, se combinent à chaud avec l'acide silicique et donnent des composés salins variés dont quelques-uns sont solubles dans l'eau. Si l'on fond du sable blanc avec un excès de potasse et qu'on traite par l'eau la masse refroidie, on obtient une dissolution de *silicate de potasse*, appelée autrefois *liqueur des cailloux*. L'addition d'un acide dans cette liqueur produit un précipité gélatineux d'acide silicique. La silice fait partie des mortiers ; elle entre dans les poteries et les verres.

2. **Argiles.** — Les argiles sont formées de silicate d'alumine, associé à diverses matières étrangères, comme le calcaire, l'oxyde de fer, le sable. Délayées dans l'eau, elles forment une pâte plus ou moins liante, qui se contracte et se fendille en se desséchant. Les argiles seraient généralement incolores si elles ne contenaient pas une certaine proportion d'oxyde de fer ; elles seraient toutes infusibles sans la présence du même oxyde ou du carbonate de chaux, qui leur communiquent la fusibilité. Celles qui sont assez pures pour être infusibles se contractent et diminuent de volume lorsqu'on les soumet à l'action d'une forte chaleur. C'est sur cette propriété qu'est fondé le *Pyromètre de Wegwood*, destiné à mesurer les hautes températures. Entre deux règles métalliques fixées sur un socle et qui vont en se rapprochant l'une de l'autre, on engage un cylindre d'argile séché à l'étuve. Ce cylindre s'avance entre les deux règles jusqu'à un certain point qui est le zéro de l'instrument. Pour apprécier la température d'un four, d'un foyer, on expose ce cylindre à l'action de leur chaleur ; et après refroidissement, on l'engage une seconde fois entre les deux règles du pyromètre. Devenu plus étroit par la contraction de l'argile, il pénètre plus avant dans le pyromètre ; et de la quantité dont il peut avancer, on déduit approximativement la température à laquelle il a été exposé.

3. **Classification des argiles.** — L'argile la plus pure porte le nom de *kaolin* ou *terre à porcelaine*.

Elle provient de la décomposition d'un silicate double d'alumine et de potasse, nommé *orthose*, répandu dans les roches granitiques. Par l'action prolongée des agents atmosphériques, l'orthose se dédouble en ses deux silicates, dont l'un, le silicate de potasse, est dissous et entrainé par les eaux pluviales, tandis que l'autre, le silicate d'alumine, reste sur le terrain, sous forme d'argile blanche.

On appelle *plastiques* les argiles onctueuses au toucher, formant avec l'eau une pâte liante et tenace, qui durcit beaucoup au feu sans entrer en fusion. Elles servent à la fabrication des poteries réfractaires, c'est-à-dire qui peuvent supporter une haute température sans se fondre. Parmi ces poteries réfractaires sont les fourneaux et les creusets des chimistes.

On nomme *smectiqus* les argiles formant avec l'eau une pâte peu ductile et fusible à une haute température. A cause de leur propriété d'absorber facilement les matières grasses, on les emploie dans les arts pour le dégraissage et le foulage des draps. Aussi les connaît-on vulgairement sous le nom de terre à foulon.

Les argiles dites *figulines* sont facilement fusibles, à cause du carbonate de chaux ou de l'oxyde de fer qui les accompagnent; elles sont douées néanmoins de plasticité et d'onctuosité. Elles sont employées dans la fabrication des poteries grossières, à pâte poreuse et rougeâtre.

Les *marnes* sont des mélanges à proportion variable de silicate d'alumine et de carbonate de chaux. Suivant que l'un ou l'autre principe domine, la marne est dite *argileuse* ou *calcaire*. Sous l'influence de l'eau, les marnes se délitent, c'est-à-dire se réduisent en poudre. On les emploie en agriculture pour amender ou améliorer les terres. La marne argileuse sert pour les terres trop riches en calcaire, et la marne calcaire pour les terres trop riches en argile.

Enfin les *ocres* sont des argiles colorées soit en rouge par de l'oxyde de fer anhydre, soit en jaune par de l'oxyde de fer hydraté. Les ocres servent pour la peinture grossière. La *sanguine* appartient à cette catégorie d'argiles.

4. Porcelaine. — Au commencement du dix-huitième siècle, un maître de forges, passant près d'Aue (Saxe), vit que les pieds de son cheval enfonçaient dans une terre blanche et mate, d'où la bête avait peine à se tirer. Il en recueillit avec l'idée de l'employer comme poudre à perruque. L'essai réussit. La poussière minérale remplaça dans la toilette la farine de froment. Or, à cette époque, Bottger, sous les auspices de l'Electeur de Saxe, poursuivait inutilement la découverte de la porcelaine. Ignorant l'innovation survenue dans les perruques, il demanda un jour à son valet de chambre pourquoi la sienne, depuis quelque temps, était plus lourde qu'à l'ordinaire. On lui montra la nouvelle farine à poudrer. Cette matière terreuse, blanche et plastique, parut convenable à Bottger pour ses recherches sur la porcelaine. Il l'essaya et atteignit ainsi le but poursuivi sans succès depuis plusieurs années, car la nouvelle poudre à perruque n'était autre chose que du kaolin. Telle est l'origine de la fameuse porcelaine de Saxe, la première fabriquée en Europe.

Soixante ans plus tard, la femme d'un pauvre chirurgien de campagne remarqua dans un ravin des environs de Saint-Yrieix, près de Limoges, dans la Haute-Vienne, une terre onctueuse qu'elle présuma bonne au nettoyage des étoffes. Elle en recueillit et la fit voir à son mari. Celui-ci, soupçonnant dans cette terre une toute autre importance, s'empressa de la montrer à des personnes expérimentées et d'en envoyer un échantillon au chimiste Macquer. Ses soupçons étaient parfaitement fondés, car en juin 1769 Macquer présenta à l'Académie des Sciences des pièces de porcelaine fabriquées à Sèvres avec l'argile blanche de Saint-Yrieix. Cette découverte anéantit le monopole de la Saxe, et assura à la France une fabrication qui est aujourd'hui une de nos plus belles industries.

La pâte de kaolin est façonnée de diverses manières : soit par coulage dans des moules, soit par compression, soit enfin par le tour. Ce dernier, employé dans la fabrication de toute espèce de poteries, se compose d'un grand disque horizontal que l'ouvrier pousse du pied et met en rotation. L'axe de ce disque porte supérieurement un plateau sur lequel on dispose la masse plastique qu'il s'agit de façonner. Pendant que cette masse tourne, un ouvrier A (fig. 40) en ébauche la forme avec les mains; un second B finit l'ouvrage et l'orne de moulures avec des outils.

Les objets de porcelaine sont très-humides lorsqu'ils sortent des mains de l'ouvrier. On les laisse sécher pendant quelques jours; puis on les enferme dans des étuis de terre réfractaire nommés *cazettes*, et on les dispose dans la partie supérieure du four où ils séjournent pendant toute la durée d'une cuisson.

La température à laquelle les pièces sont exposées est assez forte pour expulser complétement l'eau, mais non pour cuire la porcelaine. Les pièces sont ainsi amenées à l'état que l'on appelle *dégourdi;* elle sont poreuses, perméables à l'eau et happent à la langue. On procède alors à la *mise en couverte.*

En langue céramique mettre en couverte signifie
appliquer à la surface de la porcelaine un enduit
fusible et vitrifiable, qui forme vernis et se nomme

Fig. 40.

couverte ou *émail.* A cet effet, on réduit en poussière
impalpable un minéral nommé *pétunzé* par les Chinois, et *pegmatite* par les minéralogistes. C'est de
l'orthose mélangé à de l'acide silicique. Cette matière
entre en fusion à la température nécessaire à la cuisson de la pâte ; elle s'étale à la surface de la pièce et

y adhère sans la pénétrer. La poussière de pegmatite est mise en suspension dans de l'eau, et c'est dans ce liquide que l'on immerge un moment les pièces à l'état de dégourdi. Au sortir du bain, les pièces se trouvent couvertes d'une mince couche liquide tenant en suspension la pegmatite divisée: l'eau est absorbée promptement, et la surface reste enduite d'une couche de matière vitrescible, de même épaisseur sur tous les points. Elles sont alors de nouveau renfermées dans des *cazettes* et placées dans le four où elles doivent être définitivement cuites.

5. Faïence. — Elle est composée d'argile plastique et de quartz: elle contient quelquefois de la chaux et prend alors le nom de *terre de pipe*. Sa pâte est toujours opaque, fusible, colorée ou blanchâtre, à texture lâche, à cassure terreuse. La faïence est recouverte d'un émail ordinairement blanc et composé d'acide silicique et d'étain. On en fait des vases de cuisine destinés à aller sur le feu, des carreaux de revêtement, des fourneaux et des poêles.

L'industrie des faïences est plus vieille en Europe que celle de la porcelaine. Dès le quinzième siècle, l'Italie fabriquait, sous le nom de *majolica*, une poterie qui est aujourd'hui l'orgueil des collections par son mérite artistique. Deux siècles environ plus tard, notre célèbre Bernard de Palissy donna le plus grand éclat à cette fabrication.

6. Poterie commune. — Cette poterie est composée d'une pâte fusible, opaque, colorée, à texture poreuse; elle est recouverte d'un vernis dont la base est le plomb. Nous avons déjà dit, page 215, comment s'obtient ce vernis. Le mérite de la poterie commune est d'être d'un prix très-modique et d'aller sur le feu sans se casser; mais son vernis plombifère est souvent altérable et peut nuire à la santé en donnant des composés v   eux avec les acides et les corps gras des matières alimentaires.

7. Terres cuites. — Sous le nom générique de terres cuites, on comprend les produits céramiques ordinaires non couverts de vernis, tels que les briques, les tuiles, les réchauds, les tuyaux de conduite, les pots à fleurs. Leur pâte est composée d'argile figuline ou de marne argileuse. Les terres cuites sont faites à la main ou au moyen de moules grossiers. La température de leur cuisson s'étend depuis la simple dessiccation au soleil jusqu'à la chaleur des fours à porcelaine.

QUESTIONNAIRE.

1. Qu'est-ce que l'acide silicique ? — Comment l'appelle-t-on encore ? — Citez les principaux corps naturels formés d'acide silicique. — Qu'est-ce que le cristal de roche ? — Quelles sont ses principales propriétés ? — L'acide silicique est-il fusible ? — Comment peut-on en fondre des parcelles ? — Quels sont les corps qui attaquent l'acide silicique ? — Comment s'obtient ce qu'on nomme liqueur des cailloux ? — Comment obtient-on la silice en gelée ? — 2. De quoi sont composées les argiles ? — Quelles sont les propriétés physiques des argiles ? — En quoi consiste le pyromètre de Wegwood ? — 3. Qu'est-ce que le kaolin ? — D'où provient-il ? — Qu'appelle-t-on argiles plastiques ? — A quoi servent-elles ? — Qu'entend-on par poteries réfractaires ? — Quels sont les caractères et les usages des argiles smectiques ? — Dites les caractères et les usages des argiles figulines. — Qu'appelle-t-on marnes ? — En quoi consistent les marnes argileuses et les marnes calcaires ? — Quel est leur emploi en agriculture ? — Qu'est-ce que l'ocre ? —

Combien en distingue-t-on d'espèces? — Qu'est-ce que la sanguine? — 4. Que savez-vous sur la découverte du kaolin en Saxe, et sur la découverte du kaolin en France? — En quoi consiste le tour du potier? — Quel traitement fait-on subir aux pièces de porcelaine avant de les cuire? — Qu'est-ce que la mise en couverte? — Qu'appelle-t-on pétunzé ou pegmatite? — Comment s'obtient le vernis des pièces de porcelaine? — Comment se pratique la cuisson finale? — 5. En quoi consiste la faïence? — Quelle est la composition de son vernis blanc? — Par qui, en France, l'industrie des faïences a-t-elle acquis tout son éclat? — 6. De quoi se compose la poterie commune? — Quelle est la nature de son vernis? — 7. Qu'appelle-t-on terres cuites?

CHAPITRE XII

VERRES.

1. Nature des verres. — Les verres sont des combinaisons d'acide silicique avec des bases variables, potasse, soude, chaux, oxyde de plomb, oxyde de fer, alumine. Le verre ordinaire à gobeleterie et à vitres est un silicate double de soude et de chaux; le verre fin ou cristal est un silicate double de potasse et d'oxyde de plomb; le verre à bouteilles contient des silicates de soude, de potasse, de chaux, d'alumine et d'oxyde de fer. Le verre est transparent et fragile. Exposé à une température convenable, il se ramollit d'abord, puis entre en fusion. Ramolli par la chaleur, il possède une plasticité qui permet de lui donner telle forme que l'on veut.

2. Trempe et recuit du verre. — Chauffé jusqu'à la fusion et refroidi brusquement, le verre subit une *trempe*, c'est-à-dire un arrangement moléculaire forcé qui le rend très-cassant. Les *larmes bataviques* et les *flacons de Bologne* en sont des exemples.

Les larmes bataviques sont des gouttes de verre fondu qu'on a laissées tomber dans de l'eau; elles ont la forme d'un ovoïde allongé qui se termine par une pointe effilée. Lorsque l'on vient à casser cette pointe, toute la masse se réduit en poussière avec une légère détonation.

Les flacons de Bologne sont d'épaisses fioles que l'on a refroidies brusquement. Ils volent en éclats lorsqu'on laisse tomber dans leur intérieur un corps dur capable de les rayer. Cet effet provient de ce que les molécules intérieures sont maintenues dans un état anormal par celles de la surface. Si l'on vient à affaiblir en un point quelconque la résistance intérieure, l'équilibre général est troublé et la masse se pulvérise avec bruit.

A cause de sa mauvaise conductibilité pour la chaleur, le verre casse si, après l'avoir chauffé, on le refroidit brusquement. Dans la fabrication rapide, les objets en verre passent sans transition de la température du four où la matière est en fusion, à la température de l'air ambiant; ils éprouvent ainsi une trempe, qui compromet leur solidité au point de les mettre hors d'usage. Si l'on ne remédiait à cette trempe inévitable, les objets en verre éprouveraient, à un moment ou à l'autre, des ruptures spontanées sans causes apparentes. On corrige ce défaut par le *recuit*. Les pièces terminées et encore rouges sont exposées dans de longues galeries chauffées par la chaleur perdue des fourneaux. Elles y sont graduellement déplacées des parties plus chaudes vers les parties moins chaudes, de manière que le refroidissement s'effectue avec beaucoup de lenteur. C'est à un recuit

insuffisant qu'il faut attribuer les ruptures spontanées
dont la verrerie ordinaire nous donne assez fréquemment des exemples.

3. **Verre de Bohême.** — Ce verre est remarquable
par sa limpidité, sa dureté et sa faible densité. Les
matières qui servent à sa fabrication sont choisies et
apprêtées avec un soin extrême. Bien que sa fabrication ait lieu surtout en Bohême et aux environs de Ve-
nise, on en fait néanmoins en France, notamment à
Baccarat. A cause de sa forte proportion de silice, le
verre de Bohême est difficilement fusible; il résiste
d'ailleurs très-bien à la plupart des agents chimiques.
Aussi est-il de qualité supérieure pour les ustensiles
de laboratoire. Les principales substances qui entrent
dans sa composition sont le quartz ou silice, la potasse
et la chaux.

4. **Verre à glaces et verre à vitres.** — Le
verre à glaces et le *verre à vitres* renferment de la soude
au lieu de potasse; cette base leur donne une faible
teinte verte que les verres à base de potasse n'ont
pas. Le verre à glaces contient moins de chaux que
le verre à vitres.

Le verre à vitres est celui dont la consommation
est la plus grande. Suivant qu'il est plus ou moins
incolore, il sert à fabriquer les vitres de croisées, les
globes, les cylindres, les objets de gobeleterie. Parmi
les matières premières qui entrent dans sa composition, on remarque le sulfate de soude. Ce sel est décomposé, pendant la cuisson, par l'acide silicique, et
cède à celui-ci sa base, la soude.

5. **Verre à bouteilles.** — Le *verre à bouteilles* doit
sa couleur verte à la forte proportion d'oxyde de fer
qu'apportent les matières premières destinées à sa
fabrication. Ces matières sont du sable ferrugineux

de la soude, des cendres de végétaux terrestres, de l'argile ocreuse, des tessons de bouteille. Ce verre est donc un mélange de silicates de potasse, de soude, de chaux, d'alumine et de fer.

6. **Cristal.** — On nomme *cristal* le verre dans la composition duquel il entre du silicate de plomb. Les matières premières employées à sa fabrication sont du sable blanc très-pur, du minium ou oxyde de plomb, enfin de la potasse. Le cristal est par conséquent un double silicate de plomb et de potasse. C'est de tous les verres le plus limpide, le plus sonore, le plus dense. On l'emploie pour les instruments d'optique et pour la verrerie de luxe.

7. **Strass.** — C'est un cristal préparé avec les plus grands soins. On l'emploie exclusivement à la fabrication des pierres précieuses artificielles. Complétement incolore, il fournit les diamants artificiels ; coloré par quelques millièmes de certains oxydes métalliques, il prend des teintes d'un effet magnifique et donne les diverses gemmes. La topaze est obtenue avec l'oxyde de fer, le rubis avec l'oxyde de manganèse, l'émeraude avec l'oxyde de cuivre, le saphir avec l'oxyde de cobalt, l'améthyste avec l'oxyde de manganèse et la pourpre de Cassius, que fournit le chlorure d'or. Les pierres précieuses artificielles ont atteint en France un haut degré de perfection, elles rivalisent pour l'éclat avec les gemmes naturelles, mais elles n'en ont pas la dureté.

8. **Émail.** — L'*émail* est un cristal rendu opaque au moyen de l'oxyde d'étain. La matière d'un beau blanc de lait avec laquelle se font les cadrans de montre, appartient à cette catégorie. Si l'on introduit dans la composition de l'émail blanc des oxydes colorants, tels que ceux du strass, on obtient des *émaux colorés*.

9. Fabrication du verre à vitres. — Le travail du verre s'effectue par deux procédés, le *soufflage* et le *moulage*. Pour terminer ces notions sur le verre, nous allons donner un exemple de l'un et de l'autre procédé.

Le premier procédé s'applique à la fabrication du verre à vitres. Dans un même fourneau se trouvent plusieurs creusets pleins de verre en fusion, chacun desservi par un souffleur et son aide, placés sur une estrade B à 3 mètres environ du sol, et en face de l'*ouvreau* par où se puise le verre dans le creuset A (fig. 41). L'outil de l'ouvrier souffleur est la *canne* ou

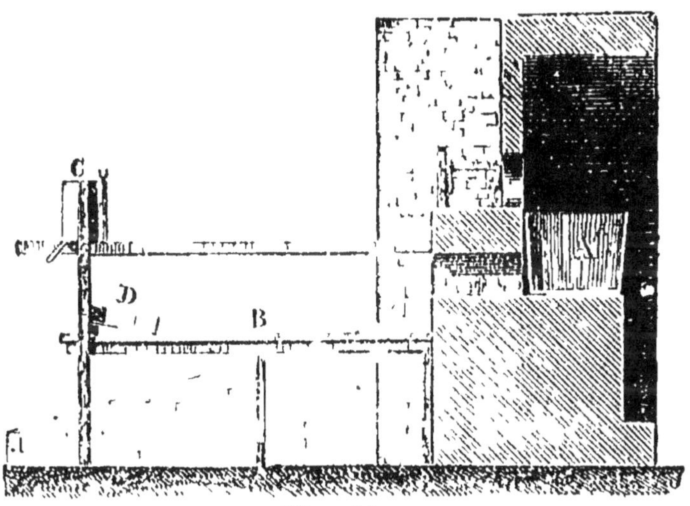

Fig. 41.

tube de fer muni à une extrémité d'une enveloppe de bois qui, par sa mauvaise conductibilité, permet de manier l'outil sans se brûler (fig. 42). L'aide chauffe à l'ouvreau l'autre extrémité ou le *nez* de la canne, puis la plonge dans le creuset. Il recueille ainsi une certaine quantité de verre pâteux qu'il façonne et qu'il arrondit en tournant et retournant la masse vitreuse dans un bloc de bois humide L. Cela fait, il réchauffe le verre à l'ouvreau, le ramollit, et la canne passe entre les mains du souffleur. Celui-ci souffle d'abord légèrement dans la canne : la masse de verre s'enfle comme une bulle de savon au bout d'une paille, et, tiraillée par la pesanteur, prend la forme d'une poire. Maintenant la canne est relevée : l'ouvrier souffle le verre au-dessus de sa tête. L'ampoule s'affaisse un peu sur elle-même et gagne en largeur. Le souffleur abaisse de nouveau la canne, il la balance de droite à gauche et de gauche à droite, à la manière d'un battant de cloche ; à plusieurs reprises, il souffle plus fortement. Par l'action de la pesanteur qui l'allonge, et du souffle qui la distend, la masse de verre finit ainsi par prendre la forme cylindrique. La figure 43 reproduit les formes successives que revêt le verre soufflé. Le cylindre final se termine par une calotte sphérique qu'il faut faire disparaître. A cet effet, la pièce est présentée à l'ouvreau pour en ramollir le bout ; puis percée au sommet de la calotte sphérique avec une pointe de fer. Par le balancement l'ouverture s'élargit et la calotte disparaît. Le cylindre rigide est alors placé sur un chevalet de bois creusé en gouttières (fig. 43). On touche la pièce avec un fer froid aux points où elle adhère à la canne. Une cassure se déclare sur la ligne brusquement refroidie, et le cylindre est séparé de l'outil Il reste à enlever la calotte qui le termine encore. On entoure cette calotte d'un fil de verre très-chaud et l'on touche avec un fer froid la ligne chauffée. Cela suffit pour amener une rupture circulaire qui détache

Fig. 42.

la calotte. Il reste ainsi sur le chevalet un manchon de verre ouvert aux deux bouts. Pour fendre ce manchon, on promène d'un bout à l'autre de sa longueur

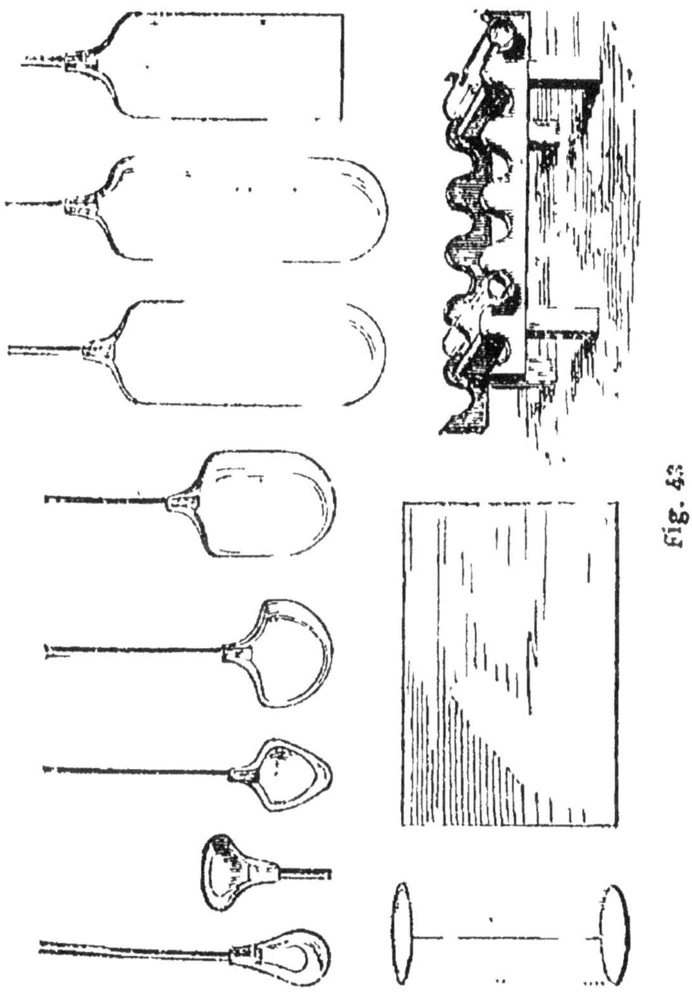

Fig. 43

une pointe de fer rougie, puis l'on touche un des points chauffés avec le doigt mouillé. Les manchons fendus sont portés au fourneau d'*étendage* pour être ramollis au point convenable, puis dépliés et étendus avec une règle de fer sur une plaque de fonte placée dans le four en face d'un ouvreau.

10. Fabrication des bouteilles. — La canne chargée d'une quantité convenable de verre pâteux est passée au souffleur qui donne à la masse vitreuse la forme d'un œuf terminé par un col. La pièce est alors ramollie dans le four, puis introduite dans un moule en bronze ou en terre. En soufflant avec force l'ouvrier distend le verre et lui fait occuper la capacité du moule. Après ce travail, le fond de la bouteille est encore plat. Par la compression avec l'angle d'une petite feuille rectangulaire de tôle, ce fond est refoulé à l'intérieur sous forme de mamelon conique. Un filet de verre fondu appliqué sur le col de la pièce, donne le collet de la bouteille. Le cachet que portent certaines bouteilles est obtenu avec un disque de verre pâteux appliqué sur la panse et imprimé avec une pièce gravée en fer.

11. Décoration du verre et des poteries. — Pour la décoration des matières vitreuses il existe deux méthodes : on applique les couleurs à la surface du verre, comme on les appliquerait sur une toile ; ou bien on les incorpore dans la masse vitreuse elle-même. Dans le premier cas, les verres sont *peints* ; dans le second, ils sont *teints*.

Occupons-nous d'abord de la teinture vitreuse. Si l'on fond du verre incolore avec un oxyde métallique, on obtient du verre uniformément coloré. L'oxyde de chrome et celui de cuivre donnent le vert ; l'oxyde de cobalt, le bleu ; le sesquioxyde de manganèse, le violet ; la pourpre de Cassius, le rouge carmin ; le sesquioxyde de fer et l'oxyde d'argent, le jaune.

Si l'on plonge dans du verre coloré en fusion la canne du souffleur garnie de verre incolore, et qu'on souffle le tout, on obtient du verre coloré sur une face, incolore sur l'autre. C'est ainsi que l'on fait les *verres doublés*.

La décoration vraiment artistique consiste dans la peinture, tant du verre que des poteries. On dépose alors, avec le pinceau, comme pour une peinture sur toile, des oxydes colorants, vitrifiables, que l'on harmonise entre eux pour obtenir les nuances du dessin proposé. Ces oxydes sont les mêmes que pour la teinture du verre ou la fabrication des gemmes artificielles. Les pièces ainsi préparées sont soumises à l'action d'une température suffisante pour liquéfier les oxydes colorants et les convertir en enduit vitreux au moyen de l'acide silicique qui leur est adjoint ou bien est fourni par les pièces elles-mêmes. Par la vitrification, les couleurs se développent et font corps avec la surface de l'objet.

QUESTIONNAIRE.

1. Qu'appelle-t-on verres ? — Quels sont les silicates principaux entrant dans la composition des verres ? — 2. Qu'est-ce que la trempe du verre ? — Que présentent de remarquable les larmes bataviques et les flacons de Bologne ? — Quelles précautions doit-on prendre, au sujet du refroidissement, dans la fabrication du verre ? — Qu'est-ce que le recuit ? — D'où provient la rupture spontanée de certains objets de verrerie — 3. Quelle est la composition du verre de Bohême ? — Pour quels usages ce verre est-il surtout précieux ? — 4. Quelle est la composition du verre à glaces et du verre à vitres ? — 5. Quelles substances emploie-t-on pour la fabrication du verre à bouteilles ? — D'où provient la couleur verte si foncée de ce verre ? — 6. Qu'est-ce que le cristal ? —

Quelles sont ses propriétés ?—A quoi sert-il ?— 7. Qu'est-ce que le strass ? — Comment s'obtiennent les pierres précieuses artificielles ? — 8. Qu'est-ce que l'émail ? — Comment obtient-on les émaux colorés ? — 9, qu'est-ce que la canne du souffleur de verre ? — Comment s'obtient le cylindre de verre ? — Comment fait-on disparaître sa calotte sphérique et comment la détache-t-on de la canne ? — Par quel moyen parvient-on le fen-à dre ? — Comment se pratique l'étendage ? — 10. Comment se fabriquent les bouteilles ? — De quelle manière obtient-on le creux du fond, le collet du goulot, le cachet de la panse ? — 11. Quelle différence y a-t-il entre les verres peints et les verres teints ?— Comment s'obtiennent les verres uniformément colorés dans toute leur masse ? — Quels sont les principaux oxydes colorants et les teintes correspondantes ?—Comment se fabriquent les verres doublés ? — En quoi consiste la peinture sur verre et sur porcelaine ? — Quels sont les principaux oxydes colorants employés ?

TROISIÈME PARTIE

CHIMIE ORGANIQUE

CHAPITRE PREMIER

GÉNÉRALITÉS.

1. Communauté d'éléments chimiques entre les corps vivants et les corps bruts. — Dans l'animal et dans la plante ne se trouve aucun élément qui n'appartienne au domaine du minéral ; la matière vivante et la matière brute ont les mêmes métaux et les mêmes métalloïdes. Pour ses ouvrages, la vie emprunte ses matériaux au règne minéral et les lui rend tôt ou tard, car tout en provient chimiquement et tout y revient. Ce qui est aujourd'hui substance minérale, acide carbonique, vapeur d'eau, gaz ammoniac, peut devenir un jour, par le travail de la végétation, substance vivante, feuille, fleur, fruit, semence ; comme aussi ce qui est constitué en une plante, un animal, sera certainement, dans un avenir peu éloigné, acide carbonique, vapeur d'eau, gaz ammoniac, que la vie pourra reprendre pour de nouveaux ouvrages, toujours détruits et toujours renouvelés. Les éléments chimiques constituent le fonds commun des choses, où tout puise, où tout rentre, sans qu'il y ait jamais ni perte ni gain d'un atome matériel ; ils sont la substance première sur laquelle travaillent indistinctement, suivant les lois qui leur sont propres, et les forces chimiques et la vie.

**2. Exemples de cette communauté d'élé-
ments. —** Pour celui qui n'est pas déjà familiaris[é]
avec ces idées, un étonnement profond est la conséquence ordinaire du dire de la chimie, affirmant qu[e]
tout se résout en quelques-uns des soixante-cin[q]
corps simples. Qu'une pierre, n'importe laquelle, soi[t]
ramenée à des métaux et à des métalloïdes, on l'admet sans peine : c'est un minéral décomposé en d'au[-]
tres matières minérales. Mais que le pain, la chair[,]
les fruits et les mille substances que l'animal et l[a]
plante fournissent, se ramènent aux mêmes corp[s]
simples que les minéraux, cela ne s'admet pas san[s]
une certaine hésitation. On se fait difficilement [à]
l'idée de se nourrir de métaux et de métalloïdes[.]
Quelques exemples familiers nous auront bientôt dé[-]
montré qu'il en est ainsi cependant.

Et d'abord l'eau. Elle est une espèce d'aliment[,]
nous la buvons. Que contient-elle? De l'oxygène, d[e]
l'hydrogène, et rien de plus; les études précédente[s]
nous ont suffisamment renseignés à cet égard. En l[a]
buvant, nous buvons donc deux métalloïdes. L'œu[f]
que renferme-t-il? Divers corps simples, dont l'u[n]
se trahit facilement quand l'œuf se gâte et dégag[e]
l'odeur infecte de l'hydrogène sulfuré. Les œufs con[-]
tiennent donc du soufre. Le pain encore, que contien[t]
il? Sans entrer dans le détail de sa composition, nou[s]
pouvons affirmer du moins qu'il renferme du char[-]
bon, et beaucoup. Et en effet, exposé à l'action de l[a]
chaleur, le pain se grille, noircit et se résout finale[-]
ment en charbon. Le pain, qui donne du charbo[n]
pour résidu de sa destruction par le feu, en contenai[t]
donc au début, mais dissimulé par sa combinaiso[n]
avec d'autres corps simples. Ces autres corps simpl[es]
ont disparu, chassés par la chaleur, et le charbon, isol[é]

de l'association, reparaît avec ses habituels caractères.
Au-dessus de la fumée que répand le pain en voie
de se griller, nous exposons une lame de verre; et
cette lame se couvre d'une fine rosée, absolument
comme si l'on avait soufflé dessus son haleine humide. Cette eau provient de la fumée et celle-ci du
pain. Le pain renferme donc de l'eau, ou plutôt les
éléments de l'eau, oxygène et hydrogène. La pâte a
été salée. Il y a alors dans le pain du sel marin, composé d'un métalloïde, le chlore, et d'un métal, le
sodium. En nous bornant là, voilà donc qu'avec une
bouchée de pain, nous mangeons pour le moins un
métal et quatre métalloïdes. Dans ce nombre de corps
simples, il y en a d'inoffensifs : le carbone, l'oxygène,
l'hydrogène; mais il y en a de bien redoutables, une
fois isolés : le sodium et le chlore. Si nous ne savions
déjà combien la combinaison modifie les propriétés
premières des corps, il y aurait à s'étonner de trouver
dans le pain, aliment par excellence, deux substances
mortelles par elles-mêmes. De ce qui était poison isolé,
la combinaison chimique a fait aliment; comme
aussi, dans d'autres circonstances, ce qui est inoffensif isolé devient poison par l'association. Il est inutile de poursuivre plus loin, la conviction doit commencer à se faire: Tout dans la nature organique se
ramène aux éléments de la nature minérale.

3 Substances organisées. — Lorsqu'on examine avec le microscope une parcelle quelconque
d'une plante, on la voit composée d'une foule de
cavités, dont les minces parois tantôt affectent la
forme plus ou moins globulaire, tantôt s'allongent en
fuseaux, ou bien en canaux cylindriques. Ces cavités
sont des *cellules*, des *fibres*, des *vaisseaux*. Leur contenu est fréquemment de nature liquide, parfois de

nature solide ou gazeuse. Une structure intime analogue se retrouve en toute partie prise dans l'animal, chair musculaire, substance nerveuse, matière des os. L'être vivant, quel qu'il soit, est donc un ensemble d'appareils primordiaux dont le type est la cellule close, appareils éminemment aptes à l'imbibition par les liquides, condition fondamentale de l'exercice de la vie, et nommés en physiologie *organes élémentaires*.

Toute substance qui présente cette structure est dite *organisée*; elle appartient exclusivement à l'animal et à la plante, car jamais le minéral, dans son arrangement intime, ne montre rien de pareil. Et en effet, reconnaissable tout d'abord à ses formes géométriques élémentaires, ses facettes planes, ses arêtes rectilignes, ses angles vifs, la matière brute cristallisée est en outre d'une parfaite uniformité dans sa masse compacte et totalement étrangère à ces mouvements internes, à ces flux incessants de liquides qui se manifestent partout où la vie est en action. Une feuille, la matière farineuse d'un grain de blé, un fragment d'os, un morceau de chair musculaire, sont des *substances organisées*. Le sang, le lait, la sève, et en général les liquides élaborés dans les corps vivants, sont encore des substances organisées; on leur reconnaît, au microscope, la configuration globulaire. C'est donc la forme, et non la nature matérielle, qui caractérise les corps du domaine de la vie: forme spéciale pour l'ensemble de l'être, si constante dans la même espèce, si variable d'une espèce à l'autre, et toujours d'une géométrie transcendante où l'angle brutal et la ligne raide de la matière minérale cristallisée sont inconnus ; forme enfin spéciale jusque dans les moindres particules en lesquelles le corps se résout sous le microscope.

4. Substances organiques. — Mais on peut retirer des feuilles des végétaux, de la farine des céréales, des os, de la chair musculaire, du sang, du lait, enfin de toutes les substances organisées, divers principes, qui, une fois isolés, n'ont plus rien de la structure que la vie avait donnée à leur ensemble. Ces corps ont fréquemment la configuration cristalline, comme ceux du règne minéral, dont il serait parfois difficile de les distinguer; ils suivent dans leur composition, leurs réactions, leurs métamorphoses, les lois de la chimie minérale. De la pulpe du citron, substance organisée, on retire un corps solide cristallisable, c'est l'acide citrique, substance organique; de la pulpe de betterave, corps organisé, provient le sucre cristallisé, corps organique. Pareillement le sang donne l'albumine et la fibrine, les os donnent la gélatine, la farine donne l'amidon, le lait donne les corps gras constituant le beurre. Albumine, fibrine, amidon, corps gras, gélatine, sont des substances organiques. On peut donc, en généralisant, dire que *les substances organiques sont les matériaux des corps organisés.*

5. But de la chimie organique. — La chimie organique a pour objet de ses études les propriétés et les transformations des substances organiques. Elle cherche à découvrir les lois suivant lesquelles se forment et se métamorphosent les composés élaborés par la nature vivante, dans le but de parvenir à les imiter, à les reproduire même exactement en dehors du concours de la vie, au lieu de les extraire de la plante et de l'animal où ils se trouvent tout formés. Ce but, vers lequel tendent tous les efforts de la science, de longtemps sans doute ne sera pas atteint dans de larges mesures, mais il n'est pas moins fondé.

Nous nous bornerons à citer un exemple des progrès de la chimie dans cette voie.

La vigne élabore du sucre dans sa grappe, l'alcool dérive du sucre par la fermentation. Est-il possible d'obtenir ce même alcool par la voie de la science en partant directement des corps simples qui le composent, oxygène, hydrogène et charbon? C'est parfaitement possible, mais à un prix de revient hors de toute comparaison avec celui du travail économique de la vigne; avec les éléments de l'eau et du gaz carbonique, on sait obtenir de l'alcool exactement pareil à celui dont la grappe est le point de départ.

La formation de toutes pièces, la synthèse de l'alcool ordinaire, n'est qu'un exemple pris entre mille composés organiques divers obtenus déjà en partant des éléments. A cet alcool se rattachent, en effet, d'autres composés analogues, également qualifiés d'alcools, et réalisés ou réalisables artificiellement. Or des alcools dérivent les éthers, comprenant parmi eux un grand nombre de substances naturelles. Tels sont les principes odorants de la plupart des fruits, les essences irritantes de l'ail et de la moutarde, les matières cireuses, en particulier la cire des abeilles. Ces mêmes alcools associés à l'ammoniaque donnent naissance à des alcaloïdes artificiels qui rappellent, dans une certaine mesure, la morphine, la quinine, alcaloïdes extraits du suc du pavot et de l'écorce du quinquina. Une oxydation ménagée des alcools donne naissance à un nouveau groupe comprenant la plupart des essences oxygénées naturelles, les essences de menthe et d'amandes amères, de girofle et d'anis. Une oxydation plus profonde amène les acides organiques, l'acide du vinaigre, celui du beurre, celui du lait aigri. On voit donc qu'un champ immense est ouvert aux recherches de la chimie organique, et qu'il serait téméraire de dire où s'arrêtera la science dans sa voie de synthèse. Jamais, sans doute, la chimie n'organisera la matière, en ce sens qu'elle sera toujours inhabile à la modeler comme le fait la vie. Jamais elle ne viendra à bout de constituer un grain de fécule tel qu'il se trouve dans la pomme de terre, une fibre textile telle qu'elle est dans la bourre du cotonnier, un sachet cellulaire plein de jus acide tel que nous le donne le citron; mais peut-on affirmer que la substance sans configuration organisée lui est aussi interdite? Les résultats déjà obtenus imposent du moins une grande réserve. Mais ce serait aussi bien étrangement s'abuser que de ne pas reconnaître des limites évidentes. Comme substance organique, dépourvue de la structure nécessaire à l'exercice de la vie, la matière est du domaine de la chimie; mais elle lui échappe radicalement comme substance organisée. Jamais la configuration en cellules, en fibres ou vaisseaux, ne sortira du creuset et de la cornue, la vie seule est apte à construire ce merveilleux édifice; elle a pour elle la forme et l'art a la substance.

6. **Principaux éléments des substances organiques.** — Le carbone se trouve dans tous les composés de la nature vivante; il est par excellence l'élément organique. Aussi toute substance organique soumise à l'action de la chaleur se *carbonise*, c'est-à-dire dégage ses autres éléments à l'état de composés volatils, et laisse du charbon pour résidu; soumise à la combustion, elle donne toujours du gaz carbonique.

Au carbone s'associe l'hydrogène pour former des composés binaires, solides, liquides ou gazeux, d'un rôle fondamental dans la chimie organique. Le grisou des houillères, le gaz des marais se dégageant des matières végétales en décomposition sous l'eau, les essences de térébenthine et de citron, le caoutchouc ou gomme élastique, sont uniquement formés de carbone et d'hydrogène.

Si l'oxygène s'adjoint au carbone et à l'hydrogène, il résulte de l'association ternaire la grande majorité des composés organiques, tels que le sucre, l'amidon, la substance ligneuse, les acides végétaux, les matières grasses.

Enfin l'azote complète la série des éléments qui jouent le plus grand rôle dans les produits chimiques de la vie. On le trouve, avec les trois éléments qui précèdent, dans la fibrine, principe de la chair musculaire, dans la caséine, principe du lait, dans l'albumine ou blanc d'œuf, dans l'indigo, dans les alcaloïdes végétaux.

Le carbone, l'hydrogène, l'oxygène et l'azote portent à juste titre la dénomination d'*éléments* organiques, car on les retrouve dans toute substance d'origine animale ou d'origine végétale, associés deux à deux, trois à trois, ou tous les quatre ensemble. Les autres éléments de la chimie minérale peuvent intervenir aussi dans les composés organiques, mais d'une manière bien moins générale et pour ainsi dire accessoire. Ainsi le soufre, le phosphore, le potassium, le sodium, le calcium, le fer et autres, font partie en faibles proportions de certains composés. Pour une vue d'ensemble, il suffit donc de considérer les corps organiques comme des combinaisons où entre la série partielle ou complète des quatre éléments, carbone, hydrogène, oxygène, azote.

7. Variété des composés organiques. — Quatre corps simples constituent, à peu de chose près, la matière première d'où résulte l'ensemble des composés organiques. Une telle simplicité de matériaux pourrait faire croire à un nombre très-borné de produits, et cependant la chimie organique est d'une richesse inépuisable. Cette profusion de produits, toujours plus nombreux à mesure que la science progresse, et peut-être sans limites assignables, est la conséquence des proportions complexes suivant lesquelles les quatre corps simples interviennent dans les composés. Le caractère dominant des combinaisons minérales est la simplicité des proportions; celui des. combinaisons organiques est, au contraire, la complication. Si l'on considère qu'il suffit d'augmenter ou de diminuer, même dans d'étroites limites, la proportion d'un élément, de substituer en totalité ou en partie un élément à un autre, de faire intervenir ou deux, ou trois, ou quatre corps simples dans la combinaison, chacun suivant une proportion très-variable, pour obtenir chaque fois un composé doué de propriétés physiques et chimiques spéciales, l'esprit n'entrevoit plus de bornes aux associations diverses qui peuvent résulter du carbone, de l'hydrogène, de l'oxygène et de l'azote. A cause de sa simplicité, le composé minéral est un édifice stable qui se prête difficilement à des transformations et n'en subit que de peu nombreuses. Par sa structure complexe, le composé organique est, au contraire, plus ou moins altérable et doué d'une mobilité d'éléments qui se prête à de nombreuses transformations fécondes en dérivés.

8. **Analyse immédiate.** — Tout corps organisé est un mélange; il entre dans sa structure diverses substances organiques, divers composés chimiquement déterminés, enfin diverses *espèces chimiques* que l'on désigne par l'expression générale de *principes immédiats.* C'est ainsi que d'une orange ou peut ex-

traire l'essence aromatique et inflammable dont l'écorce est imprégnée, la matière colorante de cette écorce, l'acide et le sucre dissous dans le jus, la matière constituant les cellules où ce jus est renfermé. Chacune de ces substances, à l'état pur, est un principe immédiat, une espèce chimique du corps organisé, l'orange. Opérer la séparation des principes immédiats d'un corps, c'est faire *l'analyse immédiate* de ce corps.

Pour fixer les idées, prenons un exemple, et proposons-nous de séparer les principes immédiats d'une pomme de terre, sans apporter toutefois à cette opération une précision superflue ici. Le tubercule est mis en pâte avec une râpe, qui déchire les cellules et met en liberté leur contenu. La bouillie déposée sur un linge fin est lavée avec de l'eau, qui dissout certaines substances et en entraîne mécaniquement d'autres à travers les mailles du tissu. Par le repos, l'eau de lavage laisse déposer une matière blanche pulvérulente. C'est la fécule, l'un des principes immédiats. Ce qui reste sur le filtre est formé des parois des cellules déchirées. C'est un autre principe immédiat, la cellulose. L'eau de lavage, séparée de la fécule, est portée à l'ébullition. Quelques filaments coagulés y apparaissent. C'est un troisième principe immédiat, l'albumine. Enfin le liquide débarrassé de l'albumine laisserait, par évaporation, un résidu où se constaterait la présence d'une espèce de sucre, quatrième principe immédiat. En se bornant là, on voit qu'on peut extraire quatre espèces chimiques d'un tubercule de pomme de terre au moyen des actions mécaniques, de la chaleur et de l'eau pour dissolvant

9. **Analyse élémentaire.** — Par *l'analyse* élémentaire, on détermine les éléments contenus dans une espèce chimique et la proportion de ces éléments.

Pour donner une idée de cette délicate opération, sup
posons le cas le plus simple, celui d'un corps form⸱
de carbone, d'oxygène et d'hydrogène ; tel est l'ami
don. — Chauffons dans un tube de verre un mélang⸱
intime d'amidon et d'oxyde
de cuivre bien sec; nous
constaterons qu'il se dégage
de la vapeur d'eau et de
l'acide carbonique. Sous
l'influence de la chaleur et
au contact de la matière
organique, l'oxyde se ré-
duit; il cède son oxygène,
qui transforme en eau l'hydrogène de la substance
organique, et en gaz car-
bonique son charbon. Si
l'on recueille rigoureusement l'eau formée dans
cette combustion, de son
poids on pourra déduire la
quantité d'hydrogène que
contenait l'amidon ; pareillement du gaz carbonique
recueilli, on déduira la
proportion de carbone. Réunis, le poids de l'hydrogène
et celui du carbone ne re-
présenteront pas le poids
de l'amidon soumis à l'action comburante de l'oxyde

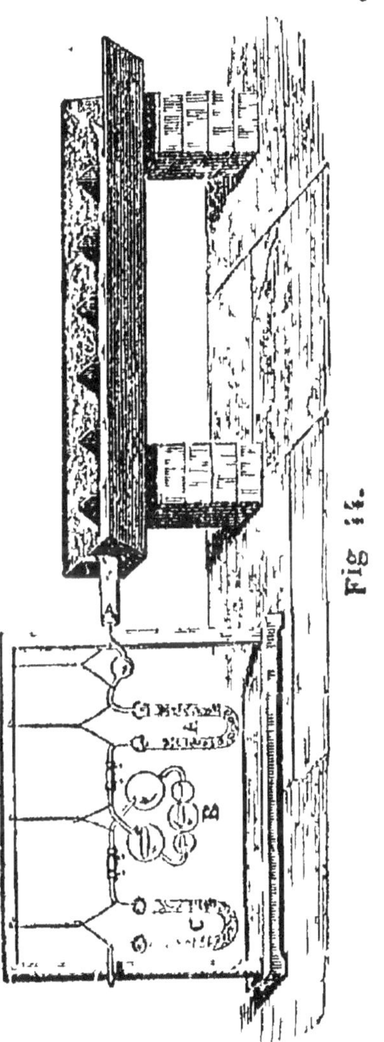

de cuivre, il y aura un déficit qui représentera évidemment le troisième corps simple de l'amidon,
c'est-à-dire l'oxygène. Ainsi pour opérer l'analyse

élémentaire d'un corps organique non azoté, il faut brûler, par l'intermédiaire de l'oxyde de cuivre, un poids déterminé de ce corps. L'hydrogène se déduit du poids de l'eau formée, le carbone du poids du gaz carbonique, et l'oxygène se dose par différence.

Voici sommairement la disposition de l'appareil usité. Dans un tube en verre infusible *a* (fig. 44) est mis un poids connu du corps à analyser, intimement mélangé avec de l'oxyde de cuivre. Ce tube fermé par un bout est couché horizontalement sur une grille où l'on dispose des charbons incandescents. A la suite est adapté un tube A courbé en U et contenant des fragments de pierre ponce imbibés d'acide sulfurique concentré. Cet acide arrête et condense, pour se combiner avec elles, les vapeurs d'eau provenant de la combustion de la matière organique, mais laisse passer outre le gaz carbonique. Celui-ci est absorbé par le tube à boules B, rempli d'une dissolution de potasse caustique. Enfin C est un tube contenant des fragments de potasse caustique, il arrête le peu d'acide carbonique qui pourrait échapper au précédent. C et B sont pesés ensemble au début et à la fin de l'opération; leur accroissement en poids donne la quantité d'acide carbonique formé par la combustion de la matière organique. L'accroissement en poids du tube A fait connaître la quantité d'eau.

QUESTIONNAIRE.

1. Les éléments chimiques des corps vivants sont-ils les mêmes que ceux des corps bruts? — 2. Citez quelques exemples familiers de cette communauté d'é-

léments. — 3. Que présente de remarquable la structure
de la matière dans l'animal et dans la plante? — Qu'appelle-t-on organes élémentaires? — Que faut-il entendre
par substances organisées? — Donnez des exemples. —
4. Qu'appelle-t-on substances organiques? — Citez quelques substances organiques. — 5. Quel est l'objet de
la chimie organique? — La chimie sait-elle obtenir quelques matières organiques en partant de leurs éléments?
— Donnez des exemples. — Est-il possible à la science
d'obtenir la structure organisée? — 6. Quels sont les
principaux éléments des substances organiques? — Citez
des composés de carbone et d'hydrogène; des composés
de carbone, d'hydrogène et d'oxygène; des composés
où entre en plus l'azote. — Quel est l'élément qui se
trouve dans tous les composés organiques? — Qu'est-ce
carboniser une substance organique? — 7. Comment
avec quatre corps simples peut-il se former tant de composés divers? — Quel est le caractère qui distingue les
composés organiques des composés minéraux, sous le
rapport de la structure chimique? — 8. Qu'appelle-t-on
principes immédiats? — Citez quelques principes immédiats de l'orange. — Que désigne-t-on par l'expression
d'analyse immédiate? — Comment peut se faire l'analyse
immédiate d'un tubercule de pomme de terre? — 9. Que
détermine-t-on par l'analyse élémentaire? — En quoi
consiste la méthode de cette analyse? — Décrivez l'appareil usité.

CHAPITRE II

ACIDES ORGANIQUES. — ACIDE OXALIQUE.

1. État naturel. — L'acide oxalique est fréquent
dans les végétaux, surtout en combinaison avec la
potasse et la chaux. Les cellules d'un grand nombre

de plantes renferment des faisceaux de fines aiguilles cristallines formées d'oxalate de chaux (fig. 45). Certains lichens crustacés contiennent presque la moitié de leur poids de ce sel. L'oseille de nos jardins doit sa saveur aigre à l'acide oxalique; il en est de même des poils des gousses du pois chiche. Aussi s'est

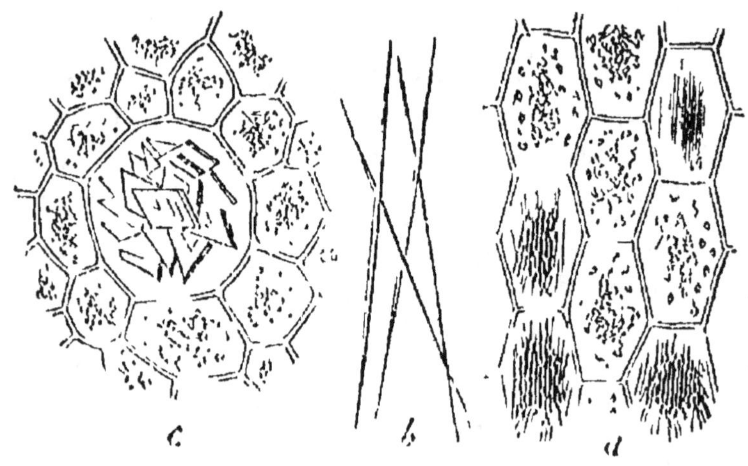

Fig. 45.

on d'abord adressé à l'oseille pour obtenir l'acide oxalique, dont l'industrie fait un emploi considérable. Le nom de *sel d'oseille*, que porte vulgairement l'oxalate acide de potasse, fait allusion à cette origine. Quant au terme *d'oxalique*, il dérive encore du nom d'une plante, *oxalis*, d'où l'on retirait également cet acide.

2. Préparation artificielle. — Aujourd'hui l'acide oxalique s'obtient artificiellement par des moyens plus expéditifs et moins coûteux. Lorsqu'on oxyde énergiquement une matière organique, l'acide oxalique est, en général, au nombre des produits. Les substances qui se prêtent le mieux à cette transformation, sont le sucre, l'amidon, la cellulose, c'est-à-dire la matière du papier et de la toile. Si nous chauffons dans un ballon de verre soit de la charpie de vieille toile, soit de l'amidon, soit du sucre avec de l'acide azotique, nous obtiendrons, après une ébullition prolongée, une liqueur qui, par le refroidissement, donnera de beaux cristaux d'acide oxalique. Ce premier exemple nous montre comment la science sait, d'un composé emprunté à la nature vivante, en déduire d'autres tout différents. Avec un morceau de sucre, avec un chiffon de vieille toile, elle obtient l'acide de l'oseille.

3. **Propriétés et usages.** — L'acide oxalique est solide, incolore, sans odeur, d'une saveur aigre et piquante. Il cristallise en prismes à quatre faces. Il est vénéneux à la dose d'une quinzaine de grammes. Ce composé est binaire : il ne renferme que du carbone et de l'oxygène. Soumis à l'action de l'acide sulfurique concentré, il se dédouble en volumes égaux d'oxyde de carbone et d'acide carbonique. C'est sur cette propriété qu'est basée la préparation de l'oxyde de carbone dans les laboratoires (Voir p. 66).

On fait usage de l'acide oxalique pour récurer les ustensiles en cuivre et pour enlever sur le linge les taches de rouille et d'encre. Ces applications reposent sur la faculté qu'a l'acide oxalique de former des sels solubles avec les oxydes de cuivre et de fer. Ce que l'on vend sous le nom *d'eau de cuivre* pour nettoyer les objets en laiton ou en cuivre, est une simple dissolution d'acide oxalique.

ACIDE CITRIQUE.

4. **État naturel. Extraction.** — C'est à l'acide citrique que le jus des citrons doit sa saveur aigre. On le rencontre également dans les groseilles, les framboises, les cerises, les fraises, les oranges. On

l'extrait ordinairement des citrons, parce qu'ils en contiennent en abondance.

5. Propriétés et usages. — L'acide citrique est solide, incolore, d'une saveur aigre très-prononcée. Il cristallise en prismes à quatre faces. Ce composé est ternaire; il renferme de l'oxygène, de l'hydrogène et du carbone dans sa composition. Soumis à la distillation dans une cornue, il se décompose en donnant de *l'acide aconitique*, pareil à celui qu'on retire d'une plante très-vénéneuse, *l'aconit*. Nous mentionnons ce curieux résultat uniquement pour montrer encore une fois comment deux substances organiques, qui dans leurs origines naturelles n'ont rien de commun, peuvent dériver l'une de l'autre par un traitement de laboratoire.

L'acide citrique est d'un emploi fréquent en teinture et dans la fabrication des indiennes. On en fait usage pour aviver certaines couleurs, pour préparer avec la cochenille de beaux écarlates sur le maroquin et la soie. Les relieurs préparent avec cet acide une dissolution de fer qui donne à la peau un aspect marbré. On s'en sert enfin pour enlever les taches de rouille et les taches alcalines sur les étoffes teintes en écarlate avec la cochenille.

La pharmacie fait entrer l'acide citrique dans certains sirops et certaines limonades. La *limonade sèche* est une poudre fine composée de sucre, d'acide citrique et de quelques gouttes d'essence de citron, qui donnent au mélange un arôme convenable. Il suffit de dissoudre cette poudre dans l'eau pour obtenir une limonade ordinaire. La marine fait usage du jus de citron comme préservatif du scorbut. Pour le conserver à bord sans altération, on le mélange d'un dixième d'eau-de-vie. C'est le *lime-juice* des Anglais.

La médecine utilise le citrate de fer et le citrate de magnésie, qui n'ont pas, le premier, la saveur âpre et métallique des sels de fer, le second, la saveur amère des sels de magnésie.

ACIDE TARTRIQUE.

6. État naturel. Extraction. — L'acide tartrique se trouve dans un grand nombre de fruits et de végétaux. Le raisin en renferme abondamment à l'état de tartrate de potasse et de tartrate de chaux. Pendant la vinification du jus de raisin ces deux sels se déposent parce qu'ils sont insolubles dans le liquide alcoolique et forment une croûte adhérente aux parois des tonneaux. Cette croûte porte le nom de *tartre*, et de là provient la dénomination appliquée à l'acide. Elle est rouge ou blanche suivant que le vin est lui-même rouge ou blanc. Les vins en bouteille laissent aussi parfois déposer une matière granuleuse, formée de petits cristaux des deux tartrates.

Pour obtenir l'acide tartrique, on dissout le tartre dans de l'eau additionnée d'acide sulfurique. Celui-ci se combine avec les bases, chaux et potasse, et met l'acide tartrique en liberté.

7. Propriétés et usages. — L'acide tartrique est solide, incolore, d'une saveur acide très-forte. Il cristallise en prismes volumineux, qui répandent une odeur de pain grillé quand on en jette des fragments sur un charbon allumé. Comme l'acide citrique, c'est un composé ternaire (1). Il est employé par les indienneurs aux mêmes usages que l'acide oxalique et l'acide citrique. Il entre dans l'alimentation comme con-

---

(1) A moins qu'on n'avertisse au contraire, les divers composés que nous allons étudier sont toujours des composés ternaires : ils sont formés de carbone, d'hydrogène et d'oxygène.

diment, lorsqu'on fait usage de raisins verts ou verjus.

8. Émétique. — Ce qu'on nomme vulgairement *émétique* est un tartrate double de potasse et d'antimoine. C'est un sel blanc d'une saveur métallique très-désagréable. Il est employé comme vomitif énergique à la dose de 5 à 10 centigrammes. Son action est des plus violentes; il peut amener de graves accidents et même la mort à la dose de quelques décigrammes. Toutefois, c'est un remède héroique et des plus utiles dans les cas d'empoisonnement.

ACIDE MALIQUE.

9. État naturel. Propriétés. — Soit libre, soit combiné avec la potasse, la chaux, l'acide malique est abondamment répandu dans les végétaux. On le trouve accompagné d'acide citrique, dans la majeure partie de fruits à saveur aigrelette, cerises, framboises, baies de sureau et d'épine vinette, groseilles, prunes, poires et pommes vertes. C'est du mot latin *malum*, signifiant pomme, que vient l'expression d'acide *malique*.

A l'état isolé, c'est une substance solide, incolore, sous forme de mamelons cristallisés. Il a une saveur acide très-forte. C'est lui qui donne leur acidité au cidre, au poiré, ainsi qu'à la plupart des fruits qui paraissent sur nos tables.

ACIDE TANNIQUE.

10. État naturel. Extraction. — L'écorce du chêne, du marronnier, de l'orme, du saule, les feuilles de divers arbres, plusieurs racines vivaces de plantes dont les tiges meurent annuellement, certains fruits,

quelques sèves, quelques sucs, enfin des excroissances végétales connues sous le nom de *noix de galle*,
contiennent une substance à saveur acerbe, astringente, qui, au contact du fer, détermine une coloration noire. Cette substance prend le nom de *tannin*
ou d'acide *tannique*, parce qu'elle est contenue en
abondance dans l'écorce du chêne que l'on emploie,
sous le nom de *tan*, pour préparer, pour *tanner* les
peaux et en faire du cuir. Les pommes aigres, les
sorbes, les tiges d'artichaut, les cardons et une
foule d'autres produits végétaux, noircissent plus ou
moins dans la partie fraîchement entamée avec la
lame d'un couteau. L'apparition de cette couleur noire
est le signe de la présence du tannin. Les noix de galle
sont des excroissances qu'un petit hyménoptère, le
cynips, fait naître sur les jeunes rameaux du chêne
des teinturiers, particulier au Levant. Il pique ces rameaux avec sa fine tarière pour introduire un œuf
dans l'écorce. La sève s'extravase autour de la piqûre
et devient un globule solide, au centre duquel se développe la jeune larve. Quand le cynips a atteint l'état
parfait, il sort de la noix de galle en la perçant d'un
trou. On trouve fréquemment des galles pareilles sur
nos chênes, mais elles sont bien moins riches en acide
tannique que les galles du Levant.

Pour extraire l'acide tannique, on tasse la noix de
galle, grossièrement pulvérisée, dans une allonge
bouchée par un tampon de coton et dont on introduit
le goulot dans une carafe (fig. 46.) On achève de remplir l'allonge avec de l'éther du commerce. L'éther
filtre à travers la noix de galle et dissout le tannin qu'il
rencontre. On évapore le liquide amassé dans la carafe; le résidu est de l'acide tannique.

11. Propriétés et usages. — On obtient ainsi

l'acide tannique très-pur, sous forme d'une masse spongieuse, légère, brillante, sans apparence de cristallisation, rarement blanche, le plus souvent jaunâtre. Le
tannin a une saveur fortement astringente; il est très-

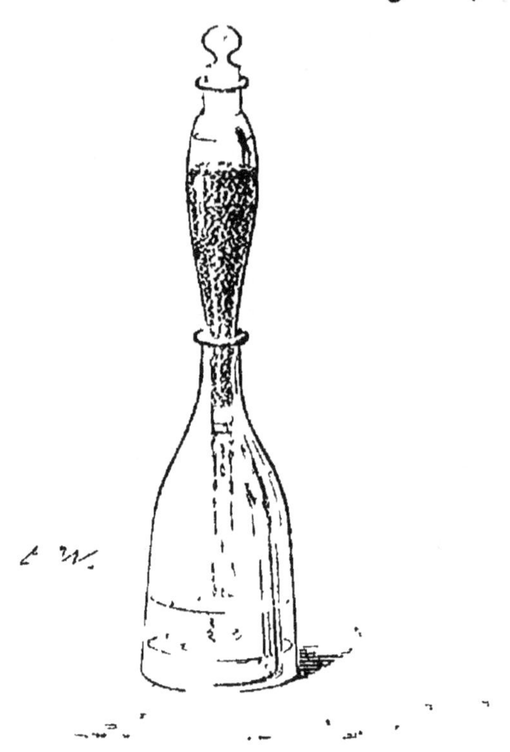

Fig. 46.

soluble dans l'eau; sa dissolution a une réaction faiblement acide. L'acide tannique précipite presque toutes
les dissolutions métalliques, et les précipités ou tanna-
tes ont souvent des couleurs caractéristiques; aussi, la
dissolution de tannin ou tout simplement l'infusion
de noix de galle est-elle un réactif fréquemment employé dans les laboratoires, notamment pour reconnaître les sels de fer. Les sels de sesquioxyde de fer donnent avec l'infusion de noix de galle une coloration
d'un noir-bleu intense; les sels de protoxyde de fer ne

donnent d'abord rien, mais par l'exposition à l'air,
la liqueur passe graduellement au noir-bleu, parce que
le protoxyde absorbe de l'oxygène et devient sesquioxyde Toute liqueur qui noircit par l'addition de la
noix de galle contient du fer ; réciproquement tout
liquide qui noircit au contact du fer ou d'un sel de
fer, contient de l'acide tannique. Pour reconnaître si
une eau est ferrugineuse, il suffit d'en déposer une
goutte sur une noix de galle coupée ; le point humecté
noircit. Pour reconnaître si un suc végétal contient
de l'acide tannique, on en dépose une goutte sur une
lame de fer bien propre ; le point humecté noircit
encore.

Les dissolutions de gélatine et d'albumine donnent, avec l'acide tannique, un composé opaque,
élastique, insoluble dans l'eau ; aussi le tannin a-t-il
une tendance spéciale à se combiner avec la peau des
animaux, dont font toujours partie l'albumine et la
gélatine. Si un lambeau de peau dépilée par la chaux
et préparée comme on le fait pour le tannage, est
agité dans une dissolution aqueuse de tannin, celui-
ci est absorbé complétement, et la peau forme avec
lui un composé imputrescible, c'est-à-dire du cuir.
L'absorption est si complète, qu'au bout de quelques heures la liqueur surnageante ne présente plus
le moindre signe de la réaction caractéristique du tannin, savoir la coloration en bleu-noir avec les sels de
sesquioxyde de fer. C'est sur cette propriété qu'est
fondé l'art des tanneurs transformant une peau, que la
pourriture aurait bientôt altérée, en un cuir qui résiste désormais à la putréfaction.

12. **Encre. Teinture en noir.** — L'encre ordinaire est un tannate de sesquioxyde de fer tenu en
suspension dans de l'eau épaissie avec de la gomme.

On la prépare en faisant bouillir 1 partie de noix de galle dans 15 parties d'eau. On filtre la liqueur et l'on y ajoute 1/2 partie de sulfate de protoxyde de fer ou couperose verte et autant de gomme. On y ajoute souvent aussi du sucre et du sulfate de cuivre. On abandonne le mélange à l'air jusqu'à ce qu'il ait pris une teinte noire foncée. La suroxydation du fer et la formation du tannate de sesquioxyde expliquent pourquoi les caractères tracés avec une encre pâle noircissent en séchant. L'encre est préparée avec du sulfate de protoxyde de fer. Pour qu'un pareil mélange devienne noir, il faut que le protoxyde passe à l'état de sesquioxyde, ce qui se fait, dans le cas de l'écriture, par l'action lente de l'air.

La teinture des tissus en noir et en gris repose également sur la réaction colorée du tannin avec les sels de fer. Supposons un écheveau de laine blanche imprégnée de tannin par un séjour dans une infusion de noix de galle. Plongeons alors la laine dans une dissolution de sulfate de sesquioxyde de fer. De l'encre se formera dans la substance même des brins de laine, et l'écheveau sera teint en noir.

ACIDE GALLIQUE.

13. Origine et propriétés. — Si de la noix de galle pulvérisée et humectée est abandonnée à elle-même, son tannin éprouve une oxydation lente et se résout en acide gallique, gaz carbonique et eau. L'acide gallique cristallise en fines aiguilles blanches, et ne se fixe pas sur les membranes animales, comme le fait le tannin; il donne avec les sels de sesquioxyde de fer un précipité bleu-noir. Sous l'influence de la lumière solaire il réduit rapidement l'azotate d'argent;

aussi est-il employé dans la préparation des *papiers
photographiques*.

ACIDE PYROGALLIQUE.

14. Origine et propriétés. — Chauffée à la température de 180° environ, la noix de galle éprouve une altération dans son acide tannique et laisse dégager des vapeurs qui se condensent en fines aiguilles blanches d'acide pyrogallique.

Cet acide colore en bleu intense les sels de protoxyde de fer et en rouge foncé les sels de sesquioxyde. Il est principalement employé dans la photographie, pour réduire les sels d'argent et développer l'image après l'action de la lumière.

ACIDE LACTIQUE.

15. État naturel. Usages — L'acide lactique est l'acide du lait aigri. Il est très-répandu, du reste, dan s l'économie animale. On le trouve, à l'état libre ou combiné, dans la chair musculaire, le sang, le suc gastrique et presque tous les sucs végétaux, où le plus souvent il ne préexiste pas, mais se forme par la fermentation lactique des principes sucrés de ces mêmes sucs. C'est ainsi que le jus de betterave, l'eau de cuisson des pois et des haricots s'aigrissent par la formation de l'acide lactique.

Diverses substances comme l'amidon, le sucre de lait ou lactose, le sucre ordinaire, le glucose, se transforment en acide lactique par un acte chimique analogue a celui de la conversion du jus des raisins en alcool. Un végétal infime, de la classe des champignons, un mycoderme spécial appelé *levûre lactique*, se dévelo ppe aux dépens de ces matières en fixant sur elles de l'oxygène. Lorsque le lait s'aigrit à l'air, des germes de cette levûre arrivant dans le liquide par le véhicule de l'air, se développent et oxydent le principe sucré du lait, tandis que la caséine, matière azotée qui forme la base du fromage, leur fournit l'azote et les substances minérales nécessaires à leur évolution. Le résultat de ce travail vital est l'acide lactique.

L'acide lactique est un liquide sirupeux, incolore, doué d'une grande acidité. Sa principale application consiste dans la préparation des lactates, dont plusieurs sont employés en médecine, notamment le lactate de fer.

ACIDE ACÉTIQUE.

16. État naturel. — L'acide acétique est le principe acide du vin aigri ou du *vinaigre*. Il résulte d'une oxydation éprouvée par l'alcool. La putréfaction des matières animales ou végétales, la distillation du bois en vase clos, en produisent également. En général, un trouble d'équilibre entre les éléments constitutifs d'une substance organique est accompagné d'une production d'acide acétique.

17. Oxydation de l'alcool. — Au centre d'une assiette on dispose une petite capsule contenant du noir de platine, c'est-à-dire du platine très-divisé. Ce corps est éminemment apte à la condensation des gaz et provoque ainsi des combinaisons qui sans lui n'auraient pas lieu. On recouvre la capsule d'une cloche tubulée, dont le col porte un entonnoir à long bec très-effilé. La cloche repose dans l'assiette, sur trois petites cales, qui permettent à l'air de pénétrer librement dans l'appareil. On met dans l'entonnoir un peu d'alcool, qui tombe goutte à goutte sur le noir de platine. La température s'élève, l'oxygène de l'air et l'alcool condensés dans le platine produisent de l'acide acétique, qui ruisselle sur les parois de la cloche et dans l'assiette. C'est par une oxydation analogue que l'acide acétique est obtenu industriellement.

18. Préparation de l'acide acétique au moyen du vin. — La méthode suivie à Orléans est celle-ci. Dans un cellier dont la température se maintient à une trentaine de degrés, on dispose sur trois rangs un certain nombre de futailles, dont les deux fonds portent aux deux tiers de leur diamètre un large trou de bonde par où se fait l'accès de l'air. Chaque futaille est remplie, jusqu'au tiers de sa capacité, avec du vinaigre auquel on ajoute 10 litres de vin; après huit jours on ajoute encore 10 litres, et ainsi de suite jusqu'à ce que la somme du vin ajouté soit de 40 litres. Huit jours après la dernière addition l'acétification étant achevée, on retire 40 litres de vinaigre; puis l'on recommence.

19. Mycodermes et infusoires. — Dans le procédé que nous venons de décrire, la fixation de l'oxygène sur l'alcool se fait par l'intermédiaire d'un végétal qui se développe sur les liqueurs alcooliques, comme les moisissures se développent sur les fruits en décomposition. Aux derniers échelons de la série des êtres vivants, la Botanique classe les végétaux microscopiques appelés *mycodermes.* Ils constituent les pellicules vulgairement appelées *fleurs du vin, fleurs de la bière, fleurs du vinaigre,* pellicules qu'on voit apparaître à la surface de tous les liquides organiques en voie de décomposition. Ces végétaux infimes, filaments glaireux, cellules visqueuses constituant chacune un individu complet, exigent pour sol, suivant leur espèce, tel ou tel autre liquide organique. D'innombrables populations animales, des *infusoires*, leur viennent en aide dans le rôle immense qu'ils ont à remplir. Ce rôle, M. Pasteur va nous l'apprendre.

Il consiste à porter l'action comburante de l'oxygène de l'air sur les matières organiques mortes, et à les brûler, à les détruire. « Si les êtres microscopiques, plantes et animaux, disparaissaient de notre globe, la surface de la terre serait encombrée de matières organiques mortes et de cadavres de tout genre. Ce sont eux principalement qui donnent à l'oxygène de l'air ses propriétés comburantes. Sans eux la vie deviendrait impossible, parce que l'œuvre de la mort serait incomplète. Après la mort, la vie reparaît sous une autre forme, et avec des propriétés nouvelles. Les germes, partout répandus, des êtres microscopiques commencent leur évolution, et à leur aide et par l'étrange faculté qui leur est inhérente, l'oxygène se fixe en masses énormes sur les substances organiques que ces êtres ont envahies, et en opère peu à peu la combustion complète. On pourrait les comparer aux globules du sang, qui viennent s'imprégner d'oxygène dans les poumons et le portent ensuite dans les profondeurs de l'organisation pour y brûler, à des degrés divers, les principes vieillis de l'économie. » On pourrait enfin les comparer aux particules du platine très divisé, qui condense l'oxygène dans sa masse, et le fixe sur l'alcool, devenant de la sorte acide acétique.

20. Mycoderme du vinaigre. — Le mycoderme du vinaigre est cette masse gélatineuse, glissante, gonflée, qu'on trouve fréquemment dans les vases contenan ce liquide. On lui donne vulgairement le nom de *mèr* ou *fleur du vinaigre*. Or, si l'on cultive cette plante la surface d'une liqueur légèrement alcoolique, du vi par exemple, l'oxygène de l'air se porte, par son in termediaire, sur l'alcool et le convertit rapidement en acide acétique. Il est indispensable que la plante surnage : une fois immergée, elle n'a plus de rapport avec l'oxygène atmosphérique, et par suite reste sans influence sur le liquide.

21. Vinaigre du bois ou acide pyroligneux. — Le bois de toute essence, chauffé en vase clos, donne de l'acide acétique, des gaz inflammables et divers autres produits, dont l'un, appelé *esprit de bois*, a beaucoup d'analogie avec l'alcool ordinaire. L'acide acétique brut obtenu par la distillation du bois se nomme vulgairement *acide pyroligneux*. C'est un liquide d'un brun rougeâtre, d'odeur un peu goudronneuse, de saveur très-aigre. Purifié des matières étrangères dissoutes, il ne diffère en rien de l'acide acétique provenant de l'oxydation de l'alcool.

22. Acide acétique chimiquement pur. — L'acide acétique tel que le fournit l'industrie, est plus ou moins accompagné d'eau. Débarrassé de cette eau et chimiquement pur, l'acide acétique est un corps solide, cristallisant en lames transparentes d'un grand éclat. Il entre en fusion à 16°. Son odeur est pénétrante, sa saveur très-acide. Sa vapeur s'enflamme à l'approche d'une bougie allumée. Ce produit porte le nom d'*acide acétique cristallisable*.

23. Usages. — L'acide acétique fait partie du vinaigre, employé comme assaisonnement et pour la conservation de certaines matières alimentaires. Il entre dans la composition de divers sels employés en teinture comme *mordants*, c'est-à-dire comme substances aptes à fixer les matières colorantes sur les tissus.

24. Acétates. — Les principaux composés salins de l'acide acétique sont : l'acétate de plomb, l'acétate de cuivre, l'acétate d'alumine et l'acétate de fer.

L'acétate de plomb est un composé vénéneux, comme tous les sels de plomb ; il a une saveur sucrée qui lui a fait donner le nom de *sucre de Saturne* (1) ; mais cette saveur douce est bientôt suivie d'un arrière-goût astringent, métallique, très-désagréable. Il s'en consomme des quantités immenses pour la fabrication de la céruse ou blanc de plomb et pour celle de l'acétate d'alumine ou mordant pour rouge des indienneurs. *L'extrait de Saturne, l'eau blanche* des pharmaciens, dont on se sert pour laver les plaies, sont des solutions d'acétate de plomb.

L'acétate de cuivre constitue le *vert-de-gris* et le *verdet* du commerce. Sa fabrication se fait surtout aux environs de Montpellier, en empilant de vieilles lames de cuivre et du marc de raisin aigri. Le verdet est en gros cristaux d'un vert foncé, très-solublés dans l'eau ; le vert-de-gris est une poussière d'un bleu-verdâtre, à peine soluble dans l'eau. Ils sont l'un et l'autre très-vénéneux. On les utilise comme couleur verte dans la peinture à l'huile, et comme mordants pour la teinture en noir sur laine.

L'acétate d'alumine est d'une haute importance dans la teinture et l'impression des tissus. C'est le *mordant pour rouge* des indienneurs. Il est facilement altérable. La chaleur, l'exposition à l'air lui font perdre son acide acétique et l'alumine se dépose. Si l'on trempe un tissu blanc de coton dans une dissolution d'acétate d'alumine et qu'on le laisse après quelque temps exposé à l'air, l'acide acétique se dissipe en vapeurs, tandis que l'alumine reste intimement associée aux fibres du tissu, qui désormais est apte à être teint en rouge par un court séjour dans un

______

(1) Les anciens chimistes appelaient le plomb *Saturne.*

bain de garance. On dit alors que le tissu est *mordancé* à l'alumine.

L'acétate de fer est pareillement d'un grand emploi dans les ateliers d'indiennerie. Il constitue le *mordant pour noir*. On l'obtient en mettant digérer de la vieille ferraille dans de l'acide pyroligneux. Un tissu de coton trempé dans ce liquide, puis exposé à l'air, reste imprégné d'oxyde de fer après dégagement de l'acide acétique, et peut désormais se teindre soit en violet, soit en noir, par l'immersion dans un bain de garance, suivant que la proportion de son mordant est faible ou forte.

QUESTIONNAIRE.

1. Où trouve-t-on de l'acide oxalique? — D'où provient l'expression d'oxalique? — Qu'est-ce que le sel d'oseille? — 2. Comment obtient-on artificiellement l'acide oxalique? — 3. Quelles sont les principales propriétés de l'acide oxalique? — Quels sont ses usages? — 4. Où se trouve l'acide citrique? — 5. Quelles sont ses propriétés? — Que présente de remarquable la distillation de l'acide citrique? — A quels usages est employé l'acide citrique? — Qu'est-ce que la limonade sèche et le *lime-juice* des Anglais? — 6. Qu'appelle-t-on tartre? — Comment obtient-on l'acide tartrique? — Quel est l'acide des raisins aigres? — 7. Quelles sont les propriétés de l'acide tartrique? — Quels sont ses usages? — 8. Qu'est-ce que l'émétique? — Quel est l'emploi de ce sel? — 9. Où trouve-t-on l'acide malique? — D'où provient le nom de cet acide? — Quelles sont ses propriétés? — 10 Où trouve-t-on l'acide tannique? — D'où vient le nom de cet acide? — Quelle est l'origine des noix de galle? — Comment extrait-on l'acide tannique des noix de galle? — 11. Quelles sont les propriétés physiques de l'acide tanni-

que? — Quel caractère présente-t-il avec les sels de fer? — Comment peut-on reconnaître soit la présence de l'acide tannique dans un suc végétal, soit la présence du fer dans un liquide? — Que présente de remarquable l'acide tannique mis en rapport avec une membrane animale? — Sur quelle propriété est basée la conversion des peaux en cuir? — 12. Qu'est-ce que l'encre? — Comment l'obtient-on? — Pourquoi une encre d'abord pâle finit-elle par noircir? — Comment se pratique la teinture en noir? — 13. Quels sont les usages et les propriétés de l'ac' le gallique? — D'où le retire-t-on? — 14. Comment s'obtient l'acide pyrogallique? — Quels sont ses caractères? — A quels usages est-il employé? — 15. Où se trouve l'acide lactique? — Que se passe-t-il quand du lait s'aigrit? — Quels sont les caractères de cet acide? — 16. Comment se nomme l'acide du vinaigre? — Où trouve-t-on encore de l'acide acétique? — 17. Comment s'obtient l'acide acétique par l'oxydation de l'alcool? — Quel est le rôle du platine dans cette expérience? — 18. Comment s'obtient le vinaigre par la méthode d'Orléans? — 19. Qu'appelle-t-on mycodermes? — Quel est le rôle des mycodermes et des infusoires dans la nature? — Comment détruisent-ils les matières organiques mortes? — A quoi peut-on les comparer? — 20. Qu'appelle-t-on mère du vinaigre? — Comment s'obtient le vinaigre par le semis de cette plante? — 21. Citez les deux principaux produits volatils obtenus par la décomposition du bois en vase clos. — Qu'est-ce que l'acide pyroligneux? — 22. Quels sont les caractères de l'acide acétique chimiquement pur? — 23. Quels sont les principaux usages de l'acide acétique? — 24. Quels sont les principaux acétates? — Qu'appelle-t-on sucre de Saturne? — Qu'est-ce que l'extrait de Saturne? — Qu'appelle-t-on vert-de-gris et verdet? — Comment les obtient-on? — A quels usages servent-ils? — Qu'est-ce que le mordant pour rouge des indienneurs? — Comment peut-on rendre un tissu de coton apte à se teindre en rouge dans un bain de garance? — Qu'est-ce que le mordant pour noir? — Quelles

teintes prend dans un bain de garance un tissu mordancé avec l'acétate de fer? — Comment s'obtient cet
acétate ?

CHAPITRE III

CELLULOSE.

1. État naturel. — Examiné au microscope, le
tissu d'un végétal se montre composé d'une multitude
de petites cavités closes, en général de forme ovoïde,
mais fréquemment aussi de forme polyédrique par
suite de leur compression mutuelle. Ces cavités, formées chacune d'une paroi qui lui est propre, portent
en botanique le nom de *cellules*. Aux cellules sont associés d'autres organes élémentaires, tantôt plus ou moins
allongés, un peu renflés au milieu et amincis aux deux
extrémités ; tantôt configurés en tubes cylindriques
d'une longueur considérable. Les premières sont les
fibres, les secondes les *vaisseaux*. Les fibres sont des
cellules en fuseau ; les vaisseaux résultent d'une série
de cellules dont les parois juxtaposées ont disparu.
L'ensemble de la trame végétale se ramène donc à
la *cellule* qui donne son nom à la *cellulose*.

On nomme ainsi la substance qui forme les parois
des cellules, des fibres et des vaisseaux. Cette substance, composée de carbone, d'hydrogène et d'oxygène,
est identique dans toute l'étendue de la plante et dans
toutes les espèces végétales ; elle forme la majeure
partie du bois, elle est la matière première du monde
végétal. Néanmoins elle est accompagnée de diverses
substances qui l'imprègnent, qui l'incrustent, qui

remplissent les cavités cellulaires et communiquent aux diverses parties d'une plante, moelle, feuilles, chair molle et pulpeuse, écorce fibreuse, bois tenace, des propriétés fort différentes. Quand ces substances sont éliminées, la cellulose est de composition et de propriétés chimiques constantes, quelle que soit son origine. Les vieux chiffons de toile et de coton, le papier non collé fabriqué avec ces chiffons, sont de la cellulose à peu près pure, car les traitements nombreux et énergiques que ces corps ont subis, ont éliminé presque en totalité les matières étrangères, tout en laissant la cellulose intacte.

2. **Propriétés.** — La cellulose est blanche, diaphane, insoluble, très-résistante à l'action prolongée de l'air et de l'humidité. Broyée à froid avec de l'acide sulfurique concentré, elle se transforme en une masse gommeuse, soluble dans l'eau et analogue à l'empois. La dissolution acide longtemps bouillie donne naissance au sucre de fruits ou glucose. Une ébullition prolongée dans l'acide azotique la transforme en acide oxalique.

3. **Coton-poudre. Collodion.** — Par une courte immersion dans de l'acide azotique concentré, la cellulose, sans changer en rien d'aspect, devient une matière inflammable, explosive, que l'on désigne sous les noms de *coton-poudre*, *fulmi-coton*. On fait un mélange de 3 volumes d'acide azotique monohydraté et de 5 volumes d'acide sulfurique concentré. Ce dernier a pour effet de s'emparer de l'eau qui se forme, aux dépens de la cellulose, pendant le traitement, et de maintenir ainsi l'acide azotique dans son plus grand état de concentration. On plonge dans ce mélange de la cellulose quelconque, coton, charpie, papier, vieux linge, n'importe. Après un quart d'heure

d'immersion, on retire la matière, on la lave à grande eau jusqu'à disparition de toute trace d'acide, on la presse pour enlever la plus grande partie de l'humidité, on la divise et on l'abandonne à la dessiccation spontanée. Le coton, le tissu, le papier ont après ce traitement le même aspect qu'avant, mais ils possèdent la remarquable propriété de s'enflammer subitement à la température de 180° environ. La matière se transforme en entier en gaz, sans résidu aucun; aussi produit-elle, avec plus de violence encore, tous les effets de la poudre ordinaire.

Le coton-poudre se dissout dans l'éther additionné d'un peu d'alcool, et le mélange prend l'aspect d'un sirop épais que l'on nomme collodion. Étendu en mince couche, ce liquide sirupeux laisse évaporer l'éther et se prend en une pellicule imperméable, très-adhésive, insoluble dans l'eau et l'alcool. Le principal emploi du collodion est en photographie. Il sert à produire sur verre une pellicule que l'on rend sensible à la lumière au moyen des sels d'argent.

4. Fibres textiles. — La cellulose constitue les fibres textiles avec lesquelles se fabriquent les cordes, les fils, les tissus. Les végétaux les plus importants, sous le rapport des fibres textiles, sont le lin, le chanvre et le cotonnier. L'écorce du chanvre et celle du lin sont composées de longues fibres, fines, souples et tenaces, avec lesquelles nous fabriquons nos tissus. Les tissus de luxe, batiste, tulle, gaze, dentelle, malines, sont empruntés au lin; les tissus plus forts, jusqu'à la grossière toile à sacs, sont retirés du chanvre.

Le lin (fig. 47) est une plante annuelle, fluette, à petites fleurs d'un bleu tendre. Sa culture est très-développée dans le nord de la France, en Belgique, en

Hollande. C'est la première plante que l'homme ait utilisée pour ses fibres textiles. Les momies de l'antique Égypte sont emmaillottées de bandelettes de lin.

Fig. 47. — Le Lin. — Fleur et fruit

Le chanvre (fig. 48) est cultivé dans toute l'Europe. C'est une plante annuelle, d'une odeur forte, nauséabonde, à petites fleurs vertes, sans éclat. Sa tige, de la grosseur d'une plume, s'élève à 2 mètres environ. On le cultive, comme le lin, à la fois pour son écorce et pour sa graine, appelée chènevis.

Lorsque le chanvre et le lin sont parvenus à maturité, on en fait la récolte et l'on sépare les graines en faisant passer les sommités des tiges au travers des

Fig. 48. — Le Chanvre.

dents d'un peigne spécial (fig. 49). On procède alors à une opération appelée *rouissage*, qui a pour but de rendre les fibres de l'écorce facilement séparables du bois. Ces fibres, en effet, sont collées à la tige et

agglutinées entre elles par une matière gommeuse
très-résistante, qui les empêche de s'isoler tant qu'elle
n'est pas détruite par la pourriture. On pratique quel-

Fig. 42.

quefois le rouissage en étendant les plantes sur le pré
pendant une quarantaine de jours et en les retournan
de temps à autre, jusqu'à ce que la *filasse* se détach
de la partie ligneuse ou *chènevotte*. Mais le moyen l
plus expéditif consiste à tenir plongés dans une mar

le lin et le chanvre liés en bottes. Il s'établit bientôt une décomposition qui dégage des puanteurs malsaines; l'écorce se corrompt, et les fibres, douées d'une résistance exceptionnelle, sont mises en liberté.

On fait alors sécher les bottes, puis on les écrase entre les mâchoires d'un instrument appelé *broye* (fig. 50), pour casser les tiges en morceaux et les sé-

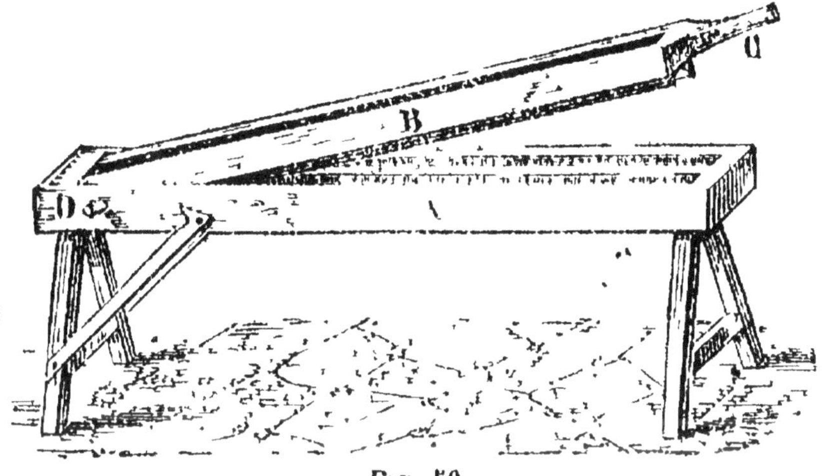

Fig. 50.

parer de la filasse. Enfin, pour purger la filasse de tout débris ligneux et pour la diviser en filaments plus fins, on la passe entre les pointes en fer d'une sorte de grand peigne nommé *séran*. En cet état, la fibre est filée, soit à la main, soit à la mécanique.

Le cotonnier (fig. 51) est une plante de 1 à 2 mètres d'élévation, ou même un arbrisseau, dont les grandes fleurs jaunes ont la forme de celles de la mauve. A ces fleurs succèdent des fruits ou coques de la grosseur d'un œuf, que remplit une bourre soyeuse, tantôt d'un blanc éclatant, tantôt d'une faible nuance jaune, suivant l'espèce du cotonnier. Au milieu de cette bourre se trouvent les graines. A la maturité les coques s'entr'ouvrent et la bourre s'épanche en un

Fig. 51. — Le Cotonnier.

flocon que l'on recueille à la main, coque par coque

La bourre, bien desséchée au soleil sur des claies, est battue avec des fléaux, ou mieux soumise à l'action de certaines machines. On la débarasse de la sorte des graines et des débris du fruit. Sans autre préparation, le coton nous arrive en grands ballots pour être converti en tissu dans nos usines. Les pays qui en fournissent le plus, sont l'Inde, l'Égypte, le Brésil et surtout les États-Unis de l'Amérique du Nord. En une seule année les manufactures d'Europe mettent en œuvre près de 800 millions de kilogrammes de coton.

5. Fabrication du papier. — Les chiffons ou les substances filamenteuses végétales sont les matières premières avec lesquelles on fabrique le papier. Celui-ci est une espèce de feutre formé par l'entrecroisement en tous sens de fibres végétales très-divisées. Les chiffons d'abord triés et répartis en catégories d'après la finesse du papier auquel on les destine, sont soumis à un *lessivage* dans de l'eau alcaline bouillante ; puis à l'*effilochage*, qui a pour but de détruire l'arrangement du tissu et de séparer les fibres les unes des autres. Cette division s'effectue au moyen d'un cylindre armé de lames qui tourne dans une auge contenant les chiffons immergés dans de l'eau. La pâte ainsi obtenue est *blanchie* au moyen du chlorure de chaux. On procède alors à l'*encollage*, qui a pour but de rendre le papier imperméable à l'encre pour qu'il soit apte à recevoir l'écriture. Sans ce traitement, le papier s'imbiberait sous la plume, et les caractères mal déterminés, diffus, seraient illisibles. L'encollage de la pâte se fait avec de la résine, de l'alun et de la fécule. Enfin une machine, trop compliquée pour qu'il soit possible d'en donner une idée, reçoit cette pâte par une de ses extrémités et la rend par l'autre à l'état de papier, sous forme d'une bande de longueur indéfinie, que l'on coupe ensuite par feuilles. Le papier ainsi préparé se nomme *papier à la mécanique.*

On appelle *papier à la main* ou *à la forme* celui qu'on obtient en introduisant la pâte de chiffons, avant tout encollage, dans un tamis de toile métallique, auquel on donne un léger mouvement oscillatoire. Par ce mouvement, l'eau s'égoutte, la pâte s'étend d'une manière uniforme et se prend en une mince lame, dont la forme rectangulaire est la même que celle du tamis. On procède après au collage en immergeant la feuille dans un bain contenant de la colle forte et de l'alun.

Le papier à la main n'étant encollé qu'à la surface, devient perméable quand on le gratte et ne peut plus recevoir l'écriture. On remédie à cet inconvénient en frottant la partie écorchée avec de la poudre de sandaraque, qui est une espèce de résine. Le papier à la mécanique, au contraire, ne perd point, quand on le gratte, son imperméabilité, parce que la colle y est également distribuée dans toute l'épaisseur.

Vu par transparence, le papier à la main présente des lignes translucides appelées *vergeures* qui sont les empreintes des fils métalliques constituant le tamis où la pâte est étalée. Le papier à la mécanique n'a pas ces raies translucides parce que la pâte est reçue sur une toile uniforme.

Bien que la plus grande partie du papier soit fabriquée à la mécanique, néanmoins le papier à la main est plus solide et présente de meilleures garanties de durée ; il sert pour les actes, les registres, les timbres, les dessins, les lavis. Le papier à la mécanique est beau, lisse, blanc ; mais il n'a ni la consistance ni la durée de l'autre. Il est employé pour les écritures ordinaires, surtout pour l'impression. Dans ce dernier cas, il n'est pas collé.

6. Papiers pour enveloppes. Cartons. — Les chiffons de toile et de coton sont fort loin de suffire à la fabrication du papier. On emploie concurremment, pour les papiers grossiers, la paille, le foin, le bois tendre, les roseaux, les feuilles de pin, enfin les diverses matières végétales qui peuvent fournir une pâte fibreuse. Lorsque ces matières sont destinées à entrer dans la composition du papier ordinaire, elles subissent un blanchiment énergique au moyen des alcalis et du chlorure de chaux.

Pour le papier à enveloppes, papier gris, on fait usage des mêmes matières, mais sans autre préparation que la division mécanique. On utilise aussi les chiffons colorés, y compris ceux de laine et de soie.

Le carton se fait avec de vieux papiers qu'on humecte, qu'on fait pourrir et qu'on désagrège en les broyant sous des meules verticales tournant dans une auge pleine d'eau. La pâte est mise en feuille dans des formes, puis pressée et séchée. Les cartons fins sont recouverts sur chaque face de feuilles de papier blanc, qu'on applique tout humides avant le pressage. Le *carton-pierre*, avec lequel on fait des ornements légers et solides pour les décorations des appartements, est formé avec de la pâte à papier, une dissolution de colle forte, du ciment, de l'argile et de la craie.

QUESTIONNAIRE.

1. Qu'appelle-t-on cellules, fibres, vaisseaux ? — Qu'est-ce que la cellulose ? — Est-elle la même dans tous les végétaux ? — Où trouvons-nous des exemples de cellu-

lose à peu près pure? — 2. Quels sont les principaux caractères physiques et chimiques de la cellulose? — 3. Comment s'obtient le coton-poudre? — Pourquoi ce corps a-t-il les propriétés de la poudre ordinaire? — Comment s'obtient le collodion? — A quoi sert-il? — 4. Qu'appelle t-on fibres textiles? — Quels sont les caractères du lin et du chanvre? — Quelle est la première plante dont l'homme ait utilisé les fibres textiles? — Quel est le but du rouissage? — Comment se pratique-t-il? — Qu'est-ce que la filasse? — Qu'est ce que la chènevotte? — Comment se pratique la séparation de la chènevotte et de la filasse? — Qu'appelle-t-on *broye, séran?* — Qu'est-ce que le coton? — Comment s'en fait la cueillette et la préparation? — Quel est le pays qui en fournit le plus? — Combien l'Europe met elle de coton en œuvre par an? — 5. Qu'est-ce que le papier? — Quels traitements subissent les chiffons? — Comment la pâte est-elle blanchie? — Quel est le but de l'encollage? — Comment se pratique-t-il? — Comment se fabriquent le papier à la mécanique et le papier à la main? — Quels caractères distinguent les deux genres de papier? — A quels usages sert le papier à la main? — A quels usages sert le papier à la mécanique? — 6. Quelles matières, outre les chiffons, utilise-t-on pour le papier? — Avec quoi se fabrique le papier gris pour enveloppes? — Comment s'obtient le carton? — Qu'est-ce que le carton-pierre?

CHAPITRE IV

AMIDON.

1. État naturel. — Le contenu des cellules végétales consiste fréquemment en une matière blanche, granuleuse, sans saveur, insoluble dans l'eau, isomère avec la cellulose, c'est-à-dire ayant la même composition chimique que ce dernier corps pour la nature des éléments constituants et pour les proportions de ces éléments ; on lui donne les noms d'*amidon*, *fécule*, *matière amylacée*. On trouve cette matière dans le tissu des racines, des tubercules, des fruits, des graines. Elle est à peu près pour la plante ce que la graisse est pour l'animal, c'est-à-dire une substance alimentaire en réserve pour les développements futurs. Aussi la matière amylacée accompagne-t-elle le plus souvent le germe de la graine ; elle fait partie du périsperme, des feuilles nourricières ou cotylédons ; elle compose les provisions du tubercule, du bulbe, dont les bourgeons doivent se développer indépendamment de la plante mère.

Son caractère distinctif est de prendre une coloration d'un bleu plus ou moins violacé au contact de l'iode. Vient-on à répandre une goutte d'une dissolution aqueuse d'iode sur la tranche d'une pomme de terre, d'un marron, d'un grain de blé ou de maïs, on voit apparaître une foule de fines granulations violâtres, qui ne sont autre chose que les grains de la matière amylacée colorés par l'iode.

La matière amylacée est chimiquement identique dans tous les végétaux ; toutefois suivant sa provenance, on la désigne par des noms différents à cause de certains caractères physiques secondaires. La dénomination d'*amidon* s'applique spécialement à la matière amylacée extraite des graines des céréales, et le nom de *fécule* à celle qu'on retire des tubercules, notamment des pommes de terre.

2. **Extraction.** — Pour obtenir l'amidon des céréales, on réduit en pâte un peu de farine et l'on malaxe cette pâte sous un mince filet d'eau, tant que le liquide passe blanc. La matière qui reste après ce lavage est une substance molle, plastique, grisâtre,

d'une odeur particulière. C'est un composé organique quaternaire, renfermant de l'azote au nombre de ses éléments. On lui donne le nom de *gluten*. Par le repos, les eaux de lavage laissent précipiter une fine poudre blanche, qui est l'amidon ou la matière amylacée de la farine.

Nous rappellerons qu'en réduisant une pomme de terre en pulpe au moyen d'une râpe, et en lavant cette pulpe sur un linge fin, les débris des cellules déchirées restent sur le filtre, tandis que l'eau entraîne, à travers les mailles du tissu, une substance qui se précipite en une poudre blanche, craquant sous les doigts. Cette dernière est la fécule de la pomme de terre.

Les moyens industriels usités pour obtenir l'amidon des céréales et la fécule de la pomme de terre, reproduisent en grand ces deux manipulations de laboratoire.

3. **Caractères de la matière amylacée.** — La matière amylacée a la forme de granules plus ou moins arrondis, et dont la grosseur diffère d'une espèce végétale à l'autre. Les deux longueurs extrêmes sont $0^m,185$ et $0^m,002$. Les grains les plus gros représentent donc en longueur 92 fois les plus petits. Les premiers s'observent dans la pomme de terre, les seconds dans les semences du chénopode quinoa. Pour faire la longueur de 1 millimètre, il faudrait 5 ou 6 grains de la pomme de terre; il en faudrait 500 du quinoa.

La formation de chaque grain commence par un granule sphéroïdal, qui s'accroît au moyen de couches concentriques déposées autour d'un point spécial nommé *hile*. Les grains amylacés représentent ainsi une série de sacs emboîtés l'un dans l'autre. Pour constater cette structure, on observe au microscope des grains de fécule après les avoir chauffés à 200° et enfin imbibés d'eau. La chaleur fait éclater les pellicules emboîtées, l'eau les gonfle et les étale et le grain exfolié présente l'aspect que reproduit la figure 52.

Chauffée dans de l'eau à une soixantaine de degrés, la matière amylacée se transforme en une masse visqueuse, transparente, appelée *empois*. Cette transformation est le résultat de la rupture et de l'exfoliation des grains sous l'influence de la chaleur et de l'eau. L'iode communique à l'empois une belle coloration bleue, incomparablement plus intense que celle qui se manifeste avec les grains de fécule non désorganisés.

Fig. 52.

4. Usages des matières amylacées. — L'amidon du blé sert à faire l'empois, avec lequel on donne de l'apprêt au linge blanchi. La fécule entre dans le collage du papier à la mécanique, dans certaines préparations dont la teinture et l'impression font usage, soit pour épaissir les matières colorantes, soit pour donner de l'éclat et de la consistance aux tissus. Enfin la fécule peut se convertir en une espèce de sucre ou glucose, utilisé pour la fabrication de la bière, de l'eau-de-vie de grains et de certains sirops.

Quelques fécules sont destinées à l'alimentation. Chimiquement elles sont de même nature que celle des pommes de terre, mais elles en diffèrent par des propriétés qui échappent à l'appréciation chimique et dont le goût seul peut juger. Au nombre des plus importantes nous mentionnerons:

L'*Arrow-root*, fécule pulvérulente, d'un beau blanc, très-estimée pour les potages. On la retire des racines de certaines plantes appartenant à la famille des *Marantacées*. C'est dans les Indes anglaises que cette fabrication a le plus d'importance.

Le *Tapioca* est la fécule d'une plante vénéneuse, vulgairement nommée *Manioc* ou *Cassave* et cultivée en grand dans l'Amérique du Sud. Débarrassée par la pression et des lavages de ses sucs vénéneux, la racine de cette plante donne une matière amylacée d'excellente qualité, avec laquelle se fait le *pain de manioc*, nourriture principale des nègres. Le *tapioca* consommé en Europe est de la fécule de manioc légèrement torréfiée.

Le *Sagou* provient de la moelle de certains palmiers. C'est un produit des îles Moluques, de Bornéo, et de l'archipel Indien en général.

Le *Salep* vient de la Perse, de la Turquie, de l'Andalousie. Il est fourni par les tubercules de quelques orchis.

5. Diastase. — La fécule constitue dans la plante une réserve alimentaire destinée au développement des germes qu'elle accompagne. Mais cette substance est insoluble dans l'eau, comme l'exige sa longue conservation dans des organes où l'éveil de la vie est plus ou moins tardif. En cet état, elle ne peut servir à la nutrition du végétal. Il faut qu'elle devienne soluble, afin de pouvoir s'infiltrer dans les tissus naissants et les alimenter; il faut de plus que sa liquéfaction s'opère graduellement à mesure que la jeune plante exige de nouveaux matériaux nutritifs. Ici apparaît un de ces moyens de haute prévoyance qui, dans l'étude des choses de la nature, frappent toujours d'admiration un esprit réfléchi. Au moment de l'éveil du germe, il se développe à proximité de la jeune pousse un composé quaternaire azoté qui, par son simple contact, a la puissance de métamorphoser la fécule en une substance soluble la *dextrine*, et enfin en une autre nommée *glucose*. Si, par exemple, on met du blé germer dans une soucoupe en le maintenant humide, les grains, d'abord durs et pleins de matière amylacée, se ramollissent et se gonflent d'un liquide laiteux, à saveur douce. Ce liquide sucré, aliment de la pousse naissante, provient de la liquéfaction de l'amidon et de sa conversion en dextrine et glucose. La substance qui provoque cette admirable métamorphose au moment de la germination se nomme *diastase*.

La diastase est blanche, amorphe, sans saveur; sa propriété caractéristique est de convertir en dextrine 2,000 fois environ son poids d'amidon ou de fécule, sans rien ajouter aux éléments constituants, sans rien en retrancher. Son action se continue sur la dextrine elle même, et la métamorphose finale conduit au glucose.

6. Dextrine. — La dextrine est isomère avec l'amidon; elle a même composition chimique, mais des propriétés différentes. Elle est incolore, transparente, amorphe, très-soluble dans l'eau. On obtient de la dextrine sans recourir à la transformation au moyen de la diastase, soit en chauffant de l'amidon dans de l'eau acidulée avec de l'acide sulfurique et en arrêtant l'opération avant la métamorphose finale en glucose, soit en torréfiant légèrement la fécule à la température de 120° en présence d'une petite quantité d'acide azotique.

La dextrine obtenue artificiellement remplace la gomme dans les applications industrielles. On l'emploie pour l'apprêt des tissus, pour l'épaississement des matières colorantes destinées à l'impression des indiennes, pour la fabrication des étiquettes gommées.

QUESTIONNAIRE.

1. Où trouve-t-on la matière amylacée? — Quels noms lui donne-t-on encore? — Quel rôle joue-t-elle dans l'organisation végétale? — A quel caractère la reconnaît-on? — Qu'appelle-t-on amidon? — Qu'appelle-t-on fécule? — 2. Comment peut-on retirer l'amidon de la farine? — Quel nom porte la substance qui reste entre les doigts après le lavage de la pâte? — Comment peut-on retirer la fécule d'une pomme de terre? — 3. Quelles sont les dimensions des grains de fécule? — Quelle est leur structure? — Comment peut-on observer cette structure? — Que devient la matière amylacée chauffée dans de l'eau? — Comment se comporte l'empois en présence de l'iode? — 4. A quels usages sert la matière amylacée? — Qu'est-ce que l'*arrow-root*, le *tapioca*, le *sagou*, le *salep*? — 5. Comment la matière amylacée devient-elle soluble au moment de la germination? — Qu'est-ce que la diastase? — En quelles substances la diastase transforme-t-elle la fécule? — Comment peut se vérifier cette transformation? — Quels poids de fécule la diastase peut-elle métamorphoser? — Où se forme la diastase? — Quelle est la composition de ce corps? — Quels sont ses caractères physiques? — 6. Comment obtient-on la dextrine sans le secours de la diastase? — Quels sont les caractères physiques de la dextrine? — A quels usages sert-elle?

CHAPITRE V

MATIÈRES SUCRÉES

1. Glucose. — Le glucose est la substance à saveur sucrée des raisins mûrs, des figues, des pruneaux et autres fruits doux. Il constitue les efflorescences d'aspect farineux qui recouvrent ces fruits à l'état sec ; il fait partie du miel ; il entre dans la composition du sang de l'animal et remplit un grand rôle dans la combustion respiratoire. C'est en glucose que, sous l'influence de la diastase, se convertit finalement l'amidon dans la graine en germination pour alimenter la jeune plante. L'industrie utilise la transformation de la fécule en glucose, soit par l'action de l'eau acidulée, soit par l'action de la diastase, tantôt pour obtenir le glucose lui-même, tantôt pour arriver à l'alcool, l'un de ses dérivés. Le traitement suivi consiste à maintenir la fécule en ébullition dans de l'eau additionnée d'une petite quantité d'acide sulfurique, et à neutraliser finalement cet acide par de la craie, lorsque la métamorphose est achevée. On obtient ainsi soit le *sirop de glucose,* employé par les brasseurs, les confiseurs, les liquoristes, soit le glucose solide et granulé.

Sous cette dernière forme, le glucose est blanc, soluble dans l'eau, d'une saveur beaucoup moins sucrée que celle du sucre ordinaire. Il s'en fait une grande consommation sous le nom de *sucre de fécule.* On l'emploie pour la préparation des sirops, des liqueurs et de divers produits de confiserie. On l'ajoute à la bière, au cidre, au vin, pour en augmenter la richesse alcoolique. Mais son débouché le plus important est la fabrication de l'eau-de-vie dite *eau-de-vie de pomme de terre, eau-de-vie de fécule*. La transformation du glucose en alcool s'opère par la fermentation, ainsi qu'on le verra plus loin.

2. Sucre de canne ou de betterave. — Ce sucre est très-répandu dans l'organisation végétale. On le trouve dans la canne à sucre, la betterave, le maïs, le seigle, le navet, la carotte; dans la sève du palmier, de l'érable, du bouleau; dans les melons, les citrouilles, les bananes, les oranges, les fraises et divers autres fruits. C'est de la betterave et de la canne à sucre qu'on le retire pour les besoins de la consommation. En France, la fabrication du sucre de betterave est une industrie importante, dont voici les traits principaux.

3. Fabrication du sucre. — L'espèce de betterave que l'on destine à l'extraction du sucre est celle dite de Silésie (fig. 53), blanche à l'intérieur et à l'extérieur. Après avoir nettoyé et lavé les betteraves, on les soumet à l'action de rapes mécaniques pour les réduire en pulpe que l'on presse dans des sacs en tissu de laine. On retire ainsi de 75 à 80 parties de jus pour 100 parties de pulpe. Ce liquide s'altère rapidement; aussi se hâte-t-on de le porter à l'ébullition avec une certaine quantité de chaux en poudre. Les acides organiques du jus et les matières colorantes forment avec la chaux des composés insolubles, qui se précipitent; tandis que le sucre, au contraire, donne avec la chaux un composé très-soluble nommé *sucrate de chaux*. Le liquide reposé et éclairci est transvasé dans une autre chaudière, où l'on fait arriver un courant d'acide carbonique, qui met le sucre en liberté et forme avec la chaux un carbonate insoluble. Le sirop ainsi obtenu est concentré et enfin versé dans de grandes formes coniques en terre cuite, posées sur la pointe, qui est percée et bouchée avec tampon de linge mouillé.

Des cristaux apparaissent bientôt, et dans l'intervalle de vingt-quatre à trente-six heures la cristallisation est terminée. On enlève alors le tampon pour laisser égoutter le liquide non cristallisé. Le sucre ainsi obtenu renferme dans sa masse poreuse une certaine quantité de sirop impur nommé mélasse, que l'on expulse de la manière suivante : Sur la base de chaque pain, encore contenu dans sa forme conique, on verse une dissolution de sucre pur. A mesure que

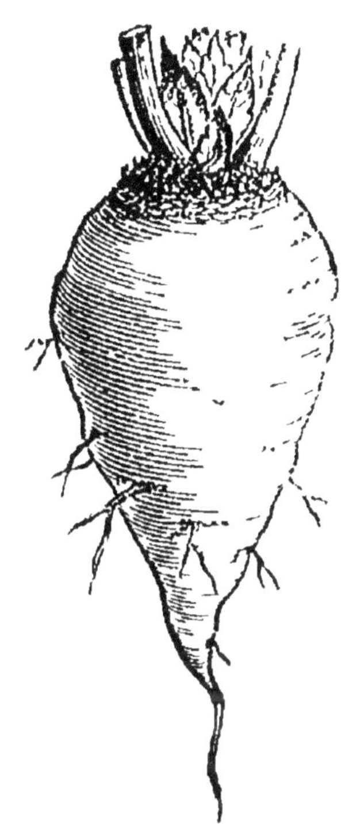

Fig. 53. — Betterave de Silésie.

celle-ci pénètre dans le pain, elle chasse la mélasse devant elle et la force à s'égoutter.

4. **Raffinage du sucre.** — Malgré cette épuration le sucre est encore brut et prend le nom de *cassonade*. Il a un arome et une coloration désagréables qui le rendent impropre à la consommation. Pour l'amener à l'état de sucre parfaitement blanc et sans odeur, on a recours au *raffinage*. A cet effet on dissout le sucre brut dans l'eau à chaud, et l'on verse dans la dissolution du noir animal et du sang de bœuf. Celui-ci contient abondamment de l'albumine ; il peut être

considéré comme du blanc d'œuf et se comporte comme ce dernier lorsqu'il est exposé à la chaleur. Il se coagule donc et forme une espèce de réseau qui emprisonne dans ses mailles toute parcelle solide que le liquide tient en suspension. D'un autre côté, le noir animal absorbe les matières colorantes, aromatiques et calcaires. Le noir qui a servi à ce traitement sert d'engrais à l'agriculture et porte le nom de *noir des raffineries*; il agit surtout par le phosphate de chaux qu'il renferme.

La liqueur sucrée parfaitement limpide est concentrée et enfin versée dans des moules coniques percés à la pointe, comme pour la fabrication du sucre brut. Lorsque la cristallisation s'est faite et que la masse s'est égouttée, un ouvrier laboure la base du cône de sucre encore contenu dans sa forme, et y dépose une couche de sucre très-blanc; il couvre ensuite cette couche avec une galette d'argile détrempée avec de l'eau. Celle-ci s'infiltre dans le cône, se sature de sucre pur, pénètre de plus en plus avant dans la masse cristalline et chasse devant elle le sirop coloré ou mélasse dont le pain de sucre était souillé. Cette opération se nomme *terrage*.

5. **Canne à sucre.** — Par sa forme, la canne à sucre rappelle notre roseau. C'est une graminée de deux à trois mètres de hauteur; à tiges lisses, luisantes et remplies d'une moelle juteuse et sucrée; à longues et larges feuilles d'un vert glauque; à panicule argentée et soyeuse. Elle est originaire des Indes et naturalisée dans tous les pays chauds de l'Afrique et de l'Amérique. Pour obtenir le sucre, on récolte les tiges et on en fait des fagots après les avoir dépouillées de leurs feuilles. Les cannes sont alors pressées entre les cylindres d'un moulin. Le liquide qui

s'en écoule est doux et visqueux, et prend le nom de *miel de canne*. On lui fait subir à peu près le même traitement qu'au jus de betterave. Le *tafia* ou *rhum* s'obtient par la fermentation du miel de canne suivie de la distillation.

6. **Propriétés du sucre.** — Le sucre pur, qu'il provienne de la betterave, de la canne, ou de tout autre origine, cristallise en prismes incolores, ino-dores et transparents. C'est ainsi qu'il se présente lorsqu'il porte le nom de *sucre candi*. Le sucre en pain est formé de petits cristaux agglomérés. Soumis au choc ou à la friction, il répand une lueur phospho-rescente; râpé, il acquiert un léger goût de sucre brûlé, occasionné probablement par la chaleur que le frottement dégage. Chauffé à la température de 200° environ, il se transforme en une masse brune nommée *caramel*.

7. **Sucre candi, sucre d'orge.** — Le *sucre candi* est du sucre ordinaire en gros cristaux transparents. On l'obtient en évaporant avec lenteur dans une étuve une dissolution de sucre. Dans le vase évaporatoire, on tend de nombreux fils sur lesquels les cristaux se déposent. Le sucre candi sert à la fabrication des liqueurs fines.

Le *sucre d'orge* se prépare avec une dissolution su-crée ou sirop que l'on évapore rapidement, jusqu'à ce qu'une goutte de matière plongée dans de l'eau froide se prenne en une masse consistante. Le sirop est alors versé sur un marbre huilé, où il se solidifie. Quand il est suffisamment froid, on le roule en petits cylindres, qui forment les bâtons de sucre d'orge. Ce nom de sucre d'orge vient de ce qu'on faisait entrer autrefois dans sa préparation une décoction d'orge.

Le *sucre de pommes* est du sucre d'orge additionné

de gelée de pommes et d'un peu d'essence de citron

8. Miel. — Le principe sucre du miel est une es-

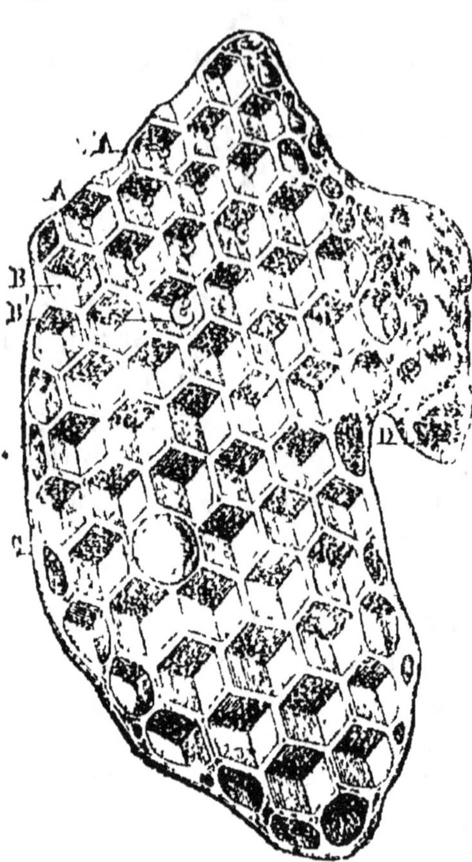
Fig. 54.

pèce de sucre analogue au glucose. Le miel est contenu dans des cellules hexagonales que les abeilles construisent avec de la *cire*, matière sécrétée par les replis des anneaux de l'abdomen. La couche de cellules prend le nom de gâteau (fig. 54). Pour en extraire le miel, on expose les gâteaux au soleil sur des claies. Le liquide qui s'écoule spontanément prend le nom de *miel vierge*. En exprimant, après, les gâteaux, on obtient un miel de qualité inférieure, plus coloré et de saveur moins agréable. L'*hydromel*, boisson fermentée dont on fait usage dans le nord de l'Europe, s'obtient en mélangeant du miel avec de l'eau et en soumettant le liquide à la fermentation.

QUESTIONNAIRE.

1. Où trouve-t-on du glucose naturel? — En quoi se convertit finalement l'amidon sous l'influence de la diastase? — Par quel moyen obtient-on artificiellement le glucose? — Quels sont les caractères de ce corps? — A quels usages sert-il? — 2. Citez quelques végétaux contenant du sucre ordinaire. — De quelle plante retire-t-on le sucre en France? — 3. Quelle est l'espèce de betterave cultivée pour obtenir le sucre? — Quel traitement fait-on d'abord subir au jus de betterave? — Quel est le rôle de la chaux? — Comment décompose-t-on le sucrate de chaux? — Comment s'opère la cristallisation du sucre brut? — Comment chasse-t-on la mélasse du sucre brut? — 4. Qu'est-ce que la cassonade? — Comment raffine-t-on le sucre? — A quels usages sert le noir des raffineries? — Qu'est-ce que le terrage? — 5. Où cultive-t-on la canne à sucre? — Quel est l'aspect général de lette plante? — Comment retire-t-on le sucre de la canne? — Comment s'obtient le rhum? — 6. Quelles sont ces propriétés du sucre? — Qu'est-ce que le caramel? — 7. Comment se prépare le sucre candi? — Comment se prépare le sucre d'orge? — D'où provient ce nom? — Comment se prépare le sucre de pommes? — 8. A quoi le miel doit-il sa saveur douce? — Comment retire-t-on le miel des gâteaux? — Qu'appelle-t-on miel vierge? — Comment s'obtient l'hydromel?

CHAPITRE VI

ALCOOL.

1. Ferments. — On appelle *ferments* ou levûres des êtres organisés, généralement des végétaux microscopiques dont nous avons déjà parlé sous le nom de mycodermes, et qui, dans des circonstances favorables, vivent et se développent aux dépens de certaines substances organiques qu'ils métamorphosent en d'autres principes. Le travail chimique qui s'accomplit sous leur influence, prend le nom de *fermentation*.

Les germes de ces êtres sont amenés sur la substance fermentiscible par la voie de l'air, où ils sont tenus en suspension comme les poussières les plus fines. Les aptitudes chimiques varient d'une espèce à l'autre : tel ferment convertit la glucose en acide lactique, tel autre en alcool qu'un troisième métamorphose en acide acétique. On distingue donc plusieurs espèces de ferments, notamment la levûre lactique et la levûre alcoolique. Cette dernière est vulgairement connue sous le nom de *levûre de bière*, parce qu'elle se développe en abondance pendant la transformation du jus sucré de l'orge germée en cette boisson alcoolique qui porte le nom de bière.

2. Ferment alcoolique. — Le ferment alcoolique est formé de cellules articulées l'une à l'autre. Lorsqu'on observe au microscope un globule de levûre de bière deux heures après qu'on l'a déposé dans une goutte d'infusion d'orge, la température étant d'une vingtaine de degrés, on voit qu'en un point de sa surface il se forme une protubérance qui grossit peu à peu jusqu'à ce qu'elle ait pris la dimension et la forme du globule lui-même. C'est le bourgeonnement d'une cellule végétale par un autre. Ce second globule en engendre bientôt un troisième, qui de la même manière en produit un quatrième, et ainsi de suite; de sorte que l'aspect général de cette végétation par bourgeonnement est celui d'un réseau de cellules accolées les unes aux autres sans aucune symétrie.

Lorsqu'une liqueur sucrée, spécialement une dissolution de glucose, est soumise à l'action de la levûre alcoolique, le glucose se dédouble en alcool qui reste dans la liqueur, et en acide carbonique qui se dégage. Tel est le travail chimique fondamental de la fermentation alcoolique.

3. **Fabrication du vin.** — Le *moût* ou jus sucré du raisin, contient abondamment du glucose. l'ar la fermentation, le glucose devient alcool avec dégagement de gaz carbonique et le moût est converti en *vin*. Les germes du ferment nécessaire à cette transformation arrivent par la voie de l'air, avec lequel le liquide doit nécessairement être en rapport.

Les grappes sont d'abord soumises au *foulage* par des hommes, qui les piétinent dans de grands cuviers; puis le mélange de jus et de pulpe est abandonné à la fermentation, qui ne tarde pas à se manifester pourvu que la température ne soit pas inférieure à une quinzaine de degrés. A mesure que la fermentation avance, la température de la masse s'élève et atteint jusqu'à une trentaine de degrés. C'est alors que les matières solides, les peaux des raisins, soulevées par le dégagement de gaz carbonique, s'accumulent à la surface et forment une croûte que l'on nomme *chapeau* Dès ce moment on brasse le mélange jusq ce que le chapeau soit entièrement immergé. La fermentation recommence, moins tumultueuse ; bientôt elle s'affaiblit, et l'on passe alors au *décuvage*. Le liquide soutiré est placé dans des fûts qu'on ne remplit qu'aux trois quarts de leur capacité, et qu'on laisse débouchés pendant quelques jours, attendu que la fermentation y continue encore avec certaine force. Le résidu du décuvage est porté au pressoir ; le liquide qui en sort, est réuni à celui qui est déjà décuvé. C'est ainsi que l'on prépare le *vin rouge*, ou légèrement *jaune*, suivant que l'on s'est servi de raisins rouges ou blancs.

4. **Vin blanc.** — Quand on veut obtenir du vin blanc, les raisins foulés, noirs ou blancs indistinctement, sont pressés avant d'être soumis à la fermentation. On sépare ainsi le moût de la pulpe, principalement formée des peaux du fruit. La raison de ce traitement est celle-ci : La matière colorante du raisin, cause de la coloration des vins rouges, est contenue dans la pellicule des grains. Elle n'est pas soluble dans l'eau, mais elle l'est dans l'alcool. C'est donc après que la fermentation est déjà assez avancée dans le moût, que celui-ci se colore en dissolvant la matière colorante au moyen de l'alcool déjà formé. Mais si les pellicules sont séparées du moût avant toute fermentation, il n'y aura plus de matière colorante à dissoudre, et le vin sera blanc, n'importe la couleur des raisins employés.

5. **Collage des vins.** — Le vin séparé du marc continue à fermenter lentement et à dégager de l'acide carbonique. En attendant il s'éclaircit, et les matières étrangères qui le rendaient trouble, se déposent et forment ce qu'on appelle la *lie*. On soutire de nouveau, et quelques mois plus tard, c'est-à-dire au printemps, on procède au *collage*.

On colle les vins rouges avec du blanc d'œuf ou de la gélatine. Ces substances s'unissent au principe astringent du vin, l'acide tannique fourni par les *râfles* ou pédoncules des grains, et forment un composé insoluble floconneux, qui, en se déposant, entraîne avec lui tout ce qui peut troubler le liquide. La colle de poisson est préférée pour les vins blancs, qui renferment moins de tannin, la fermentation ne s'étant pas faite sur les râfles.

6. **Cidre.** — Dans certaines contrées où le climat s'oppose à la culture de la vigne, on supplée au vin par le jus fermenté de divers fruits à pulpe sucrée. Cette boisson porte le nom de *cidre* ou de *poiré*, suivant qu'elle a été préparée avec des pommes ou des poires. La pulpe des fruits écrasés est soumise à la presse, et le liquide qui s'en écoule est abandonné à la fermentation. Quand le liquide s'est clarifié, par suite du dépôt spontané des substances lourdes et de l'ascension des matières légères qui, entraînées par le gaz carbonique, viennent former une écume à la surface, le cidre est soutiré et mis en tonneaux où la fermentation continue d'une manière très-lente. Plus cette fermentation avance, plus le cidre perd de sa saveur sucrée; il lui en reste cependant assez pour être considéré, dans cet état, comme une sorte de boisson de luxe; plus tard, la fermentation s'achève et le liquide prend une saveur acide et amère. On le nomme alors *cidre paré*. C'est ainsi qu'on le préfère dans les pays de production. Si l'on veut conserver au cidre une légère saveur sucrée, il faut s'opposer à une complète fermentation. A cet effet, lors du soutirage, on met le liquide dans de petits barils où l'on a brûlé une mèche soufrée. L'acide sulfureux a la propriété d'empêcher la fermentation. Enfin le cidre est trans-

vasé dans des bouteilles solidement bouchées, où de l'acide carbonique s'amasse par un lent travail de fermentation et rend le liquide mousseux.

7. Fabrication de la bière. — La bière est le résultat de la fermentation alcoolique de l'orge, dont la matière amylacée est préalablement convertie en glucose par la germination. Quatre opérations principales concourent à la fabrication de la bière : le *maltage*, la *saccharification*, le *houblonnage* et la *fermentation*.

De l'orge humectée d'eau est mise germer dans un local à la température de 14 à 16 degrés. Cette germination est dite *maltage*. Le printemps est la saison la plus favorable à ce travail, parce que la germination parcourt alors régulièrement ses phases. Aussi la meilleure bière est-elle appelée *bière de mars*. On arrête le maltage quand la radicule de la jeune plante commence à se montrer. Le grain germé est alors desséché dans une étuve, et finalement réduit par la trituration en une poudre grossière que l'on nomme *malt*. Ce premier traitement a pour objet de faire développer de la diastase par la germination.

Le malt est mis dans de l'eau que l'on porte à la température de 70° environ. Sous l'influence de la diastase, qui s'est formée pendant le premier travail, la matière amylacée se convertit en glucose et le liquide prend une saveur sucrée. Celui-ci porte alors le nom de moût. Cette seconde phase du travail du brasseur est la *saccharification* ou conversion de l'amidon en sucre.

Au sortir des cuves le moût est transporté dans des chaudières pour y subir le *houblonnage*. Le *houblon* est une plante de la famille des Uticées. Ses cônes produisent à la base de leurs bractées (fig. 55) une matière résineuse qui donne à la bière une amertume et un arome particulier. Pour effectuer le hou

Fig. 55. — Le Houblon.

blonnage, on fait bouillir le moût avec des cônes de
houblon dans des chaudières closes.

Le moût refroidi est versé dans une cuve où il doit
subir la fermentation, que l'on provoque par l'addition
de levûre provenant d'une opération précédente. La
température de l'atelier étant à une vingtaine de
degrés, la fermentation se manifeste bientôt et dure
de 24 à 48 heures. Pendant ce laps de temps, il se

produit une grande quantité de gaz carbonique et d'écume. Le gaz est expulsé à la faveur d'une bonne ventilation, pour éviter l'asphyxie des ouvriers; les écumes, qui débordent, sont conduites, au moyen d'une rigole, dans un réservoir spécial. Ces écumes, exprimées dans un sac, constituent la levûre de bière. Quand la fermentation est terminée, on clarifie la bière avec de la colle de poisson.

8. Liqueurs alcooliques. — Pour obtenir des produits plus riches en alcool, on soumet à la distillation les liquides fermentés. L'alcool, plus volatil, distille en entier, entraînant avec lui divers principes aromatiques suivant son origine; l'eau, moins volatile, ne passe qu'en partie. On obtient de la sorte de l'alcool plus ou moins étendu d'eau, et doué de propriétés sapides différentes suivant sa provenance, propriétés qui en changent la valeur vénale. On distille non-seulement les vins, les bières, les cidres, mais encore les sirops de fécule, les mélasses, les jus de cannes avariées, une fois que ces matières ont subi la fermentation alcoolique. Du reste, une foule de fruits, de tubercules, de racines, renfermant soit du sucre, soit de la fécule, donnent lieu à une fabrication plus ou moins importante de liqueurs alcooliques.

On appelle *eau-de-vie de Cognac*, le produit de la distillation des vins du Midi ; *Rhum* celui qui provient de la fermentation du jus de cannes; *Kirsch* celui que fournissent les merises écrasées et fermentées avec leurs noyaux. Les Kalmoucks obtiennent leur *Arki* par la fermentation du lait de jument, le *Genièvre*, dans les contrées septentrionales de l'Europe, est préparé avec les baies de genévrier; le *Wisky*, de l'Écosse et de l'Irlande, s'obtient avec de l'orge, du seigle ou des pommes de terre et addition de prunelles sauvages; le *Marasquin* des Dalmates provient des pêches et des prunes; la Chine prépare de l'*eau-de-vie de riz* et de l'*eau-de-vie de sorgho*; l'*Aqua ardiente* des Mexicains est donnée par la sève de l'agave, comme le *Rhum* de l'Amérique du Nord est donné par la sève de l'érable à sucre, et le *Rak* de l'Égypte par la sève des palmiers.

La richesse alcoolique des divers liquides fermentés est extrêmement variable. Pour 100 litres de liquide, on trouve 20 litres d'alcool dans les vins de Porto et de Madère, de 9 à 14 litres dans nos vins ordinaires, de 4 à 9 dans les cidres, de 1 à 5 dans la bière.

9. Alcool. — Quelles que soient la perfection des appareils distillatoires et la richesse alcoolique des liquides fermentés, l'alcool obtenu directement est toujours accompagné d'eau; le plus concentré en renferme encore 10 à 15 centièmes du volume total. Le produit des distilleries prend le nom d'*eau-de-vie* lorsqu'il ne renferme que 50 à 55 centièmes d'alcool; s'il en contient davantage, il est appelé *esprit-de-vin.*

Pour enlever à l'alcool ses dernières traces d'eau et l'obtenir *anhydre* ou *absolu*, on le distille sur de la chaux vive, qui retient l'eau en se combinant avec elle. L'alcool absolu est un liquide transparent, très-fluide, très-mobile, d'une odeur agréable, d'une saveur brûlante. Jusqu'à présent, aucun froid artificiel n'est parvenu à le solidifier. L'alcool est très-inflammable; au contact de l'air il brûle avec une flamme bleue en donnant naissance à de l'eau et à de l'acide carbonique.

10. Éther. — Si l'on distille un mélange d alcool et d'acide sulfurique concentré, il se produit du bicarbure d'hydrogène, composé gazeux que nous avons déjà étudié (voir page 85) et il se dégage en même temps des vapeurs d'éther. Nous rappellerons que le bicarbure d'hydrogène et l'éther associés, le premier à une certaine quantité d'eau, le second à une quantité deux ois moindre, représentent l'un et l'autre la composition de l'alcool. Suivant donc que l'acide sulfurique enlève à l'alcool deux proportions ou une seule d'eau, le résultat est du bicarbure d'hydrogène ou de l'éther.

L'éther ainsi obtenu prend le nom d'*éther sulfurique* parce qu'il se forme sous l'influence de l'acide sulfurique, qui toutefois n'entre pour rien dans sa composition. C'est un liquide incolore, d'une odeur vive et suave, d'une saveur âcre et brûlante. Il est très-volatil et très-inflammable; il brûle avec une flamme blanche et lumineuse. Sa vapeur peut s'enflammer à distance d'un corps en ignition ; il est donc imprudent de tenir à la main, dans le voisinage du feu, des vases ouverts contenant de l'éther.

QUESTIONNAIRE.

1. Qu'appelle-t-on ferments ou levûres? — Qu'est-ce que la fermentation? — Quels sont les principaux ferments? — Comment arrivent-ils sur les liquides fermentiscibles? — 2. Comment est organisé le ferment alcoolique? — Quels noms porte-t-il encore? — En quoi consiste le travail de la fermentation alcoolique? — 3. Comment se fabrique le vin? — Qu'appelle-t-on chapeau? — 4. Quelle est la matière qui colore le vin rouge? — Comment s'obtient le vin blanc? — 5. D'où provient le tannin des vins? — Comment se pratique le collage? — Quel est le but de cette opération? — 6. Qu'est-ce que le cidre? — Comment conserve-t-on au cidre une partie de sa saveur douce? — 7. Avec quoi s'obtient la bière? — En quoi consiste le maltage? — Quel but se propose-t-on dans

cette opération ? — Qu'est-ce que le malt? — Pourquoi la bière de mars est-elle de qualité supérieure? — Comment s'opère la saccharification ? — Qu'est-ce que le houblon? — En quo consiste le houblonnage? — Quelle dernière opération subit le moût? — Qu'est-ce que la levûre de bière? —   Comment s'obtiennent les liquides alcooliques riches en alcool? — Qu'appelle-t-on eau-de-vie de Cognac, Rhum, Kirsch, Arki, Genièvre, Wisky, Marasquin, Rak?— 9. Qu'est-ce que l'alcool anhydre ou alcool absolu? — Comment l'obtient-on ? — Quelles sont ses propriétés? — Quels sont les produits de la combustion de l'alcool?— 10. Comment s'obtient l'éther? — Quelles sont ses propriétés?

CHAPITRE VII

PANIFICATION.

1. Farine de froment. — A cause de la forte proportion de son gluten, le froment est la céréale la plus importante pour l'alimentation de l'homme. Par la *mouture*, suivie du *blutage* qui sépare la partie nutritive de l'enveloppe corticale ou *son*, le blé est converti en *farine* dont les principes essentiels sont l'amidon et le gluten. La farine contient en outre du glucose, de la dextrine, quelques traces de son et de l'eau.

La proportion d'humidité ne doit pas dépasser 18 p. %, sinon elle exerce de fâcheuses influences en favorisant l'altération du gluten et le développement de végétations cryptogamiques. Le pain d'une farine trop humide est mal levé, d'une nuance grisâtre, d'une odeur plus ou moins désagréable. Une farine de qualité irréprochable doit être douce et sèche au toucher, d'une odeur agréable ; sa pâte doit être élastique, ferme, susceptible de s'étendre et de s'allonger sans engluer les doigts. Une pâte qui se déchire facilement, qui s'attache aux doigts, est le signe presque certain d'une farine de qualité inférieure.

2. **Gluten.** — Réduisons un peu de farine en pâte et malaxons celle-ci sous un filet d'eau. Le liquide passe d'abord blanc, entraînant avec lui l'amidon et dissolvant le glucose et la dextrine. Quand la pâte prétie, tournée et retournée de toutes les manières, ne cède plus rien à l'eau, il reste entre les doigts une matière molle, plastique, grisâtre, d'une odeur spéciale. C'est le *gluten*, mélange de plusieurs substances quaternaires, renfermant de l'azote dans leur composition. On y trouve d'abord une matière fibreuse et grisâtre, dont la composition et les propriétés chimiques sont les mêmes que celles du principe de la chair musculaire, de la fibrine animale. Cette matière est de la *fibrine végétale*. On y trouve aussi l'un des principes immédiats du lait, la *caséine*, autre matière azotée ayant même composition chimique que la fibrine. On y trouve enfin de l'*albumine*, pareille à celle du blanc d'œuf.

Le gluten contient donc trois principes azotés, identiques chimiquement à ceux qui remplissent un si grand rôle dans l'organisation animale : la fibrine, l'albumine et la caséine. Ainsi s'explique la haute propriété nutritive du gluten. L'animal ne crée pas les espèces chimiques qui servent de matériaux à ses organes ; il les trouve toutes formées dans la plante, qui seule peut les élaborer avec des substances empruntées au règne minéral, eau, gaz carbonique, ammoniaque.

Pour apprécier la qualité d'une farine, il est utile

d'examiner les caractères de son gluten. Celui d'une farine irréprochable est d'un blanc-grisâtre, souple, tenace, très-élastique, et se gonfle beaucoup par l'action de la chaleur; celui d'une farine altérée s'étend difficilement en membrane, manque d'élasticité et d'adhésion, et au lieu de se boursoufler par la chaleur, il devient visqueux et répand une odeur désagréable.

3. Pâtes alimentaires. — Les pâtes alimentaires, c'est-à-dire les *vermicelli*, *macaroni*, etc., se préparent avec des farines très-riches en gluten. La farine est pétrie avec le quart de son poids d'eau chaude, et la pâte est introduite dans une caisse en bronze dont le fond est percé de trous ronds, annulaires, étoilés, suivant la forme que l'on veut donner au produit. Une presse mue à bras d'homme chasse la pâte chaude à travers ces ouvertures et lui fait prendre la forme voulue. S'il s'agit d'obtenir des étoiles, des croix, etc., un couteau circulaire tournant avec rapidité coupe la pâte en menus tronçons à mesure qu'elle sort par les orifices du fond du pressoir.

4. Pain. Effet du levain. — La farine de froment, pétrie simplement avec de l'eau, donne une pâte compacte et un pain lourd, de digestion laborieuse. En ajoutant du *levain* à la pâte, on provoque la fermentation alcoolique de la dextrine et du glucose contenus dans la farine. Il se produit ainsi du gaz carbonique, qui reste emprisonné dans la masse, car le gluten se gonfle sous l'expansion du gaz, s'étend en membranes et forme une foule de cavités sans issue. De la sorte, la pâte se gonfle et devient poreuse. La cuisson ultérieure augmente encore la porosité, car le gaz carbonique, se trouvant retenu par des parois capables de se distendre, se dilate et rend plus spacieuses les cavités primitives. L'effet du levain est donc de produire un pain très-poreux, léger, et par conséquent de digestion facile.

5. **Préparation du levain.** — Le levain est une pâte fermentée mise en réserve dans une opération précédente. Mélangé avec une pâte fraîche, il communique à celle-ci la fermentation dont il est lui-même le siége. On nomme *levain jeune* celui dont la fermentation est peu avancée; *levain fort*, celui dont la fermentation est arrivée à son extrême limite. Un bon levain est tiède au toucher à cause du travail chimique qui s'accomplit dans sa masse, il est bombé et très-élastique à cause du gaz carbonique emprisonné; enfin il a une odeur vive, agréable et vineuse, à cause de la formation de l'alcool aux dépens du glucose et de la dextrine.

6. **Pétrissage.** — Dans les boulangeries, on appelle *levain de chef* le levain point de départ, provenant d'une précédente pâte fermentée. Il devient *levain de première*, si on le pétrit avec une quantité de farine et d'eau suffisante pour doubler son volume. Six heures plus tard, on renouvelle une semblable addition, et l'on a le *levain de seconde*; enfin une troisième addition d'eau et de farine donne le *levain de tous points*. En hiver, à cause du froid qui rend la fermentation difficultueuse, le volume de ce dernier levain doit être égal environ à la moitié de la pâte que l'on se propose d'obtenir; en été, au tiers seulement. Pendant sa préparation, on ajoute à la masse un peu de sel, destiné à relever plus tard le goût du pain.

On ajoute au levain de tous points la quantité d'eau nécessaire à la préparation de toute la pâte, on en fait un mélange bien homogène, et l'on introduit enfin dans ce mélange la quantité de farine voulue. Cette opération est appelée la *frase*. — La masse pâteuse est alors travaillée dans le pétrin, retournée de droite à gauche et de gauche à droite, successivement soulevée et abandonnée à son propre poids pour qu'elle se pénètre d'air. C'est ce que l'on nomme la *contre-frase*.

Suffisamment travaillée, la pâte est divisée en pâtons qu'on place entre les plis d'une longue toile, ou dans des corbeilles garnies d'un tissu, ou dans des timbales de tôle; et l'on dispose le tout en avant du four pour lui ménager une douce température. Dans ces conditions, la fermentation s'active et les pâtons se gonflent. C'est à ce moment qu'il faut avoir assez d'habitude et d'expérience pour ne pas laisser faire trop de progrès à la fermentation, qui finirait par changer de nature et d'alcoolique devenir acétique. L'acide acétique liquéfiant le gluten, la pâte perdrait de sa ténacité, les gaz qu'elle emprisonne trouveraient une issue, et il y aurait affaissement; bref, la panification serait manquée. Cette dernière phase de la fermentation panaire est appelée l'*apprêt*. Les pâtons *apprêtés* sont finalement enfournés et cuits.

7. Caractères du pain. — Convenablement préparé, le pain doit avoir une croûte dorée, bien cuite, unie et adhérente à la mie. Son odeur est agréable, sa saveur un peu sucrée. La mie est légère, spongieuse, élastique, d'un blanc jaunâtre et se gonfle beaucoup dans l'eau. Si le pain est mal cuit, la mie est pâteuse et élastique; elle est compacte et pesante comme celle d'une galette si la fermentation a été poussée trop loin.

QUESTIONNAIRE.

1. Que contient la farine de froment? — Quels sont les caractères d'une bonne farine? — A quels caractères reconnaît-on une farine avariée? — 2. Comment s'obtient le gluten? — De quels principes est composé le gluten des céréales? — D'où provient la haute valeur nutritive du froment? — Quels caractères présente le gluten d'une bonne farine? — 3. De quoi sont composées les pâtes alimentaires, vermicelli, macaroni, etc.? — Comment les fabrique-t-on? — 4. Qu'est-ce que le levain? — Quelle est son action dans la pâte? — Quels avantages le pain de pâte fermentée a-t-il sur celui de pâte non fermentée? — Comment se produisent les cavités dont le pain est criblé? — 5. Qu'appelle-t-on levain jeune et levain fort? — Quels sont les caractères d'un bon levain? — D'où proviennent son odeur vineuse, sa température, son élasticité? — 6. Comment s'obtient le levain de tous points des boulangers? — Qu'est-ce que la frase et la contre-frase? — Que se passe-t-il dans les pâtons soumis à une douce température? — Qu'arriverait-t-il si la fermentation était poussée trop loin? — 7. Quels sont les caractères d'un pain bien préparé? — A quoi reconnaît-on un pain dont la pâte a trop fermenté?

CHAPITRE VIII

CORPS GRAS.

1. **Caractères généraux.** — Les corps gras, huiles, graisse, suif, sont abondamment répandus dans l'organisation animale et dans l'organisation végétale. A l'état pur, tous sont incolores, sans odeur et sans saveur. Ils sont plus légers que l'eau et inattaquables

par ce dissolvant. Ils sont onctueux au toucher, ils font sur le papier une tache translucide que la chaleur ne dissipe pas. A une température élevée, ils s'enflamment. L'éther et le sulfure de carbone les dissolvent facilement tous. Leur caractère chimique fondamental, c'est de se *saponifier* ou de se convertir en *savon* quand on le traite par un alcali. Ils fixent alors une certaine quantité d'eau et se dédoublent en *glycérine* et en *acide gras*, qui se combine avec l'alcali pour constituer un composé salin, dont le savon ordinaire est un exemple familier. Les corps gras sont des mélanges d'un certain nombre de principes immédiats, dont nous allons étudier les quatre les plus importants, savoir : l'*oléine*, la *margarine*, la *stéarine* et l'*élaïne*.

2. Huile d'olive. — L'huile d'olive, la plus importante de toutes, se retire de la partie charnue des fruits de l'olivier parvenus à maturité (fig. 56). Ces fruits, alors de couleur noire, sont écrasés sous des meules verticales (fig. 57) et pressés à froid. Par cette première opération, on obtient l'*huile fine* ou *vierge*. Soumises à l'action de l'eau chaude et pressées une seconde fois, les olives fournissent une huile de deuxième qualité.

L'huile d'olive n'est autre chose que la dissolution d'une substance grasse solide, la *margarine*, dans une autre substance grasse qui est liquide et porte le nom d'*oléine*. Si, en effet, on expose l'huile à une basse température, la masse se remplit de lamelles nacrées, que l'on peut séparer par une filtration au travers d'une toile. Ces lamelles solides sont de la *margarine*; le liquide qui passe à travers le filtre est de l'*oléine*.

3. Margarine, Oléine, Élaïne, Stéarine. — La margarine est blanche, solide, d'un aspect un peu nacré qui rappelle celui des perles. Son nom de margarine, signifiant perle, fait allusion à ces apparences. On trouve de la margarine, identique à celle de l'huile d'olive, dans la plupart des corps gras, aussi bien dans les huiles végétales que dans la graisse et le beurre provenant des animaux.

La partie de l'huile d'olive qui reste liquide quand on abaisse la température à 0°, est de l'oléine. C'est la partie la plus abondante des diverses huiles. On la retrouve encore, mais en moins grande quantité, dans la graisse, le suif et les divers corps gras solides.

Le suif est un mélange d'oléine et de stéarine. Celle-ci est une matière solide, cristallisant en petites lamelles d'un éclat nacré. Les diverses graisses sont également des mélanges de stéarine et d'oléine, auxquelles s'associe la margarine.

Enfin l'élaïne remplace l'oléine dans les huiles dites siccatives.

4. Huiles siccatives et huiles non siccatives. — L'huile d'olive exposée à l'action de l'air s'altère en absorbant de l'oxygène, qui convertit son oléine en un acide à odeur rance; mais elle ne s'épaissit pas. Pareille oxydation a lieu dans les divers corps gras à oléine, qui rancissent en vieillissant. Au contraire, les huiles de lin, de pavot, de noix, sous l'influence oxydante de l'air, se dessèchent peu à peu et forment une matière résineuse solide. On est donc conduit à diviser les huiles en deux catégories : les *huiles siccatives*, qui se résinifient à l'air, et les *huiles non siccatives*, qui rancissent sans devenir solides. Le principe immédiat qui, dans les huiles siccatives, remplace l'oléine, se nomme élaïne.

Les principales huiles non siccatives sont : *l'huile*

d'olive employée pour l'alimentation, l'éclairage et la confection des savons; les *huiles de navette* et *de colza*, employées pour l'éclairage; l'*huile d'amandes*, employée en pharmacie.

Fig. 66. — Rameau d'olivier et olive ouverte.

Les principales huiles siccatives sont : l'*huile de lin*, employée pour la peinture; les *huiles de noix* et d'*œil-ette*, employées pour l'alimentation et la peinture; 'huile de ricin*, employée comme médicament.

5. **Saponification.** — Soumis à l'action des alcalis, soude, chaux, potasse, les principes immédiats des

corps gras se combinent avec de l'eau et se dédoublent en glycérine et en acide gras, qui sont : *l'acide stéarique* pour la stéarine, *l'acide margarique* pour la

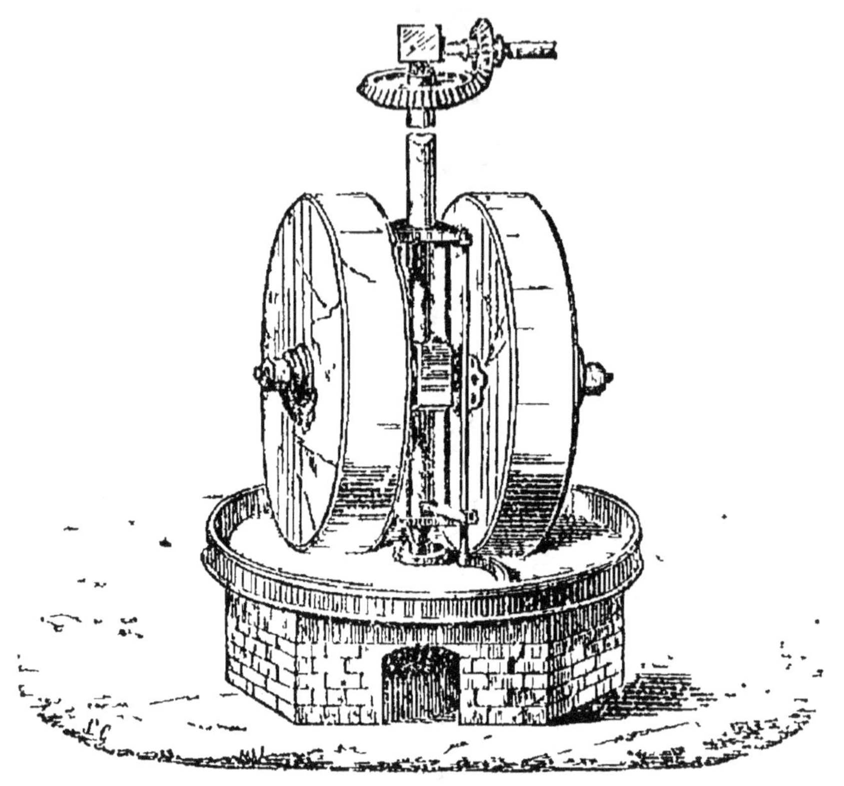

Fig. 87. — Moulin à huile.

margarine, *l'acide oléique* pour l'oléine. Ces acides gras se combinent avec l'alcali pour constituer un sel, *stéarate, margarate, oléate*, qui prend le nom générique de savon. Ce dédoublement est ce qu'on nomme saponification. Pour le produire, il suffit de chauffer un corps gras dans une dissolution alcaline.

6. **Glycérine.** — Suivant la nature des corps gras saponifiés, l'acide obtenu est de l'acide stéarique, ou margarique, ou oléique, ou un mélange de ces produits; mais dans tous les cas, il y a formation de

glycérine. Dans les usines de bougies stéariques, il se produit des quantités énormes de ce corps. La glycérine est un liquide sirupeux, incolore, inodore et d'une saveur franchement sucrée. Cette saveur douce lui a valu des premiers chimistes le nom de *principe doux des huiles*. Du reste, son nom actuel de glycérine vient de glycose ou glucose et rappelle encore sa saveur sucrée. Néanmoins la glycérine et le glucose n'ont rien de commun dans leurs propriétés chimiques; la première ne fermente pas comme le second et ne donne pas naissance à de l'alcool.

7. Acides gras. — L'acide stéarique est un corps solide, blanc, sans odeur, sans saveur, cristallisant en aiguilles brillantes. Les bougies ordinaires nous donnent une idée suffisante de cet acide, car elles en sont presque entièrement formées.

L'acide margarique est, comme le précédent, solide, blanc et de structure cristalline.

L'acide oléique est liquide à la température ordinaire. Pur, c'est un corps d'apparence huileuse, incolore, sans odeur, plus léger que l'eau.

8. Fabrication des bougies stéariques. — La fabrication des bougies stéariques se résume en quatre opérations : *la saponification du suif à l'aide de chaux, la décomposition du savon calcaire, la séparation des acides gras, le coulage.*

Pour saponifier le suif, on le fait bouillir dans de l'eau avec de la chaux en poudre. La stéarine et l'oléine se dédoublent en glycérine, qui se dissout dans l'eau, et en acides gras, stéarique et oléique, qui se combinent avec la chaux et forment un composé solide ou savon calcaire.

Le savon calcaire est pulvérisé et transporté dans d'autres cuves, où on le traite à chaud par un mélange d'eau et d'acide sulfurique. Ce dernier décompose le savon, s'empare de chaux, en formant avec elle un composé insoluble, sulfate de chaux, qui se précipite et met en liberté l'acide stéarique et l'acide oléique, qui, plus légers que l'eau, viennent surnager.

Le mélange d'acides gras, une fois solidifié par le refroidissement, est soumis à une forte pression au moyen d'une presse hydraulique. L'acide oléique, liquide à la température ordinaire, s'écoule de la masse, tandis que l'acide stéarique, solide, reste seul sous la presse.

Les moules dans lesquels on coule les bougies sont en alliage d'étain et de plomb. Ils sont réunis de telle sorte que leur base débouche dans le fond d'une caisse qui leur sert d'entonnoir commun (fig. 58). Chaque

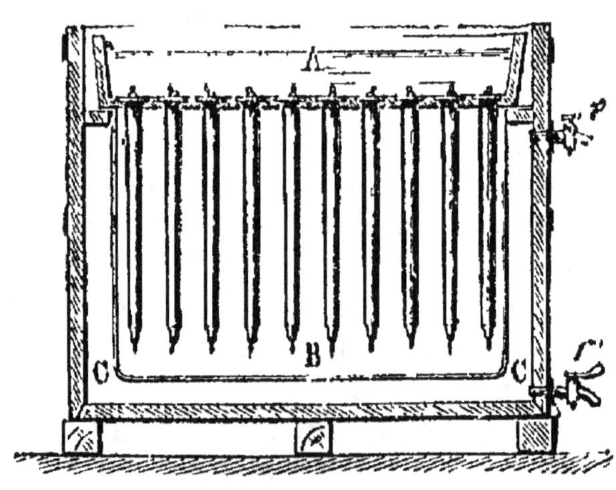

Fig. 58.

moule porte suivant son axe une mèche qui est fixée en bas par une petite cheville de bois, en haut par un nœud qui s'appuie sur la petite ouverture centrale d'un disque échancré. L'acide stéarique en fusion est versé dans le récipient commun A, d'où il s'engage dans les différents moules. Il ne reste plus qu'à blanchir et à polir les bougies. On les blanchit, en les exposant quelque temps à la lumière solaire; on les polit, en les plongeant d'abord dans une faible dissolution de carbonate de soude, ensuite en les frottant avec un morceau de drap.

9. **Savons en général.** — Le savon ordinaire est la combinaison d'un acide gras, acide oléique, margarique ou stéarique, avec une base alcaline, soude ou potasse. Comme le corps gras employé à la fabrication du savon est un mélange d'oléine et de margarine si c'est de l'huile, d'oléine et de stéarine si c'est du suif, le savon est lui-même un mélange d'oléate et de margarate, ou d'oléate et de stéarate, suivant qu'il a été fabriqué avec de l'huile ou avec du suif. Généralisant l'expression vulgaire, la chimie donne le nom de *savon* à toute combinaison d'un oxyde métallique avec un acide gras. Il y a donc autant d'espèces de savons que de bases ; mais comme les savons alcalins sont les seuls solubles dans l'eau, et par cela même les seuls aptes aux usages ordinaires, leur production exclusive est le but de l'industrie des savons.

Rien n'est plus simple d'ailleurs que d'obtenir les savons insolubles non usuels : ils se forment instantanément par double échange de bases et d'acides quand on mélange une dissolution saline avec une dissolution de savon ordinaire. Si, par exemple, l'on verse dans une dissolution de sulfate de cuivre une dissolution de savon ordinaire, on obtient un précipité vert, onctueux, gluant, qui est le savon d'oxyde de cuivre. On obtiendrait de même un savon de chaux en versant dans une dissolution de chlorure de calcium une dissolution de savon vulgaire. Dans ce cas, le précipité serait blanc. Pareil savon calcaire se forme lorsqu'on lave le linge dans une eau renfermant des sels de chaux, notamment le carbonate et le sulfate. Aux dépens du savon usuel, il se forme des flocons blancs de savon calcaire dont l'efficacité pour le nettoyage est nulle. Si l'eau contient trop de sels de chaux, le savonnage est impossible parce que, à mesure qu'il se dissout, le savon, au lieu d'agir sur le linge, se transforme en composé insoluble et désormais sans action détersive.

10. **Mode d'action du savon.** — Des diverses souillures que le linge contracte par l'usage, les plus fréquentes sont celles des corps gras que l'eau seule ne peut dissoudre et faire disparaître. Pour enlever ces souillures, il faut d'abord les rendre solubles dans l'eau en les combinant avec une substance qui leur communique la solubilité. Les alcalis, potasse, soude, ammoniaque, remplissent cette condition ; ils forment avec les matières grasses des composés que l'eau peut dissoudre. C'est sur ce principe que sont basés l'emploi de l'ammoniaque pour décrasser, et l'emploi des cendres pour la lessive. Mais l'usage direct des alcalis est généralement impraticable : les mains ne pourraient supporter le brutal contact de la potasse et de la soude ; d'ailleurs le linge serait rapidement attaqué par des substances aussi énergiques. Il faut donc mitiger l'alcali en lui associant un autre corps qui lui enlève ses dangereuses énergies sans trop affaiblir sa propriété dissolvante. Tel est le rôle des acides gras associés à la soude ou à la potasse dans le savon usuel. Le principe actif du savon est l'alcali ; c'est lui seul qui agit sur les souillures crasseuses et les fait disparaître en les rendant solubles dans l'eau ; l'acide gras qui lui est associé a pour effet de rendre son maniement sans danger.

11. **Fabrication du savon.** — Le savon s'obtient

en traitant à l'ébullition les matières grasses, huiles
ou suif, par une dissolution de potasse ou de soude
caustique. La combinaison des acides gras et de l'alcali vient surnager à la surface du bain; on l'enlève
à l'état liquide pour la couler dans des moules où elle
se prend en masse. Le savon est alors divisé en prismes de dimensions convenables.

La potasse forme en général des savons mous, tandis que la soude donne des savons durs. D'un autre
côté, les caractères spéciaux de chaque savon dépendent de la matière grasse employée. Aussi le suif, qui
est riche en stéarine, forme avec la soude un savon
plus dur que celui de l'huile d'olive, où l'oléine pré-
domine.

Le *savon marbré* doit ses veines colorées à quelques
traces de matières étrangères, savon d'alumine et de
fer, inégalement distribuées dans sa masse. Il est
moins pur que le *savon blanc*; cependant il est préféré
à ce dernier parce qu'il renferme beaucoup moins
d'humidité. Le savon blanc contient presque la moitié de son poids d'eau; le savon marbré n'en renferme que 30 p. °/o.

On nomme *savon de résine* un savon dans la composition duquel il entre de la résine. Ce produit a la
couleur de la cire jaune, ses pains sont transparents sur
les bords. Il se dissout très-facilement dans l'eau et
produit beaucoup de mousse.

Le *savon transparent*, utilisé pour la toilette, s'obtient en dissolvant à chaud dans l'alcool du savon de
suif raclé et bien sec. La dissolution refroidie et rendue limpide par le repos est versée dans des moules,
où elle se prend en une masse translucide.

QUESTIONNAIRE.

1. Quels sont les caractères physiques des corps gras
— Quel est leur principal caractère chimique? —
2. Comment s'obtient l'huile d'olive? — Qu'est-ce que l'huile
vierge? — Quels sont les principes immédiats de l'huile
d'olive? — 3. Où se trouvent la margarine, la stéarine, l'o-
léine, l'élaïne? — Quels sont les caractères de ces corps
— 4. Qu'appelle-t-on huiles siccatives et huiles non siccatives? — Que se passe-t-il quand un corps gras rancit? —
Dites les principales huiles non siccatives et leur emploi
les principales huiles siccatives et leur emploi. — 5. En
quoi consiste la saponification? — Quels sont les principaux acides gras? — 6. Dans quelles circonstances s
forme-t-il de la glycérine? — Que signifie ce nom d
glycérine? — Quelles sont les propriétés de ce corps? —
7. Dites les caractères physiques des acides. gras. —
8. Avec quoi sont fabriquées les bougies stéariques? —
Comment se pratique la saponification du suif? — E
quoi consiste la décomposition du savon calcaire? —
Comment sépare-t-on les deux acides gras? — Commer
se fait le coulage des bougies? — 9. Qu'appelle-t-on sa
von en général? — Quels sont les savons solubles dan
l'eau? — Comment peut-on obtenir un savon de cuivr
de chaux? — Pourquoi les eaux riches en sels calcaire
s'opposent-elles au savonnage? — D'où proviennent le
flocons blancs qui se forment pendant le savonnage? —
10. Que faut-il faire pour enlever une tache de cor
gras? — Quel est le rôle de l'ammoniaque dans le dé
crassage et celui des cendres dans le lessivage? — Pou
quoi ne peut-on pas toujours employer directement le
alcalis? — Quel est le principe actif du savon? — Qu
rôle remplit l'acide gras? — 11. Comment se fabrique
savon? — Quel caractère distingue les savons de potas
des savons de soude? — D'où proviennent les marbrur
de certains savons? — Combien d'eau contient le savo
marbré? — Combien en contient le savon blanc? —

Qu'est-ce que le savon de résine ? — Quels sont ses caractères ? — Comment s'obtient le savon transparent ?

CHAPITRE IX

HUILES VOLATILES.

1. Généralités. — On nomme *huiles volatiles, huiles essentielles, essences*, les principes odorants des
végétaux. Ces substances sont tantôt solides (camphre), tantôt liquides (essence de térébenthine). Dans
ce dernier cas, elles ont un aspect huileux qui leur a
valu la dénomination vulgaire qu'elles portent ; mais
elles ne sont pas onctueuses au toucher et grasses
comme les véritables huiles. En outre, la tache translucide qu'elles font sur le papier se dissipe plus ou
moins rapidement par l'évaporation. Cette propriété
leur a fait donner le nom d'*huiles volatiles*, par opposition avec le terme d'*huiles fixes*, désignant les corps
gras huileux, non volatilisables. Enfin les huiles volatiles ne possèdent nullement la propriété caractéristique des huiles de la série des corps gras, c'est-à-dire
la propriété de se saponifier. L'expression d'*huiles*
employée pour les corps dont nous allons nous occuper est donc très-vicieuse ; elle est, il est vrai, consa-
crée par l'usage, mais il importe de ne pas se mépren-
dre sur sa valeur.

2. Extraction. — Les huiles essentielles sont
contenues, toujours en proportions assez faibles, dans
les diverses parties de la plante, feuilles, fleurs, fruits,
graines, d'où on les retire par la distillation en présence de l'eau. Bien que ces substances soient moins
volatiles que l'eau, elles sont entraînées mécanique-

ment par les vapeurs de celle-ci et forment une couche huileuse à la surface du liquide distillé, parce qu'elles sont très-peu solubles dans l'eau. Si, par exemple, on soumet à la distillation dans un alambic des fleurs d'oranger et de l'eau, on obtient une mince couche d'essence qui surnage le liquide distillé. Celui-ci, toutefois, dissout une très-faible quantité d'essence et en possède l'arome. On lui donne le nom d'*eau de fleurs d'oranger*. Pour les essences très-fugaces, facilement altérables, comme celles de la violette, du jasmin, de la tubéreuse, on a recours à un procédé particulier. On dispose des couches alternatives de fleurs fraîches et d'ouate imbibée d'une huile grasse pure et inodore. Dès que les fleurs ont abandonné leur essence à l'huile grasse, on les remplace par d'autres, et l'on continue ainsi jusqu'à ce que cette dernière soit saturée.

3. **Propriétés.** — Les essences sont très-peu solubles dans l'eau, très-solubles dans l'alcool et l'éther. Elles possèdent une valeur forte, variable de l'une à l'autre; elles sont combustibles et brûlent avec une flamme fuligineuse. Exposées pendant longtemps à l'air, elles absorbent l'oxygène, se foncent en couleur, perdent peu à peu leur odeur, s'épaississent, et enfin se transforment en une résine solide.

Les essences servent à préparer les vernis; elles entrent dans la préparation des eaux aromatiques, des pommades, des savons parfumés. La médecine les emploie comme excitants. La chaleur et la sécheresse sont favorables à leur formation; c'est dans le midi de la France, en Espagne, en Italie, en Orient, que les végétaux en produisent le plus. Sur les montagnes de la Provence s'établissent, dans la belle saison, des distilleries ambulantes, dont les produits vont se verser dans les grandes parfumeries de Grasse.

4. Térébenthine. Essence de térébenthine. — La matière plus ou moins liquide qui s'écoule des entailles faites à divers arbres de la famille des Conifères, prend le nom de *térébenthine*. C'est un mélange d'essence et de résine. Les forêts de *pins maritimes* qui s'étendent de Bordeaux à Bayonne, sont, pour la France, la source la plus importante de cette substance. Au commencement du printemps, on pratique à la hache une incision sur le tronc des pins; bientôt il s'écoule peu à peu de la blessure une matière résineuse que l'on reçoit dans une cavité pratiquée en terre.

Soumise à la distillation, la *térébenthine* ainsi obtenue donne un produit volatil, l'*essence de térébenthine*, et laisse pour résidu une résine appelée *brai sec*, *arcanson* ou *colophane*. L'essence de térébenthine est uniquement composée d'hydrogène et de carbone. C'est un liquide incolore, très-fluide, d'une odeur forte, d'une saveur âcre et brûlante. On l'emploie en peinture. On a constaté que sa vapeur produit sur l'organisation des effets délétères, de véritables empoisonnements; aussi est-il dangereux d'habiter des appartements fraîchement peints à l'essence et surtout d'y coucher.

5. Autres essences hydrocarbonées. — On connaît beaucoup d'autres essences composées, comme celle de térébenthine, uniquement de carbone et d'hydrogène; plusieurs d'entre elles sont même isomères. Telles sont l'essence de citron, l'essence d'orange, l'essence de girofle, l'essence de thym, l'essence de camomille et bien d'autres, qui toutes ont la même composition chimique de l'essence de térédenthine, sans avoir cependant les mêmes propriétés.

6. Camphre. — Le camphre est la plus importante des essences qui, outre le carbone et l'hydrogène renferment de l'oxygène dans leur composition. On le retire du *laurier camphre*, bel arbre qui vient en abondance en Chine et au Japon.

C'est une matière blanche, transparente, flexible, d'une odeur et d'une saveur spéciales. A cause de sa flexibilité, on ne peut le pulvériser qu'en le broyant après l'avoir humecté avec une petite quantité d'alcool. Il brûle avec une flamme brillante et fuligineuse. Il est très-peu soluble dans l'eau, mais il se dissout aisément dans l'alcool et dans l'éther. Il flotte sur l'eau, sur laquelle on peut l'enflammer.

7. Résines. — Lorsqu'on fait des incisions à certains végétaux, il découle des blessures un suc plus ou moins visqueux, quelquefois lactescent, qui durcit peu à peu au contact de l'air et finit souvent par devenir tout à fait solide et cassant. Ces exsudations végétales, fréquemment accompagnées d'essence, sont des *résines*.

8. Colophane. — Le résidu de la distillation de la térébenthine fournie par les conifères est la colophane. C'est une matière solide, jaunâtre, fusible, inflammable, à cassure vitreuse. La colophane se combine avec les alcalis pour former ce qu'on appelle improprement le *savon de résine*. Elle entre dans la fabrication du papier pour rendre la pâte imperméable à l'écriture; elle sert au calfatage des navires et à la préparation du mastic des fontainiers. Ce mastic se compose de colophane et de brique pilée.

9. Succin. — Le *succin* ou *ambre jaune* est une résine fossile qu'on récolte spécialement sur les bords de la Baltique. On le trouve aussi dans les couches de lignite. Il paraît provenir des conifères qui l'accompagnent dans ses gisements. Dans le principe, alors qu'il découlait des arbres dont on trouve les restes dans les entrailles du sol, le succin était une simple résine dissoute dans une essence, comme la térébenthine des conifères actuels. En effet, le succin présente parfois l'empreinte des branches et de l'écorce sur lesquelles il s'est déposé. Il renferme souvent dans sa masse des insectes admirablement conservés, et qui nécessairement supposent la fluidité originelle de la substance où ils sont englobés.

Le succin est jaune, translucide, assez semblable à de la gomme arabique; il brûle en répandant une odeur aromatique.

10. Mastic. — Cette résine affecte la forme de grains jaunâtres, translucides, fragiles, d'une odeur douce et aromatique. On la retire du Pistachier lentisque, notamment dans l'île de Chio.

11. Sandaraque. — La sandaraque s'écoule d'un conifère du nord de l'Afrique, le Thuya articulé. Elle est sous forme de larmes allongées, sans odeur, fragiles. On l'emploie pour empêcher le papier gratté de boire.

12. Copal. — La résine copal est fournie par un arbre de la famille des Césalpiniées, l'Hyménée verruqueuse. Il nous vient de l'Inde et de l'Afrique. On l'emploie dans la confection des vernis.

13. Gomme laque. — La gomme laque nous arrive de l'Inde. C'est le produit des exsudations résineuses qu'un insecte hémiptère, la cochenille de la laque, provoque par ses piqûres sur le *figuier des pagodes*. C'est la gomme laque qui, sous forme de petits bâtons ou d'écailles, sert à souder les pièces de terre et de faïence. Elle entre aussi dans la fabrication de la cire à cacheter. La couleur rouge est donnée par le vermillon, la couleur verte par le vert de gris, la couleur noire par le noir de fumée.

14. Vernis. — Les vernis sont des dissolutions de résines dans l'alcool, les essences, les huiles grasses siccatives. Les vernis à l'alcool sèchent rapidement; on les emploie surtout pour les meubles. Les vernis à l'essence et à l'huile sèchent avec plus de lenteur, mais ils sont plus solides. On applique les vernis à l'essence sur les peintures; les vernis gras ou à l'huile sont appliqués sur les métaux, les objets de carrosserie.

15. Caoutchouc. — On trouve le caoutchouc ou gomme élastique dans le suc de plusieurs Euphorbiacées. Il provient de Java, du Brésil, de la Guyane. Les arbres qui le produisent le plus abondamment sont le Figuier élastique et la Siphonie caoutchouc.

Pour obtenir le caoutchouc, on pratique aux arbres des incisions par lesquelles s'écoule un suc qu'on reçoit sur des moules en argile sèche ayant la forme de poires. Le liquide s'épaissit à l'air et forme des couches qui se soudent en se superposant. Lorsque l'épaisseur du suc concrété est suffisante, on brise la terre, on la fait sortir par le goulot de l'enveloppe solidifiée et l'on obtient ainsi le caoutchouc sous forme de poires creuses. Quelquefois le moulage se fait sur une plaque de terre que le suc enveloppe.

En s'associant au soufre, le caoutchouc peut acquérir une souplesse et une élasticité qu'il n'a pas à l'état naturel, surtout quand la température est froide. Il porte alors le nom de *caoutchouc vulcanisé*. On vulcanise le caoutchouc en le plongeant une minute dans un liquide formé de sulfure de carbone et de protochlorure de soufre. Son imperméabilité, sa souplesse, son inaltérabilité, sa facilité à prendre toutes les formes, le rendent très-précieux pour une foule d'usages. On en fait des appareils chirurgicaux, des coussins élastiques, des courroies, des ressorts, des tubes, des rouleaux, des chaussures, des vêtements.

16. **Gutta-percha.** — Cette substance est très-voisine du caoutchouc par ses propriétés et sa composition chimique. L'un et l'autre sont des carbures d'hydrogène. La gutta-percha nous vient de la Malaisie, elle est produite par un arbre de la famille des Sapotées, l'*Isonandre percha*. A la température ordinaire elle est dure, à peine élastique; mais à la température de l'eau chaude elle devient molle et apte à prendre telle forme que l'on veut. Elle sert à confectionner les objets auxquels conviennent une fermeté plus grande et une élasticité moindre que celle du caoutchouc. On en fait des courroies pour les transmissions de mouvement, des moules pour la galvanoplastie, des enveloppes pour isoler et protéger les fils métalliques des câbles électriques sous-marins.

QUESTIONNAIRE.

1. Qu'appelle-t-on huiles volatiles ou essences? — Quels noms ces huiles portent-elles encore? — En quoi les huiles volatiles diffèrent-elles des huiles fixes? — 2. Comment se fait l'extraction des essences? — Qu'appelle-t-on eau de fleurs d'oranger? — Comment peut-on extraire le principe odorant de la violette, du jasmin? — 3. Quelles sont les propriétés générales des essences? — A quoi servent les essences? — En quels climats s'en forme-t-il le plus? 4 Qu'est-ce que la térébenthine? — Comment s'extrait

l'essence de térébenthine? — Quel danger présentent les peintures fraîches à la térébenthine? — Qu'est-ce que le brai sec ou colophane? — 5. Quelle est la composition de l'essence de térébenthine? — Citez d'autres essences ayant même composition. — 6. Quels éléments renferme le camphre? — D'où l'extrait-on? — Quelles sont ses propriétés? — 7. Qu'appelle-t-on résines en général? — 8. A quoi sert la colophane? — 9. Quelle est l'origine du succin? — 10. D'où provient le mastic? — 11. D'où provient le copal? — 12. Quelle est l'origine de la gomme laque? — A quels usages sert-elle? — 13. Qu'appelle-t-on vernis? — Quel est l'usage des vernis à l'alcool, à l'essence, à l'huile siccative? — 14. D'où provient le caoutchouc? — Comment obtient-on le caoutchouc moulé sous forme de poires creuses? — En quoi consiste la vulcanisation? — Quelles propriétés acquiert le caoutchouc vulcanisé? — A quoi sert-il? — 16. D'où provient la gutta-percha? — Quelle est sa composition chimique? — Quelles sont ses propriétés? — A quels usages l'emploie-t-on?

CHAPITRE X

ALCALOIDES.

1. Généralités. — On nomme *alcaloïdes* ou *alcalis organiques* les composés organiques qui se combinent avec les acides pour former des sels, à la manière des bases minérales. Ces substances se trouvent combinées avec les acides végétaux dans diverses plantes dont elles constituent le principe toxique ou médical. Elles contiennent toutes de l'azote.

Les plantes vénéneuses doivent généralement leurs redoutables propriétés à des alcaloïdes qui se trouvent à l'état de sels dans leur organisation. Les plantes médicinales agissent encore par leurs alcalis organiques. C'est dire que les végétaux à propriétés énergiques sont la principale source des alcaloïdes. Voici la liste des plus remarquables de ces composés, avec le nom de la plante qui les fournit :

Quinine et *Cinchonine*, écorce du quinquina;

Morphine, Codéine, Narcotine, suc du pavot;

Strychnine et *Brucine*, noix vomique, fruit du strychnos;

Caféine ou *Théine*, café ou thé;

Nicotine, tabac;

Conicine, cigüe.

2. Quinquina. — Les quinquinas sont des arbres de la famille des Rubiacées, que l'on trouve sur les flancs de la Cordillière des Andes, notamment dans la République de Bolivie, sur une étendue de près de sept cents lieues. L'écorce, soit du tronc, soit des branches, est la seule partie utilisée. On exploite diverses espèces du même genre; aussi dans le commerce distingue-t-on plusieurs qualités de quinquinas : le jaune, le rouge, le gris. Tous contiennent plusieurs alcaloïdes, dont les principaux sont la quinine et la cinchonine. Le quinquina jaune est le plus riche en quinine.

3. Quinine et sulfate de quinine. — La quinine est une substance solide, blanche, d'une saveur très-amère. Elle forme avec les acides des sels cristallisables, tous doués d'une saveur extrêmement amère. Le principal est le sulfate de quinine, sel blanc ayant la forme de fines aiguilles, soyeuses et flexibles.

La quinine et les sels qui en résultent, notamment le sulfate, ont des propriétés médicinales d'une extrême importance. On les emploie, surtout le sulfate, pour combattre les fièvres et les maladies intermittentes. On se sert, dans le même but, de l'écorce de quinquina; mais la quinine renfermant sous un très-petit volume le principe actif de l'écorce, est bien plus convenable.

4. Opium. — L'opium est fourni par une espèce de pavot, le pavot somnifère (fig. 59) que l'on cultive en

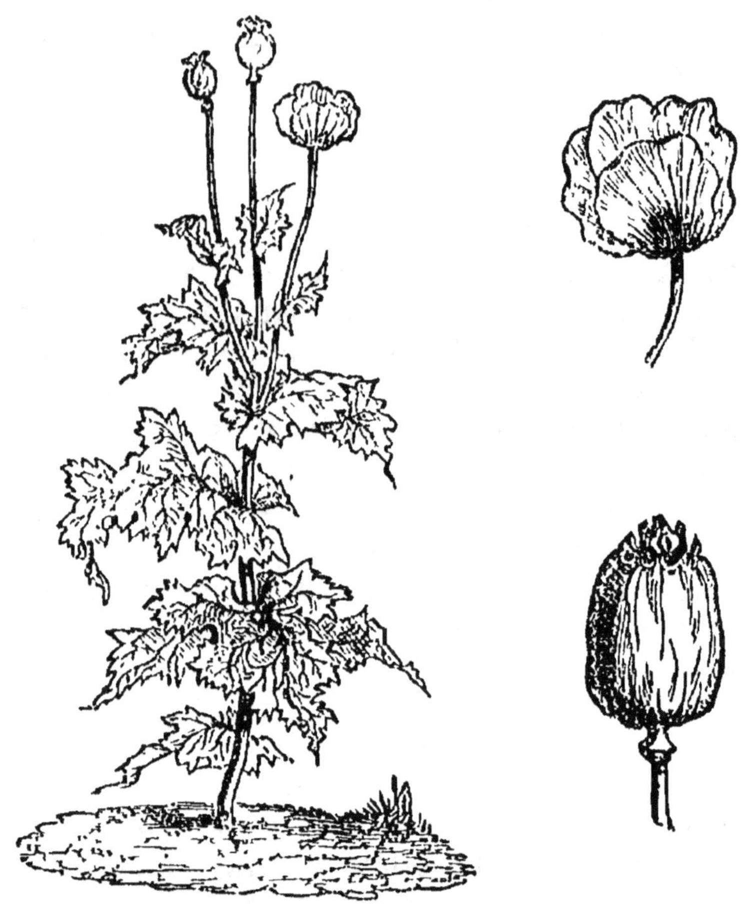

Fig. 59. — Pavot somnifère. — Fleur et capsule.

Égypte et en Turquie. Après la chute des pétales, on fait des incisions aux capsules, qui laissent découler un suc laiteux bientôt concrété en une masse molle, constituant l'opium. C'est une matière brune, d'une saveur âcre et amère, d'une odeur nauséabonde. Ses propriétés toxiques et médicales, si prononcées, sont dues à divers alcaloïdes, dont le plus remarquable est la morphine.

5. **Morphine.** — La morphine et ses divers sels sont des substances blanches, d'une saveur extrêmement amère, qui, à petite dose, exercent sur l'organisation des effets narcotiques, et, à dose plus forte, sont de très-violents poisons.

6. **Nicotine.** — C'est l'alcaloïde auquel le tabac doit ses propriétés. La nicotine est un liquide oléagineux, incolore, assez fluide, d'une odeur âcre, d'une saveur très-brûlante. Sa vapeur est tellement irritante, qu'on respire à peine dans une pièce où l'on a répandu une goutte de cet alcaloïde. La nicotine est un des poisons les plus violents.

7. **Conicine.** — C'est le principe toxique de la ciguë. On trouve cet alcaloïde dans les semences, la tige, les feuilles de la plante, qui, par son odeur vireuse et nauséabonde, fait déjà soupçonner ses redoutables propriétés. La conicine est liquide, incolore, d'une odeur pénétrante qui amène aussitôt le malaise. Comme la nicotine, c'est un poison des plus redoutables.

QUESTIONNAIRE.

1. Qu'appelle-t-on *alcaloïdes?* — Quels sont les principaux et d'où les retire-t-on? — 2. Qu'est-ce que le quinquina? — Où croissent les quinquinas? — Quelle partie utilise-t-on?—Combien de variétés de quinquina distingue-t-on? — Quel est le plus riche en quinine? — 3. Quels sont les caractères de la quinine? — Quel est le sel de quinine le plus usité? — A quels usages médi-

caux servent l'écorce de quinquina, la quinine et son sulfate? — 4. Comment s'extrait l'opium? — Quels sont ses caractères physiques? — Quel est le plus important de ses alcaloïdes? — 5. Quels sont les caractères et les effets de la morphine? — 6. D'où retire-t-on la nicotine? — Quelles sont ses propriétés? — 7. D'où retire-t-on la conicine? — Quelles sont ses propriétés?

CHAPITRE XI

MATIÈRES COLORANTES.

1. Généralités. — Les substances colorantes sont répandues indistinctement dans tous les organes des plantes, feuilles, racines, bois, fleurs, fruits. Fréquemment elles ne préexistent pas dans l'organisation végétale, mais dérivent de principes incolores ou peu colorés, modifiés chimiquement, surtout par l'oxygène. Quelques-unes sont solubles dans l'eau, d'autres ne s'y dissolvent qu'à la faveur des acides ou des alcalis, d'autres encore ne sont solubles que dans l'alcool, l'éther, les huiles volatiles. L'oxygène est nécessaire à la formation de beaucoup d'entre elles, et cependant son action continuée, surtout sous l'influence de la lumière, les altère, les décolore même par le fait d'une combustion lente. Les matières colorantes qui résistent à la double influence de l'air et de la lumière sont dites *bon teint;* celles qui n'y résistent pas sont qualifiées de *mauvais teint.*

2. Laques. — Diverses matières colorantes fonctionnent comme des acides faibles, et se combinent avec les bases pour former des composés insolubles, dont la nuance varie, pour une même matière colorante, suivant la nature de l'oxyde entrant dans la combinaison. Ces composés de matière colorante et d'oxyde métallique portent le nom de *laques*.

Comme exemple, proposons-nous d'obtenir une laque rouge avec l'alizarine, matière colorante de la garance. On traite de la garance épurée ou garancine par une dissolution bouillante d'alun et l'on filtre. Le liquide est de teinte groseille. On verse dans ce liquide une dissolution de carbonate de soude, qui précipite l'alumine. Celle-ci entraîne l'alizarine, et l'on obtient un corps insoluble, plus ou moins rouge, où l'alizarine et l'alumine se trouvent combinées. C'est une *laque* d'alizarine à base d'alumine.

En changeant d'oxyde, on aurait une laque de teinte différente. En employant, par exemple, les sels de fer, on obtiendrait avec l'alizarine une laque noire ou violette.

3. **Mordants.** — Beaucoup de matières colorantes ne se fixent pas directement sur les tissus, notamment sur ceux de coton. On a recours alors au *mordançage*, opération qui consiste à imprégner le tissu d'un oxyde métallique. Celui-ci, se combinant avec la matière colorante, forme une laque adhérente aux fibres textiles. Suivant la nature de l'oxyde ou du *mordant* employé, la teinte varie dans un même bain de teinture.

Ainsi un tissu de coton imprégné d'alumine à forte dose en un point, à faible dose en un autre, imprégné de sesquioxyde de fer à forte dose en un troisième point, à faible dose en un quatrième, prendrait simultanément, dans un même bain de garance, les quatre teintes rouge, rose, noir et violet, à cause des différentes laques formées.

Le mordançage à l'alumine et à l'oxyde de fer se

fait avec l'acétate d'alumine et l'acétate de fer, sels solubles, dont le tissu s'imbibe aisément, et qui, peu à peu, par l'exposition à l'air, laissent dégager l'acide acétique, et pénètrent les fibres du coton d'oxyde métallique désormais insoluble.

4. **Indigo.** — On extrait l'indigo de diverses plantes de la famille des Légumineuses, nommées *indigotiers*. On le trouve aussi dans le pastel, de la famille des Crucifères (fig. 60). Les indigotiers sont cultivés principalement dans les Indes orientales; le pastel vient dans nos régions.

On met les feuilles d'indigotier infuser dans de l'eau contenant un peu de chaux. C'est dans ces conditions que l'indigo se forme, car il ne préexiste pas dans la plante. Bientôt la liqueur bleuit et donne lieu à un dépôt qui, pressé, séché et coupé en morceaux constitue l'indigo du commerce.

Cette substance est en morceaux irréguliers, dont la nuance varie du bleu-violet au bleu-noirâtre. La moitié de son poids est formée de matières sans valeur, l'autre moitié appartient au principe colorant pur, nommé *indigotine*. On obtient celle-ci en chauffant dans un têt des fragments d'indigo. Ces fragments se recouvrent de nombreuses aiguilles violacées et brillantes, qui sont de l'indigotine pure. L'indigo sert à teindre les draps en bleu. C'est une couleur des plus solides.

5. **Matières colorantes des lichens. Orseille.** — Les matières colorantes des lichens, comme celle des plantes indigofères, ne préexistent pas dans les végétaux qui servent à les préparer. Lorsqu'après avoir écrasé certaines espèces de lichens, notamment celles des genres *Lecanore*, *Roccelle* et *Variolaire*, on les fait macérer dans un mélange d'urine et d'ammo-

niaque, ou d'urine et de chaux, on obtient, au bout
de quelques semaines, une matière colorante connu

Fig. 60. — Pastel.

dans le commerce sous le nom d'*orseille*. La couleu
de l'orseille est violette, vive, éclatante, mais san
solidité

Des lichens on retire encore le *tournesol*, dont la teinte bleue pourpre vire au rouge par les acides, et revient au bleu par les alcalis. Le tournesol est uniquement employé en chimie pour reconnaître la nature acide ou alcaline d'un liquide.

6. **Garance.** — La garance est la racine d'une plante de même nom, de la famille des Rubiacées (f. 61).

La racine, desséchée à l'étuve, est réduite en poudre sous des meules verticales. Cette poudre est d'un rouge jaunâtre. Sans autre préparation, elle peut être employée à la teinture des cotons mordancés; mais d'habitude on la soumet à certains traitements qui ont pour but d'éliminer autant que possible les matières étrangères au principe colorant, pour concentrer celui-ci sous le plus petit volume et obtenir un produit plus pur, salissant moins les parties du tissu qui doivent rester blanches.

La garance en poudre est lavée sur des filtres en laine avec de l'eau pure. On dissout ainsi les matières de la racine attaquables par l'eau, notamment le glucose. Les eaux de lavage, riches en principe sucré, sont soumises à la fermentation et distillées. On obtient par ce traitement l'*alcool de garance*, identique avec celui du vin, mais imprégné de principes odorants désagréables, dont on le débarrasse par de nouvelles distillations. Quant à la matière colorante, comme elle est très-peu soluble dans l'eau, elle n'éprouve pas de déperditions. La matière pressée à la presse hydraulique et desséchée dans des étuves porte le nom de *fleur de garance*. Par ce traitement très-simple, la garance brute, tout en conservant sa matière tinctoriale, est réduite à la moitié environ de son poids primitif.

Un second traitement amène la garance à un degré de concentration plus avancée. La matière lavée à l'eau est jetée, encore humide, dans des cuves en bois

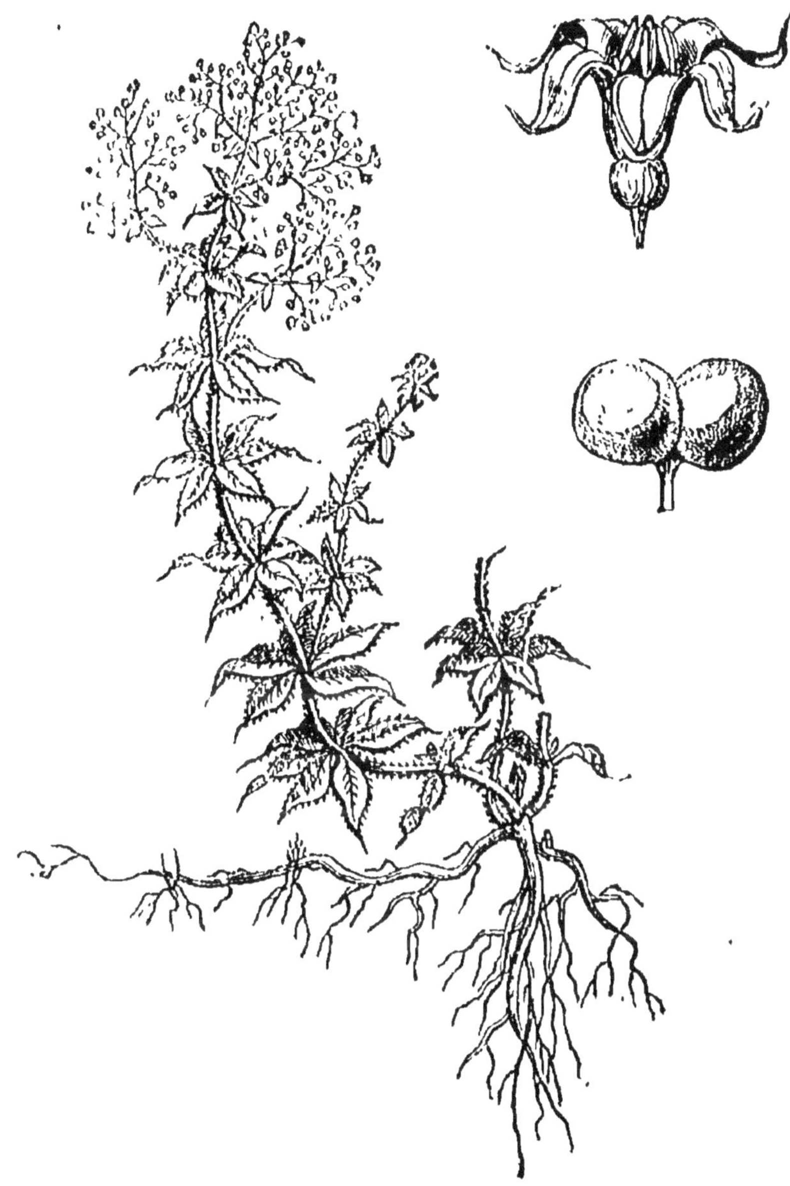

et additionnée d'eau et d'acide sulfurique. Un jet de
vapeur porte le mélange à l'ébullition. Le principe

colorant, doué d'une résistance exceptionnelle n'éprouve aucune altération par ce contact avec l'acide, mais diverses matières qui l'accompagnent deviennent ainsi solubles dans l'eau et peuvent être éliminées par un lavage ultérieur. Après quelques heures de cuite, la matière déversée sur des filtres en laine et lavée avec de l'eau jusqu'à disparition totale de l'acide. On presse le résidu, on le dessèche à l'étuve, on le fait passer sous des meules, et l'on obtient ainsi une poudre brune qui représente en poids environ le tiers de la garance brute. Ce produit porte le nom de *garancine*.

Le principe colorant de la garance porte le nom d'*alizarine*; il ne forme à peu près que le centième du poids brut. L'alizarine est sous forme de petites aiguilles d'un rouge orangé. La garance était, il n'y a pas longtemps, la plus importante des matières tinctoriales à cause du brillant et de la solidité de ses couleurs ; aujourd'hui elle est généralement remplacée par l'alizarine artificielle, obtenue avec l'anthracène, l'un des produits de la distillation de la houille.

7. Bois de Campêche. — Le bois de teinture appelé *campêche* nous vient de la baie de Campêche, dans le Mexique, de Saint-Domingue, de la Jamaïque et des autres Antilles. C'est le cœur ou bois parfait d'un grand arbre de la famille des Légumineuses, l'hématoxylon campêche. Ce bois doit ses propriétés tinctoriales à un principe nommé *hématine*. Le campêche donne une laque violette avec l'alumine, noire avec le sesquioxyde de fer. La teinture au campêche n'a aucune solidité.

8. Bois de Brésil. — Le bois de Brésil ou de Fernambouc est fourni par divers arbres de la famille des Césalpiniées. Il est employé pour la teinture en rouge, mais la couleur est très-altérable. Sa matière colorante porte le nom de *brésiline*.

9. Carthame et Orcanette. — Les fleurs de carthame, espèce de chardon (fig. 62), renferment une matière colorante rouge, la *carthamine*, qui donne à la soie une teinte rose de la plus grande fraîcheur, mais très-altérable. Le carthame se cultive en France.

L'*Orcanette* est employée à colorer en rouge les matières grasses. C'est la racine d'une borraginée, *Orcanette des teinturiers*, qui croît spontanément en Provence et en Languedoc. L'alcool rouge des thermomètres est coloré avec cette racine.

10. Cochenille. — La cochenille est un petit insecte de l'ordre des hémiptères, vivant sur les nopals ou cactiers raquettes, figuiers de Barbarie. C'est le Mexique qui en produit le plus. On récolte l'insecte sur les nopals, on le tue par une courte immersion dans l'eau bouillante, et on le fait sécher au soleil. La cochenille a alors l'aspect d'une petite graine ridée. Il faut environ 140,000 insectes pour un kilogramme de cochenille sèche. La cochenille fournit à la teinture ses plus

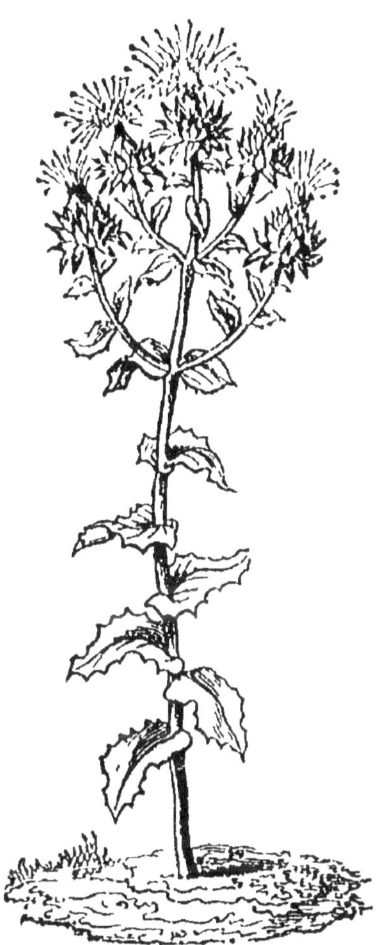

Fig. 62. — Carthame.

belles couleurs rouges. Il suffit de la faire bouillir avec de l'eau pour obtenir un liquide rouge, qui laisse déposer la matière colorante connue dans la peinture à l'aquarelle sous le nom de *carmin*. La combinaison de cette matière avec de l'alumine donne la *laque carminée*. La laine et la soie se teignent en écarlate avec la cochenille.

11 **Gaude. Safran.** — La gaude, plante indi-

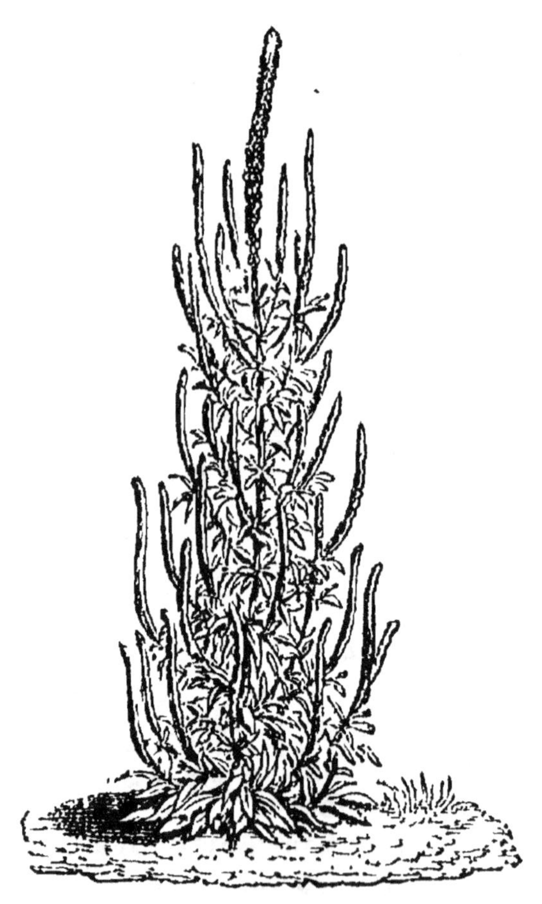

Fig. 63. — Gaude.

gène de la famille des Résédacées (fig. 63), contient un principe colorant jaune, remarquable par sa beauté et la solidité des teintes qu'elle donne aux étoffes.

Le safran (fig. 64), cultivé dans quelques-uns de nos départements, notamment aux environs d'Angoulême et de Nemours, n'a qu'une bien faible importance tinctoriale; néanmoins il fournit une magnifique couleur jaune orangée utilisée par les pharmaciens, les parfumeurs, les confiseurs, les distillateurs. On en fait usage aussi pour quelques préparations culinaires. La matière colorante du safran est contenue uniquement dans les trois stigmates des fleurs. La récolte se borne donc à ces stigmates.

12. Quercitron. Bois jaune — Le *quercitron* est l'écorce intérieure du chêne des teinturiers, arbre de l'Amérique du Nord. Il est employé pour la teinture en jaune des tissus de coton.

Le *bois jaune* provient du mûrier des teinturiers, originaire du Brésil et des Antilles. On le trouve dans le commerce sous forme de grosses bûches, comme le campêche. Sa décoction sert à la teinture en jaune

Fig. 64. — Safran.

13. Substances colorantes brunes ou noires. — Toutes les substances naturelles renfermant du *tannin* peuvent servir à produire du gris, du brun, du noir, avec le concours du sesquioxyde de fer. Nous

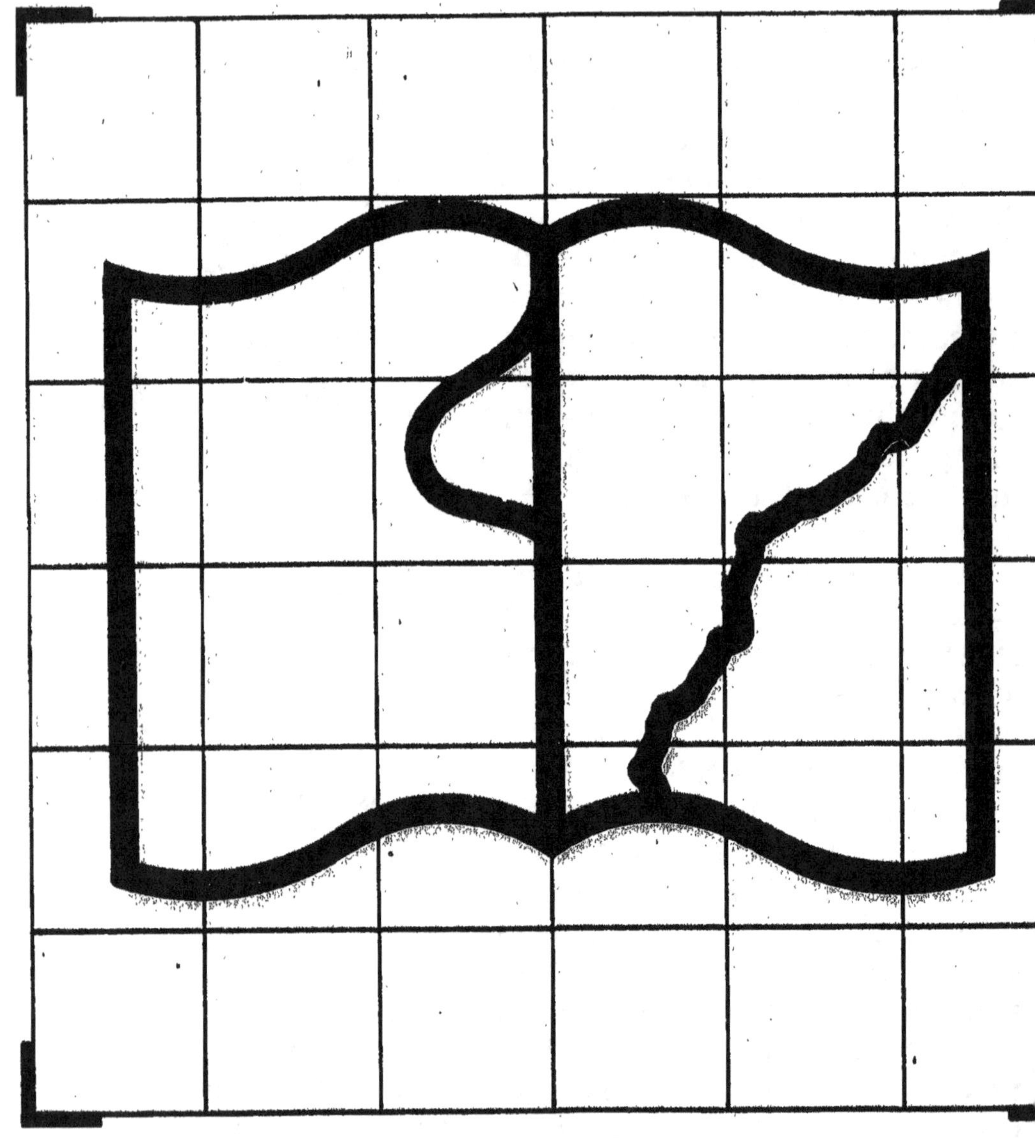

avons déjà parlé de ce genre de teinture au sujet de la noix de galle.

14. Couleurs d'aniline. — On obtient artificiellement aujourd'hui, avec certaines substances contenues dans le goudron de houille, des matières tinctoriales d'une grande beauté mais qui n'ont pas toujours la solidité désirable. Nous dirons quelques mots de la plus importante, la *fuschine*.

La distillation de la houille, pour le gaz de l'éclairage, produit en abondance un liquide noir, oléagineux, qui se condense dans les canaux d'épuration. C'est ce qu'on nomme *goudron de houille*. Le goudron est un mélange d'un grand nombre de carbures d'hydrogène, que l'on peut isoler par des distillations faites à telle ou telle autre température.

Le premier carbure qui passe à la distillation porte le nom de *benzine*. C'est un liquide incolore, d'une odeur agréable et éthérée, qui dissout facilement les corps gras; aussi l'emploie-t-on avec succès pour enlever sur les étoffes les taches graisseuses. La benzine est très-inflammable, et l'eau ne peut l'éteindre parce que les deux liquides ne se mélangent pas, et que d'autre part, la benzine, plus légère, vient toujours flotter à la surface et se trouve ainsi en rapport avec l'air. Pour ce motif, le maniement de la benzine doit se faire avec prudence.

Par des manipulations chimiques que nous passerons sous silence, on transforme la benzine en *aniline*. L'aniline est un composé azoté, un alcaloïde analogue aux alcaloïdes naturels, la nicotine et la conicine. C'est un liquide incolore, d'une odeur vineuse et d'une saveur brûlante. Des matières tinctoriales admirables, le rouge, le violet, le bleu, le vert, le jaune, le noir, en dérivent par des traitements très-variés.

Le rouge d'aniline se nomme *fuschine*, parce qu'il rappelle la teinte des fleurs du fuschia. On l'obtient en traitant l'aniline par l'acide arsénique. Pour une expérience de laboratoire, on chauffe le mélange dans une capsule jusqu'à ce que la matière se soit convertie en un corps noir, d'aspect goudronneux. L'eau extrait de ce corps une superbe matière colorante rouge qui peut immédiatement servir à la teinture de la soie et de la laine, mais non du coton. A l'état solide, la fuschine est une substance cristallisée d'un magnifique vert doré, douée des reflets des élytres des cantharides. La dissolution dans l'eau de cette substance est d'un rouge carmin de toute beauté.

Le rouge d'aniline, ainsi que la plupart des couleurs dérivées de cet alcaloïde, pâlit à la lumière et ne peut supporter le savonnage.

QUESTIONNAIRE.

1. Où se trouvent les matières colorantes des plantes? — Préexistent-elles toujours dans la plante? — Qu'appelle-t-on couleurs bon teint et couleurs mauvais teint? — 2. Qu'est-ce qu'une laque? — Comment peut s'obtenir la laque rouge de garance? — Une même matière colorante peut-elle donner des laques de couleur différente? — 3. En quoi consiste le mordançage? — Quel est le rôle du mordant fixé sur les tissus? — Quels sels emploie-t-on pour mordancer en alumine et en oxyde de fer? — 4. De quelles plantes retire-t-on l'indigo? — L'indigo est-il déjà tout formé dans la plante? — Comment provoque-t-on sa formation? — Quel nom porte la matière colorante pure de l'indigo? — Comment peut-on l'extraire de l'indigo brut? — 5. Les lichens contiennent-ils toute formée leur matière colorante? — Comment provoque-t-on

sa formation? — Quel est le nom de la matière colorante des lichens? — Quelle couleur donne l'orseille? — Qu'est-ce que le tournesol des chimistes? — 6. Qu'est-ce que la garance? — Quel traitement fait-on subir à la racine pour obtenir 1° la garance brute, 2° la fleur de garance? — Comment obtient-on l'alcool de garance? — En quoi consiste la fabrication de la garancine? — Qu'est-ce que l'alizarine? — Quelles teintes donne la garance? — Cette matière tinctoriale a-t-elle une grande importance? — 7. Qu'est-ce que le bois de Campêche? — Quel nom porte son principe tinctorial? — Quelles couleurs donne-t-il? — 8. Qu'est-ce que le bois de Brésil? — Quelle couleur donne-t-il? — 9. Qu'est-ce que le carthame et quelle teinte donne-t-il? — Qu'est-ce que l'orcanette et à quels usages sert-elle? — 10. Qu'est-ce que la cochenille? — Comment s'obtiennent le carmin et la laque carminée? — A quelle teinture sert la cochenille? — 11. Quelle couleur donne la gaude? — Quelle couleur donne le safran et qu'utilise-t-on dans cette plante? — 12. A quoi servent le quercitron et le bois jaune? — Qu'est-ce que le quercitron? — Qu'est-ce que le bois jaune? — 13. Comment s'obtient la teinture en brun, en noir? — 14. Qu'est-ce que le goudron de houille? — Que contient-il? — Dites les caractères et les usages de la benzine. — Avec quoi se fabrique l'aniline? — A quelle série chimique appartient l'aniline? — Quels sont ses caractères physiques? — Quelles couleurs fournit-elle? — Comment s'obtient le rouge d'aniline ou fuschine? — Quels sont les caractères de cette matière tinctoriale? — Les couleurs d'aniline sont-elles en général bon teint?

CHAPITRE XII

MATIÈRES ANIMALES.

1. Composition du sang. — On distingue, en physiologie, le *sang veineux* et le *sang artériel.* Le premier est d'un rouge-noir et renferme en dissolution du gaz carbonique ; le second est d'un rouge vif et renferme en dissolution de l'oxygène. Agité avec de l'oxygène, le sang veineux devient artériel on dégageant de l'acide carbonique et en absorbant de l'oxygène. Un pareil échange s'effectue dans les poumons à travers les parois des cellules pulmonaires. Le sang oxygéné par la respiration est distribué dans toutes les parties du corps, où il provoque la combustion vitale au moyen de son oxygène dissous, et redevient sang veineux en s'imprégnant d'acide carbonique, l'un des produits de cette combustion.

Veineux ou artériel, une fois qu'il est abandonné à lui-même hors des vaisseaux de l'animal, le sang se sépare spontanément en deux parties : l'une, solide, gélatineuse, d'une couleur rouge foncée et nommée *caillot* ou *cruor* ; l'autre, liquide, jaunâtre, appelée *sérum*. La coagulation spontanée du sang est due à un principe immédiat appelé *fibrine*. Si, en effet, au lieu d'abandonner le sang au repos, on l'agite vivement en le battant avec des verges, la fibrine, à mesure qu'elle se coagule, s'attache aux verges en filaments élastiques, en grumeaux gélatineux que l'on met à part. Ainsi privé de sa fibrine, le sang ne se coagule plus spontanément. Néanmoins il conserve toujours sa coloration rouge, au lieu de présenter la teinte jaunâtre du sérum du sang coagulé par le repos. En voici la cause : Le sang doit sa coloration à des corpuscules solides, rouges, de forme lenticulaire, appelés *globules du sang*. Lorsque sa coagulation est spontanée, la fibrine entraine avec elle, enferme dans sa masse les globules sanguins, et le tout forme un caillot rouge ; mais si la fibrine se coagule pendant que le sang est vivement agité, les globules ne sont plus emprisonnés par le caillot à mesure qu'il se forme et restent dans la partie liquide, qu'ils colorent en rouge. L'expérience suivante achève la démonstration. On filtre sur du papier du sang de grenouille, dont les globules ont un diamètre trop grand pour pouvoir passer à travers les pores du papier. Les globules restent donc sur le filtre en une masse rouge; quant au liquide qui passe, il est incolore, mais apte à se coaguler spontanément. Le cruor formé dans ces conditions est dépourvu de couleur rouge; il est uniquement composé de fibrine, sans globules sanguins.

Ainsi le cruor, tel qu'il se forme dans du sang non filtré et abandonné au repos, contient une matière incolore, la fibrine, liquide tant que le sang est sous l'influence de la vie, et se coagulant bientôt hors de cette influence; il contient en outre une matière solide, rouge, c'est-à-dire les globules sanguins. Enfin si l'on porte à la température de 60° environ la partie liquide du sang coagulé, la chaleur en amène la solidification comme elle le fait pour le blanc d'œuf ou *albumine*. En ne tenant compte que des principes fondamentaux du sang, il y a donc à considérer dans ce liquide *l'albumine*, la *fibrine* et les *globules*.

2. Albumine. — L'albumine du sang est identique avec le blanc d'œuf. Nous les confondrons dans l'histoire abrégée que nous allons en tracer. L'albumine est une substance quaternaire, renfermant du carbone, de l'hydrogène, de l'oxygène et de l'azote dans sa composition chimique. Le blanc de l'œuf, le sérum du sang et divers autres liquides de l'organisation, la renferment à l'état de dissolution dans l'eau. L'albumine se présente sous deux états distincts : *l'albumine soluble* et *l'albumine insoluble* ou *coagulée*. La coagulation a lieu à une température qui oscille de 60 à 70°. Ce changement d'état n'entraîne avec lui aucun changement de composition ni de propriétés chimiques. L'albumine devient alors d'un blanc mat. comme le blanc d'œuf cuit en est un exemple familier, La coagulation peut se faire à froid au moyen de certains corps, tels que l'alcool et la plupart des acides. C'est à cause de sa propriété de se coaguler par l'alcool que l'albumine, soit des œufs, soit du sérum, est utilisée pour clarifier les vins. Au contact de la liqueur alcoolique, l'albumine se prend en une trame solide qui englobe dans ses mailles et entraîne les matières solides qui rendaient le vin trouble.

L'industrie des tissus imprimés fait usage de l'albumine pour fixer sur les étoffes des couleurs insolubles, des poudres colorées. La matière mélangée avec une dissolution d'albumine est imprimée sur les tissus, qu'on expose après à l'action de la vapeur. L'albumine se coagule et fixe la matière colorante d'une manière assez solide pour résister au savon bouillant.

L'albumine contient toujours une faible proportion de soufre, aussi dégage-t-elle du gaz sulfhydrique en se putréfiant.

3. **Fibrine.** — La fibrine a la même composition chimique que l'albumine, dont elle diffère tant par ses propriétés physiques, en particulier par la propriété qu'elle a de se coaguler spontanément dès qu'elle n'est plus sous l'influence de la vie. C'est elle qui amène la coagulation du sang, c'est elle qui adhère aux verges avec lesquelles on bat ce liquide au sortir de la veine.

La fibrine est blanche, sans odeur ni saveur. Une fois coagulée, elle est complétement insoluble dans l'eau. Sa texture est très-remarquable. Elle est formée de corpuscules sphériques qui adhèrent entre eux de manière à former des chapelets ayant l'aspect de fils noueux. Quelques acides désorganisent la fibrine et la transforment en une gelée incolore soluble dans l'eau. Un demi-millième d'acide chlorhydrique suffit pour produire cet effet. Le suc acide de l'estomac ou le *suc gastrique* produit encore plus rapidement cette métamorphose, d'une haute importance dans le travail de la digestion.

La chair musculaire, débarrassée du sang qui l'imprègne et de ses matières grasses, c'est-à-dire réduite à ses seules *fibres*, n'est autre que de la fibrine. Auss peut-on, avec juste raison, appeler *chair coulante* le sang tel qu'il est dans l'animal, puisqu'il renferme en dissolution la substance même des fibres musculaires ou de la chair.

Au nombre de ses principes, le *gluten* des céréales renferme de la *fibrine végétale*, pareille à celle de l'animal. Il y a dans la farine de froment la substance même de la chair musculaire.

4. **Globules du sang.** — Chez l'homme, les globules du sang (A, fig. 65) ont la forme de disques légèrement biconcaves, formés d'une enveloppe membraneuse incolore et d'un contenu liquide visqueux, rouge. Les oiseaux (A', fig. 65) ont des globules ovales, allongées, renflées dans leur centre; les batraciens les ont ovales et fort convexes. Pour faire la longueur d'un millimètre, il faut environ 120 globules du sang de l'homme; il n'en faut que 45 du sang de grenouille. Les corps très-divisés ont, en général, la propriété de condenser les gaz et de provoquer ainsi des actes chimiques qui n'auraient pas lieu en dehors de ces conditions. Les globules du sang s'imprègnent donc d'oxygène dans les poumons et le cèdent peu à peu aux organes que le sang baigne dans son tra

jet. C'est ainsi que s'effectue la combustion vitale

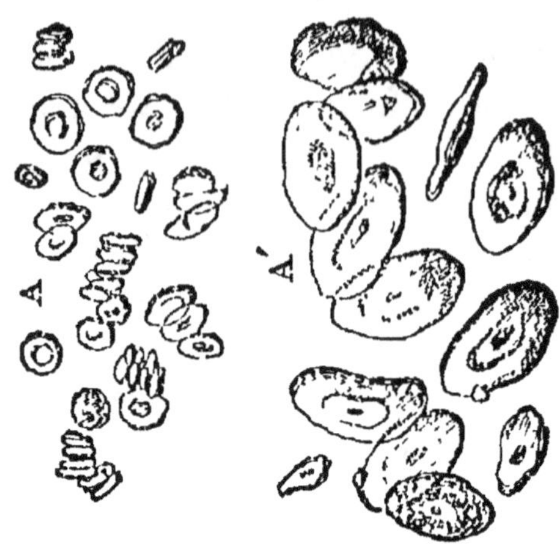

Fig. 65. — Globules du sang.

5. Composition du lait. — Abandonné à lui-même dans un endroit frais, au contact de l'air, le lait laisse bientôt surnager une couche jaunâtre, onctueuse, formée des corps gras. On lui donne le nom de *crème*. La partie liquide constitue le lait *écrémé*. Celui-ci additionné d'un acide quelconque *tourne*, comme on dit vulgairement, c'est-à-dire produit des grumeaux coagulés, des caillots d'une matière blanche appelée *caséine*. Le liquide restant s'appelle *petit-lait*. Il renferme en dissolution divers sels minéraux et un principe sucré appelé *lactose* ou *sucre de lait*.

6. Caséine. — Le précipité que les acides déterminent dans le lait écrémé est de la *caséine*. Débarrassée des traces de matières grasses qui peuvent l'accompagner encore, et déssèchée, la caséine est une substance blanche, pulvérulente, incolore, sans saveur, à peine soluble dans l'eau.

La caséine a la même composition chimique que l'albumine et la fibrine; ces trois corps azotés sont isomères. On retrouve dans l'organisation végétale, notamment dans le gluten brut des céréales, de la caséine chimiquement identique à celle du lait.

7. La plante crée, l'animal détruit. — Les deux substances primordiales de l'organisation sont l'albumine et la fibrine, qui entrent dans la composition de la chair musculaire et du sang. Ces deux substances sont isomères avec la caséine, que le travail vital transforme en albumine et en fibrine par une simple retouche dans l'arrangement moléculaire, sans faire intervenir d'autres éléments, sans modifier les proportions primitives. On comprend ainsi comment l'animal à la mamelle trouve dans le lait la substance de sa chair, comment l'oiseau dans son œuf organise ses muscles avec sa provision d'albumine. L'un des trois corps étant donné, les autres en dérivent par le travail chimique de la vie sans qu'il y ait création de toutes pièces. La chair musculaire dont se nourrit l'animal carnivore devient caséine pour le lait, albumine pour l'œuf; à leur tour la caséine et l'albumine deviennent chair musculaire pour le nourrisson à la mamelle et pour l'oiseau dans sa coquille. Mais les animaux de proie vivent aux dépens des espèces herbivores, qui, elles-mêmes, trouvent toutes formées dans la plante les substances primordiales de leur organisation.

Ce sont donc en dernière analyse les végétaux qui associent chimiquement le carbone, l'hydrogène, l'oxygène et l'azote, pour produire l'albumine, la fibrine et la caséine. Directement s'il est herbivore, indirectement s'il est carnivore, l'animal trouve dans la plante les principes chimiques de sa chair musculaire, de ses os, de ses nerfs, de son sang; il ne les crée pas de toutes pièces, il les emprunte au règne végétal, qui seul a la faculté chimique de faire de l'albumine, de la fibrine et de la caséine avec de l'eau, du gaz carbonique et de l'ammoniaque. Réciproquement, par l'exercice de la vie, l'animal transforme ses principes organiques en vapeur d'eau, gaz carbonique, ammoniaque, avec lesquels la plante reconstruit l'édifice primitif. La plante crée, l'animal détruit ; la première est chimiquement un appareil de synthèse, le second un appareil d'analyse.

8. Lactose. — La caséine sert à la fabrication du fromage ; la crème, à la fabrication du beurre ; le petit-lait donne le *lactose*. C'est surtout en Suisse que se prépare en grand ce sucre, par l'évaporation du liquide qui reste quand on a retiré du lait la crème et la caséine. Le lactose se trouve dans le commerce sous forme de grappes grenues. C'est une substance blanche, assez dure, soluble dans l'eau, d'une saveur faiblement sucrée. Par la fermentation, le lactose se convertit en acide lactique, et telle est la cause qui fait aigrir le lait.

9. Gélatine. Colle forte. — Les cartilages, la matière animale des os, les tendons, les ligaments, la peau non tannée, donnent, au moyen d'une ébullition prolongée dans l'eau, une dissolution visqueuse, qui se prend en gelée par le refroidissement. La substance ainsi obtenue prend le nom de *gélatine*. Elle n'existe pas toute formée dans les animaux, mais résulte d'une altération provoquée par l'action soutenue de l'eau bouillante. Pure, c'est une substance incolore, translucide, sans odeur ni saveur, dure et cassante. La gélatine plus ou moins pure constitue la *colle forte*, dont les applications sont si nombreuses, surtout en menuiserie et en ébénisterie.

La *colle de poisson* n'est autre chose que la vessie

natatoire des esturgeons, tordue en un cylindre que l'on contourne en forme de lyre. Elle se dissout dans l'eau bouillante et se prend par le refroidissement en une gelée blanche demi-transparente. On l'emploie pour le collage des vins.

10. Urée. — L'exercice de la vie entraîne la destruction incessante des organes comme dans toute machine qui travaille, et leur rénovation comme dans toute machine que l'on répare pour un usage prolongé. Les résidus hors de service se nomment *excrétions*; les matériaux nouveaux qui les remplacent sont fournis par la nutrition. L'acide carbonique et la vapeur d'eau de l'exhalation pulmonaire sont des excrétions provenant des matières carbonées et hydrogénées de l'organisation, brûlées par l'oxygène du sang ; l'*urée*, principe essentiel de l'urine, est le produit de la combustion des matières azotées. L'urée existe toute formée dans le sang, car elle prend naissance partout où le sang met en rapport l'oxygène avec les matériaux azotés de l'organisme; mais elle est surtout abondante dans l'urine, liquide que les reins séparent du sang veineux, chargé de matériaux hors de service.

L'urée est une substance solide, cristallisant en longs prismes, incolores, transparents, doués d'une saveur fraîche et amère qui rappelle celle du nitre. Quand l'urine se putréfie, l'urée se décompose en acide carbonique et en ammoniaque. Cette propriété nous rend compte des exhalaisons à odeur pénétrante de l'urine en décomposition, et de l'emploi de ce liquide comme source d'ammoniaque. L'urée peut être considérée comme un alcaloïde.

11. Acide urique. — Les excrétions azotées de l'organisation animale ne sont pas toujours représentées par de l'urée ; d'autres principes congénères la remplacent. Ainsi l'on trouve l'acide *hippurique* dans l'urine des mammifères herbivores, l'*acide urique* dans l'urine des mammifères carnassiers, et surtout des oiseaux et des reptiles. La partie blanche, d'aspect crétacé, qui accompagne les excréments des oiseaux, par exemple, constitue l'urine de ces animaux, et se compose en majeure partie d'urate d'ammoniaque. On trouve le même sel dans les chrysalides des vers à soie et des divers papillons en général, dans les nymphes d'une foule d'insectes, dans les excrétions que ces animaux rejettent après le remaniement organique de la métamorphose. L'urine humaine en contient une certaine quantité, variable suivant la nature de l'alimentation. On le trouve encore dans les calculs urinaires et dans les concrétions articulaires des goutteux. Le défaut d'exercice, l'alimentation trop animale en favorisent la formation.

L'acide urique est une poudre cristalline, blanche, peu soluble dans l'eau. Il se dissout avec effervescence dans l'acide azotique, et donne lieu après, en présence de l'eau et de l'ammoniaque, à une substance d'un beau rouge carmin nommée *murexide*. Cette matière colorante a été employée en teinture sur soie.

TABLE